现代无人直升机技术基础丛书

无人直升机光电任务载荷

主　编	王春龙	时荔蕙	王常青	
副主编	薛明晰	陶　禹	金　鑫	吕勃龙
编　者	王春龙	时荔蕙	王常青	薛明晰
	陶　禹	金　鑫	吕勃龙	韩江雪
	郝博雅	阮小燕	吴玉敬	蒋萧村
	常伟军	伍凌帆	常新宇	吴　诚
	隋庆峰	李其国	赵米旸	李良福
	刘国栋	徐参军	杨瑞宇	纪忠顺
	邱俊豪	陈吕吉	李　萍	徐　瑞
	梅生福	唐光振		

西北工业大学出版社

西安

【内容简介】 本书以搭载于无人直升机的光电任务载荷为讲解对象,着重介绍了光电任务载荷设计和研制的核心技术——光电传感器、光电稳定平台以及视频跟踪技术。首先从典型军用无人直升机系统的概念和组成出发,使读者建立起对光电任务载荷的基本认识;其次通过对电视摄像机、红外热像仪以及激光测照器这三类主要光电传感器工作原理、技术指标、工程设计的阐述,分析了光电传感器的技术特点;最后通过对光电平台稳定和视频跟踪处理两大主要技术功能的介绍,综合描述了光电任务载荷的工作原理和主要功能性能,旨在带领读者了解和掌握光电任务载荷在目标探测、瞄准、伺服稳定和视频跟踪等使用方面的基本认识,也因此,本书未涉及过多的理论分析。

本书可作为高等学校相关专业本科生、研究生的参考教材,也可作为从事光电探测及光电信息处理相关领域工作的专业技术人员的入门参考书。

图书在版编目(CIP)数据

无人直升机光电任务载荷 / 王春龙,时荔蕙,王常青主编. — 西安 : 西北工业大学出版社,2024.2
ISBN 978 - 7 - 5612 - 9200 - 6

Ⅰ. ①无… Ⅱ. ①王… ②时… ③王… Ⅲ. ①无人驾驶飞机-飞行载荷 Ⅳ. ①V279

中国国家版本馆 CIP 数据核字(2024)第 023649 号

WUREN ZHISHENGJI GUANGDIAN RENWU ZAIHE
无 人 直 升 机 光 电 任 务 载 荷
王春龙 时荔蕙 王常青 主编

责任编辑:朱辰浩	策划编辑:杨 军	
责任校对:孙 倩	装帧设计:李 飞	

出版发行:西北工业大学出版社
通信地址:西安市友谊西路 127 号　　邮编:710072
电　　话:(029)88491757,88493844
网　　址:www.nwpup.com
印 刷 者:西安五星印刷有限公司
开　　本:787 mm×1 092 mm　　1/16
印　　张:17.375
字　　数:434 千字
版　　次:2024 年 2 月第 1 版　　2024 年 2 月第 1 次印刷
书　　号:ISBN 978 - 7 - 5612 - 9200 - 6
定　　价:79.00 元

随着科技的不断发展，高端装备已经向无人化和智能化不断迈进，作为军民市场广泛应用的无人飞行器是其中的佼佼者，而无人直升机更以体积小、成本低、机动性强、可垂直起降和可悬停等众多优点而备受市场青睐。作为无人直升机的"眼睛"，光电任务载荷在战场侦察、电力巡线、森林救火、地理测绘等应用场景中发挥着重要的作用。与雷达等主动探测设备相比，光电任务载荷具有被动探测（隐蔽性强）、图像直观、成像分辨能力高、侦察情报时效性和抗干扰能力强等显著优点。

光电任务载荷一般由一个（或多个）光学传感器、光机结构、稳定控制、计算机、电子电气、图像处理、环境控制和情报处理单元组成，是集光、机、电、算、控于一体的多学科光电载荷。与地基光电跟踪瞄准系统相比，装备于无人直升机平台的光电任务载荷不但需要具备远距离光学探测与跟踪瞄准功能，还需要克服载机外部扰动，以保证其内部光学传感器的视轴稳定。光电任务载荷一般能够对场景进行昼/夜侦察成像，对目标进行辨识和跟踪，输出目标图像和位置等信息，以及为无人直升机的辅助起降、昼夜巡航、态势感知、目标打击提供有力的情报保障。

本书共6章，内容涵盖了无人直升机的概念与系统组成、不同类型的光电传感器的工作原理和技术指标、光电载荷平台稳定控制以及视频跟踪技术等方面。第1章首先概述了无人直升机的发展以及国内外典型产品，同时对比了国内外光电任务载荷的发展，并对无人直升机及光电任务载荷之间协同工作的基本原理做了简单介绍。第2章和第3章介绍了使无人直升机光电载荷具备全天候观察能力的光电探测传感器——电视摄像机和红外热像仪。这两章首先从可见光/红外辐射特性、目标可见光/红外辐射特征、目标辐射的大气传输等基本特性介绍了电视摄像机/红外热像仪成像的基础理论，然后从光学系统设计以及成像电子学方面深入浅出地介绍了电视摄像机/红外热像仪的基本工作原理，最后结合无人直升机的应用需求及环境特点介绍了其搭载的光电载荷所配置的电视摄像机和红外热像仪的发展及技术特点。第4章详细介绍了激光测照器的工作原理，它作为一种主动探测设备，成为关注目标距离测量以及激光制导武器目标标示的重要设备。第 5 章介绍了用于稳定光学传感器视轴的光电稳定平台的工作原理、分类以及相关的性能指标。第 6 章从图像处理技术和跟踪控制技术两个方面重点介绍了光电载荷的重要功能——视频跟踪功能。

本书是在多型光电产品研究的基础上整理、补充完成的。

本书由王春龙、时荔蕙、王常青担任主编,由薛明晰、陶禹、金鑫、吕勃龙担任副主编。具体编写分工如下:第 1 章由王春龙、吕勃龙、时荔蕙和蒋萧村编写,第 2 章由常伟军、金鑫、伍凌帆、薛明晰和常新宇编写,第 3 章由吴诚、徐参军、杨瑞宇、纪忠顺、邱俊豪、陈吕吉、李萍、陶禹和徐瑞编写,第 4 章由韩江雪、隋庆峰、李其国、梅生福和唐光振编写,第 5 章由郝博雅、阮小燕、吴玉敬和王常青编写,第 6 章由赵米旸、李良福、吴玉敬和王常青编写。全书由王春龙、王常青、吕勃龙、吴玉敬和刘国栋统稿并校核,在此感谢各位对本书的辛勤付出。

在编写本书的过程中,曾参阅了相关文献资料,在此谨对其作者表示感谢。

鉴于水平有限,书中必然存在疏漏和不足之处,希望广大读者不吝指正,以便今后能够逐渐完善。

编 者

2023 年 11 月

目

录

第1章 绪论

1.1 概 述

未来战场是集海、陆、空、天、电磁五维空间于一体的联合战场,敌我双方的对抗由一种武器或一个军种的对抗转变为多军种和多种武器装备系统之间的整体对抗。随着光电行业高、精、尖技术的发展及使用,有人驾驶飞机将逐步被无人机所取代,武器装备趋于无人化和智能化状态。无人机是现代信息化战争中的新概念武器系统,经过数十年的迅速发展,已形成了系列化装备,在近年来几次局部战争中,取得了令人瞩目的实战效果。军用无人机系统能够实现信息传递、战场侦察、目标辨识、精确打击、战损评估等功能,从而使得未来的空中战场成为信息和武器融合的对抗,无人机作为武器系统的组成部分将变成一体化战争中的关键环节。"未来作战航空系统"示意图如图1-1所示。

图1-1 "未来作战航空系统"示意图

随着各国在无人机研发领域的不断投入,用于作战使用的无人机系统不但可以执行飞行侦察任务,而且具备导弹攻击的精确打击能力。各种光电任务载荷的快速发展,支撑了无人机系统在战场监视、目标实时发现、跟踪、战损评估、对敌打击、压制等任务的实施，在现代化信息战争中发挥了关键作用。目前新研制的攻击型无人机使得空军未来的力量结构和战争的作战方法发生改变，引起新的军事变革。

1.2　无人直升机

1.2.1　无人直升机的概念

无人直升机是指由无线电地面遥控飞行和自主控制飞行的可垂直起降（VTOL）不载人飞行器。无人直升机以其优秀的机动性能、可垂直起降、定点悬停、无需跑道等优势，在军事和民用领域广泛应用。在军用方面，无人直升机能执行各种非杀伤性/杀伤性任务，包括侦察、监视、目标截获、诱饵、攻击、通信中继等。在民用方面，无人直升机在大气监测、交通监控、资源勘探、电力线路监测、森林防火等方面具有广泛的应用前景。

1.2.2　无人直升机的发展

国外无人直升机的发展起步较早，美国早在 20 世纪 50 年代就开启了对无人直升机的研究。1962 年，DARPA 开创了无人驾驶垂直起降技术，并与美国海军合作开发了 QH－50 无人反潜直升机，开启了无人直升机发展的历程。随后美国贝尔直升机公司、诺斯罗普•格鲁门公司以及波音公司先后推出了"鹰眼"、MQ－8B"火力侦察兵"和 A160T"蜂鸟"无人直升机。QH－50 由于机械结构复杂、维护成本高等因素限制逐渐被淘汰。俄罗斯"卡－137"的机体具有电磁屏蔽和防腐蚀功能，能防高强度辐射，并可开展搜寻营救、探雷排雷等作战任务。然而，由于其控制系统智能化水平较低，所以可完成的军事使命有限。奥地利 Scheibel 公司研制的一款小型、可完全自主飞行的舰载垂直起降无人直升机 S－100，主要可用于空中监视、目标搜索侦察、雷区侦察标识、边境巡逻以及环境监视等任务，但其载荷能力不足，且智能化水平较低，因此更适用于民用短时探测。德国 EADS 公司研制的"SEAMO"垂直起降无人直升机则采用共轴双旋翼结构设计，只需一个 8 m×8 m 的甲板就能够完成起降，其配备了先进的记载光电传感器，巡逻半径可达 180 km。由此可见，无人直升机正在朝着轻量化、智能化和增强续航时间等几个方面快速发展。国外典型无人直升机如图 1－2 所示。

我国在无人直升机的研制上起步较晚，之前由于无人机本体设计、小型涡轴发动机技术以及高性能复合材料等难点发展较缓，而随着轻量化涡轮发动机、动力系统飞控系统以及电子制造技术的发展，无人直升机技术日趋成熟，成本大幅下降，在各个领域得到了飞速发展，国内较为典型的机型包括中航工业直升机设计研究所研制的 U－8 型无人直升机、总参 60 所研制的 Z－5 型无人直升机和中航智的 TD220 救援无人直升机。未来无人直升机以其独有的优势将会得到更大的发展空间。国内典型无人直升机如图 1－3 所示。

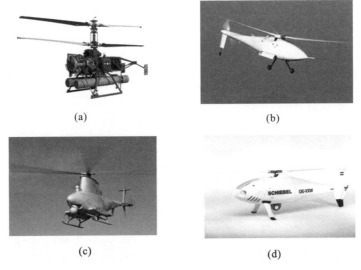

(a)　　　　　　　　　　　(b)

(c)　　　　　　　　　　　(d)

图 1-2　国外典型无人直升机

(a)QH-50；　(b)A160T"蜂鸟"；　(c)MQ-8B"火力侦察兵"；　(d)S-100

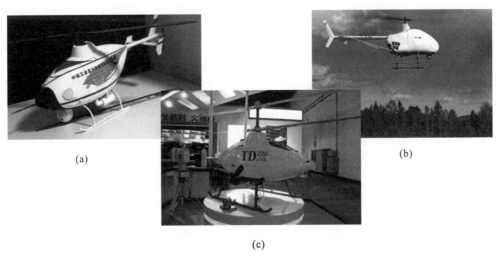

(a)

(b)

(c)

图 1-3　国内典型无人直升机

(a)中航工业 U-8；　(b)总参 60 所 Z-5；　(c)中航智 TD220

1.3　无人直升机光电载荷

1.3.1　光电载荷的概念

无人直升机的载荷是指安装在无人机上用于完成特定任务的设备或产品。无人直升机可携带的任务载荷的种类和功能在很大程度上决定了其应用价值。这些任务载荷按功能可分为通信类载荷、武器类载荷和光电类载荷。通信类载荷主要用于执行通信中继和通信情报任务,武器类载荷则主要指炸弹、激光/卫星制导武器等,光电类载荷的主要功能是用于目标的侦察监视以及目标打击。无人直升机光电载荷在不同领域的应用如图1-4所示。本书主要针对光电类载荷进行介绍。

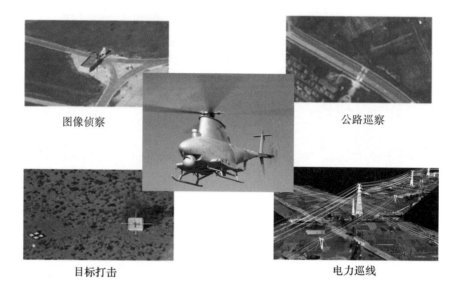

图像侦察　　　　　　　　　　　　　　公路巡察

目标打击　　　　　　　　　　　　　　电力巡线

图1-4　无人直升机光电载荷应用领域

1.3.2　光电载荷的发展

国外光电载荷以欧美的系列光电产品为代表,包括美国FLIR公司的Safire系列转塔、加拿大L3 Harris WESCAM公司的MX系列转塔、美国雷神公司的MTS系列转塔。上述系列转塔分别配置有红外相机、彩色变焦相机、高分辨彩色侦察相机、多光谱/超光谱相机、激光照射装置等不同类型的光电传感器,先进的传感器成像技术不但能用于原始图像信息的提取,而且能够探测识别生化战微粒,真正使无人机成为"千里眼"。国外无人机及其光电载荷如图1-5所示。

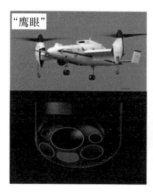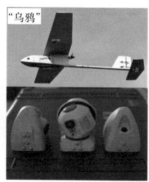

图1-5　国外无人机及其光电载荷

续图 1-5　国外无人机及其光电载荷

　　上述光电载荷虽然性能强劲,但体积、质量较大,一般装备在大型固定翼无人机中,而未来无人机光电载荷主要向高分辨率、多谱段、体积小、质量轻、功耗低和高可靠性等方面发展。以色列飞机工业公司 Ramta 分部推出的轻型插入式光电载荷(POP)系列虽然性能等不如上述载荷,但却是小型无人直升机的最佳选择,MiniPop 由多种采用即插即用结构的光电传感器构成,可用的即插即用部件包括制冷型前视红外摄像机、彩色昼用摄像机、激光指示器和激光测距机等多种传感器,其凭借多种性能优良的传感器以及不到 7 kg 的质量优势成为美国陆军 RA-7“影子”无人机的主要载荷。以色列 Bental 工业公司推出 MicroBat 275-IR 夜视型机载传感器,质量仅有 400 g,采用先进的非制冷热成像仪,具有数字变焦功能,可提供高分辨率画面,可应用于小型无人机上,如图 1-6 所示。

(a)　　　　　　　　　　　(b)

图 1-6　以色列轻小型光电载荷系列
(a)MiniPop 光电载荷;　(b)MicroBat 光电载荷

　　虽然国内光电载荷的发展相比国外依然较慢,但随着军民融合的推广,国内无人机光电载荷也在蓬勃发展。在军用领域,以中航光电科技股份有限公司、中国科学院长春光学精密机械与物理研究所、中国兵器工业第 205 研究所研制的各型光电载荷产品为代表;而在民用领域,高德红外、大疆等在小型无人机载荷领域也有特色产品。未来随着传感器性能、图像处理技术、材料制造等技术的不断提升,高性能的轻小型光电产品将成为市场的主流,它们将在无人机系统中发挥越来越重要的作用。

1.3.3　光电载荷的典型任务和组成

随着军事需求和光电技术的发展,光电载荷的功能不断拓展,性能日臻提高,能够承担的任务范围进一步扩大,任务级别由战术级扩大到战役与战略级,任务性质由支援性保障任务扩展到攻击性作战任务。传统光电载荷采用单一光电传感器集成(仅有电视摄像机或红外热像仪),功能相对简单。新型光电载荷采用多传感器集成(含有两个以上的光电传感器),充分利用光谱特性和大气传输窗口,可用于复杂场景下目标/背景光谱信息区分,实现全天时多光谱情报侦察;基于"发现即摧毁"的作战理念,在光电载荷内部进一步集成激光测照器,对目标实施激光测距,解算地理坐标,提供火控级目标瞄准信息;对目标实施激光指示,引导本机/他机激光末制导武器进行精确打击,极大地提高作战效能,可满足现代化作战快速响应、精确打击的需求。

作为直升机的"眼睛",光电任务载荷是无人飞行器平台不可或缺的重要装备之一。光电载荷主要由光电传感器、光电稳定平台以及视频跟踪器组成,如图 1-7 所示。研制光电载荷要根据系统要求配置不同的光学传感器,通过合理的光机电控设计,实现对目标的昼夜侦察、监视、地理定位、跟踪和武器制导等任务,同时满足载机平台对于特定功能的需求。

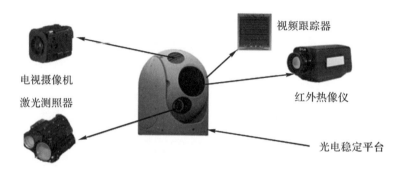

图 1-7　光电载荷的组成

光电载荷中的光电传感器主要用于感知外部场景特征。一般来说,光电载荷配置有电视摄像机(用于昼间光谱成像)、红外热像仪(用于夜间光谱成像)、激光测照器(用于距离测量和目标指示)三类典型光电传感器。电视摄像机是一种把物体反射光强信号转换成视频电信号的设备,从视频体制上分为黑白和彩色两种。电视摄像机体积较小,质量较轻,光电转换芯片为 CCD/CMOS,由于半导体技术的发展,其动态范围通常达 64 dB,即使在 0.01 lx 的低照度条件下也能工作。红外热像仪是一种利用红外热成像技术,采集物体的红外辐射能量,通过光电转换将物体的温度分布转换成视频电信号的设备,通俗来说,就是将物体的不可见红外能量转变为人眼可见的热图像。相比电视摄像机,红外热像仪具备全天候工作、透雾能力强等优点。激光测照器用于光电载荷对目标进行距离测量和光斑照射,它类似于一个具有距离显示的"强光手电",在目标打击时可为激光制导导弹提供准确的指示。得益于半导体芯片技术的迅猛发展,现役/在研光电载荷能够在载机环境下,实现对几十甚至几百千米外的场景/目标的清晰成像,测距和指示精确度达到使用要求。

1.3.4　光电任务载荷系统的组成和工作原理

无人直升机光电任务载荷系统的组成如图 1-8 所示。整个无人直升机光电任务载荷系统由无人直升机、光电任务载荷、地面站、数据链共同组成。

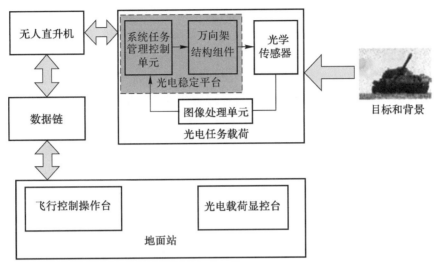

图 1-8　无人直升机光电任务载荷系统组成图

无人直升机作为载机平台,按照操控指令或任务规划飞行,为光电载荷提供安装接口(包括机械、供电、通信和视频接口),同时利用数据链将遥感信息(侦察视频、目标信息、设备状态等)回传至地面站,将地面站遥控信息(操控指令)发送给光电载荷。

光电任务载荷由系统任务管理控制单元、万向架结构组件、光学传感器与图像处理单元组成。当执行任务时,光电任务载荷利用内部集成的光学传感器采集目标/背景的光谱信号,输出电视/红外视频图像,对目标进行探测识别、测距、照射等;利用万向架结构组件和稳定控制,实现机载环境下的稳定成像和瞄准线运动控制;利用图像处理单元检测并跟踪目标。光电任务载荷一般安装于无人直升机的头部或腹部位置,具备方位 360°和俯仰 -20°~110°(垂直向下为 0°)的观察范围,其工作模式主要有手动搜索、自动跟踪、扫描侦察、地理指向、零位锁定、收藏等。为满足光电载荷在极端天气条件下的使用要求,其环控措施也在不断完善和改进。

地面站是整个无人机任务系统的大脑,无人直升机及其所配置设备的所有指令均由它通过数据链向上发送。当执行光电载荷侦察任务时,操控人员通过地面站上的光电载荷显控台发送指令。光电载荷显控台集成了操控摇杆、指令发送按键以及图像显示等基本功能。飞行控制操作台用于无人直升机的飞行姿态控制和航迹规划。

无人直升机光电任务载荷系统能够实现对远距离高威胁环境下战场侦察、目标辨识、精确打击等战术使用。光电任务载荷具有成像分辨率高,提供的目标/背景图像直观、清晰,不易受电磁干扰,隐蔽性好等优点。这是其他侦察方式无法比拟的,可广泛应用于昼/夜间区域监视、目标探测识别、巡察取证、武器制导打击、全局态势感知等场景。

1.3.5　典型光电任务载荷的指标体系

根据光电任务载荷的基本组成以及任务需求,一般无人直升机光电任务载荷具备以下基本功能:

(1)光电探测。光电任务载荷的主要功能之一就是利用光学传感器及配套光电转换系统为用户实时呈现出实际场景,光电任务载荷配置的电视摄像机、红外热像仪等光学传感器,主要功能就是实现对目标的昼/夜远距离探测与识别。影响目标探测和识别的因素包括诸如雨、雪、雾、霾等复杂天气环境,昼夜光线强弱差异等,为了获得全天候的目标探测能力,光电任务载荷还可配置多光谱相机、微光夜视传感器等多种类型的光电探测传感器。本书第 2 章和第 3 章将详细介绍最通用的电视摄像机和红外热像仪,每种传感器的性能指标将在各自章节中进行介绍。光电任务载荷目标探测识别功能所对应的性能指标及描述见表 1-1。

表 1-1　光电探测指标描述

序　号	指　标	描　述
1	探测距离	表征了光电任务载荷把远距离目标从背景中区别出来的能力
2	识别距离	表征了光电任务载荷识别出远距离目标类型(坦克、车辆或人)的能力

(2)光电测距与目标定位。在光电任务载荷探测识别到目标后,操控人员除了关注目标的图像特征之外,还需要了解目标的距离位置等信息,以便辅助完成其他任务需求。光电任务载荷配置的激光测照器一方面可实现对远距离目标的距离测量功能;另一方面还可通过激光测照器的照射功能对目标进行标识,以便引导激光制导武器实现目标打击。若结合无人直升机提供的惯性导航数据,则可实现对目标的三维定位功能。激光测照器将在后续的第 4 章进行详细描述,相应的性能指标要求见表 1-2。

表 1-2　光电测距与目标定位指标描述

序　号	指　标	描　述
1	测距范围	表征了光电任务载荷测量目标距离的能力
2	测距精度	表征了光电任务载荷测量目标距离的误差
3	目标定位精度	表征了光电任务载荷对目标经度、纬度、高度三维定位的误差

(3)光电稳定与搜索。对于光电任务载荷来说,在执行侦察过程中,不但要能看得见,而且要能看得稳。与生活中常见的照相机一样,在拍照过程中为了防止图像模糊,一般需要增加防抖功能,光电任务载荷的视轴稳定功能则是完成相同的功能,通过陀螺稳定平台实现对无人直升机平台扰动的隔离。光电任务载荷配置的光电稳定平台除了用于稳定视轴以外,

还需要具备快速转动控制以及高精度指向特定目标位置的能力,稳定平台技术将在本书第5章进行详细介绍,相应的性能指标要求见表1-3。

表 1-3 光电稳定与搜索性能指标描述

序 号	指 标	描 述
1	回转范围	表征了光电任务载荷搜索覆盖的角度范围
2	稳定精度	表征了光电任务载荷视轴稳定瞄准目标的能力
3	最大角速度	表征了光电任务载荷转动的快速性
4	最大角加速度	表征了光电任务载荷角速度在单位时间内的最大变化率
5	角报告精度	表征了光电任务载荷输出角位置的准确性

(4)光电跟踪与识别。光电任务载荷在探测识别目标的过程中,外界场景复杂且广阔,单纯依靠操控人员观察图像并通过人眼提取可疑目标是不现实的。对于侦察型光电任务载荷目标搜索效率低,对于打击型光电任务载荷则可能因为长时间无法发现目标而错过作战任务窗口。光电任务载荷配置的图像处理单元(也称视频跟踪器)则为系统的智能化提供了有力的保障:一方面,通过图像处理单元可以实现视频图像增强、透雾以及湍流抑制等提升图像质量的功能;另一方面,它也可以实现静/动目标自动跟踪、多目标提示以及自动目标识别(ATR)等有助于提升人机功效的智能化功能。除了常用的目标自动跟踪功能能够引导光电任务载荷实时指向目标外,自动目标识别技术更是当前技术研究的前沿,该技术能够辅助地面操控人员进行目标分类和威胁评估等。本书第6章将详细介绍视频跟踪技术,相关的技术指标要求及描述见表1-4。

表 1-4 光电跟踪性能指标描述

序 号	指 标	描 述
1	最小跟踪目标	表征了光电任务载荷能够稳定跟踪的最小目标尺寸的能力
2	跟踪精度	表征了光电务载荷指向目标并追随的准确性

上面仅概述了无人直升机光电任务载荷具备的一般功能和性能要求。从层级上讲,光电任务载荷的指标体系包括战技指标和设计指标。战技指标一般由用户提出,直接反映作战使用效能,根据光电任务载荷的使用场景和任务需求的不同,其功能和性能要求也有所不同;设计指标服务于战技指标,一般由承研单位提出,包含了各主要组成部分的性能指标。若再结合光电任务载荷的体积、质量、接口以及环境适应性等各个方面,则可给出一个面向用户的典型光电任务载荷的综合功能性能指标体系要求。表1-5给出了某型无人直升机光电任务载荷的主要技术指标。

表1-5 某型无人直升机光电任务载荷的主要技术指标

项 目		指 标
系统要求	传感器配置	电视、红外、激光
	工作模式	手动搜索、自动跟踪、锁定、收藏、自检
	回转范围	方位:$n\times 360°$。俯仰:$-20°\sim 110°$
	瞄准线稳定精度/mrad	$\leqslant 0.03(1\sigma)$
	光轴平行性/mrad	$\leqslant 0.03$
	图像功能	图像去雾、画中画、多目标检测、自动跟踪
	跟踪精度	误差不大于1/150视场
	视频接口	2路HD-SDI
	通信接口	RS422/1553B
	系统功耗/W	$\leqslant 320(28\ V$供电$)$
	尺寸	$\phi 360\ mm\times 640\ mm$
	质量/kg	$\leqslant 55$
	工作温度/℃	$-40\sim 60$
	适应载机飞行高度/m	$\leqslant 7\ 000$
	适应载机飞行速度/(km·h^{-1})	$\leqslant 240$
电视摄像机	工作波段/μm	$0.4\sim 0.7$
	光学视场/(°)	$1.5\sim 30$
	探测器	$1\ 920\times 1\ 080,5.5\ \mu m$,全局曝光
	作用距离/km	(条件:能见度不小于15 km,相对湿度不大于70%,目标/背景对比度不小于0.33,对3 m×3 m目标) 探测$\geqslant 15$,识别$\geqslant 10$
红外热像仪	工作波段/μm	$3\sim 5$
	光学视场/(°)	$1.2\sim 24$
	探测器	制冷型焦平面碲镉汞,$640\times 512,15\ \mu m$
	作用距离/km	(条件:能见度不小于15 km,相对湿度不大于70%,目标/背景温差不小于5 ℃,对3 m×3 m目标) 探测$\geqslant 12$,识别$\geqslant 8$

续表

项　目	指　标
工作波长/μm	1.064
束散角/mrad	≤0.2
激光能量/mJ	70～90
测距范围/m	300～15 000
测距精度/m	±5
照射距离/km	≥10
激光编码/个	16

激光测照器（左侧纵向合并单元格）

第2章　电视摄像机

电视摄像机作为光电系统一个重要部件,在光电系统中占据着重要的地位,有着极为广泛的应用领域。电视摄像机根据其功能、应用平台、光学系统类型等有多种分类形式,根据光学系统类型分为定焦和变焦两种电视摄像机,可以满足不同的使用需求。

电视摄像机的关键性能指标——作用距离,与可见光辐射及目标特性、目标辐射的大气传输特性、光学系统、探测器及成像电路等性能密切相关。

变焦电视摄像机主要由光学组件、传动系统等部分组成。其成像原理是目标反射的光线通过光学镜头聚焦于探测器,把光信息转变为电信号,然后信号被放大和处理,进而转换为可见的屏幕图像。

国内外无人机电视摄像机历经数十年的发展,已经形成了多款性能优异的成熟产品。为获得性能更好的电视摄像机,可采用不断提高其分辨率、模拟视频替换为数字视频、融入多光谱和超光谱智能成像技术等方式。

2.1　概　　述

随着计算机技术、显示技术、控制技术和微电子技术的发展,新型光电系统已经不再局限于单一的传感器配置应用,而是采用可见到红外波段的各类传感器融合配置,如电视摄像机、微光夜视仪、激光测距机、红外热像仪及其他相关的光电设备在光电稳定平台上进行集成应用,从而形成了种类繁多、结构复杂的光电系统,如图2-1所示。当前,电视摄像机、红外热像仪和激光测距机三大类传感器已成为现代光电系统的标准配置。相比于红外热像仪、微光夜视仪等其他成像传感器,电视摄像机具有良好的细节显示功能以及较高的图像分辨率,可实现昼间目标观瞄跟踪、敌我识别以及精确打击,因此深受军方喜爱。

图2-1　模块化设计示意图

电视摄像机作为光电系统一个重要部件,在光电系统中占据着重要的地位,有着极为广泛的应用领域,各国研发的光电系统也非常重视对电视摄像机的研究及开发。常用的定焦电视摄像机结构简单,比较易于实现,但由于视场不能连续变化,当目标和光电系统的距离发生较大的变化时,画面中目标大小变化较大,不能稳定地输入图像处理系统进行目标信息的处理,从而不能稳定地检测目标,因此,使用连续变焦电视摄像机取代定焦电视摄像机已成为现代光电探测领域的发展趋势。相对于定焦电视摄像机,连续变焦电视摄像机的焦距及视场可实现连续变化,能够对目标进行从小到大的连续放大,画面产生由远及近的感觉,从而对远距离目标实现精确跟踪与测量。

对于光电跟踪系统来说,视场能够连续变化具有非常重要的意义,它可以对目标进行由远及近的观察,更容易实现在复杂背景下对目标的搜寻、观察、跟踪。相对于多视场定焦电视摄像机,连续变焦电视摄像机仅需要一套光学系统及 CCD/CMOS 接收器件便能实现功能,能够极大地精简系统结构,减小系统质量,减小探测器的体积,这对于对探测器的体积及质量有着严格要求的机载类光电系统有着十分重要的意义。

2.1.1　电视摄像机的基本功能与优点

电视摄像机的基本功能有以下三点:
(1)扩展了人眼观察的光谱范围;
(2)能以很高的灵敏度获得客观世界与可见光和近红外光谱有关的信息;
(3)可以白天观察外界景物。
电视摄像机的优点有以下五点:
(1)分辨力高,尤其是在良好照度的条件下,电视摄像机的分辨力优于红外热像仪;
(2)色彩丰富;
(3)隐蔽性好,一般都是被动接收目标的信号,比雷达和激光探测安全且保密性强,不易被干扰;
(4)与雷达相比,电视摄像机体积小,质量小,功耗低;
(5)性价比高。

2.1.2　电视摄像机在军事领域的地位

无人直升机在飞行过程中,远距离通常利用雷达进行跟踪,雷达跟踪具有速度快、范围广、距离远的特点,并且不受昼夜时间段的影响,缺点是抗干扰能力比较弱,在作战的过程中,为了不暴露自身的位置,一般处于关闭的状态。相比雷达,电视摄像机具有以下特点:
(1)电视摄像机对目标自身发出的光线进行成像,自身没有光辐射和电磁波,具有良好的隐蔽性;
(2)当电视摄像机的工作波段处在可见光波段时,电视摄像机与人眼的视觉感官很匹配,反应时间短,有很好的实时性;
(3)随着 CMOS 器件技术的发展,系统采集的图像分辨率高,在极大程度上提高了探测效率;

(4)加工成本低,相比其他系统,体积小,质量小,工作性能稳定。

综上所述,电视摄像机在采集目标图像的同时,可对目标进行自动识别与自动捕获,实现对目标的精确追踪。因为同时要兼顾远距离和近距离的目标跟踪,所以其光学系统既要有长焦距,也需要短焦距。变焦距光学系统正好可以满足近距离大视场搜索、远距离小视场探测的需要,而且变焦距光学系统发展了几十年,其理论研究得到逐步完善,光学加工工艺与材料的发展日新月异,使变焦距光学系统的成像质量可以与定焦光学系统相媲美,因此,变焦距光学系统广泛应用于作战领域。

2.1.3 电视摄像机在军事领域的应用

电视摄像机技术已在以下领域得到应用。

1. 陆军应用领域

(1)车载周视车长镜、炮长镜内置电视摄像机观瞄具通道;

(2)高炮、地空导弹结合的分置式电视摄像机系统;

(3)车载侦察系统战场电视摄像机侦察和监控;

(4)陆战场可见光电视摄像机毁伤评估;

(5)陆军遥控武器站光电系统、无人值守情报站侦察系统;

(6)装甲侦察车辆电视摄像机警戒系统;

(7)电视导引头、侦察弹、无人机侦察及其他升空侦察。

2. 海军应用领域

(1)近程反导系统光电跟踪仪电视摄像机系统;

(2)潜艇的光电桅杆电视摄像机观测系统;

(3)雷达标校系统;

(4)舰载瞄星;

(5)舰载零飞仪;

(6)无人舰光电系统电视摄像机;

(7)舰载机搜救系统电视摄像机。

3. 空军应用领域

(1)察打一体光电系统电视摄像机;

(2)导航飞行吊舱、转塔前视电视摄像机;

(3)空中侦察的吊舱、转塔,固定安装的前视、侧视、下视电视摄像机;

(4)空中搜索和定位、对地攻击吊舱、转塔,固定安装的前视电视摄像机。

4. 火箭军领域

(1)动能拦截器的电视摄像机导引头;

(2)固定阵地防御系统。

5. 航天领域

侦察卫星的电视摄像机。

2.1.4　电视摄像机的分类

1.按色彩分类

(1)彩色电视摄像机;

(2)黑白电视摄像机。

2.按输出类型分类

(1)模拟电视摄像机;

(2)数字电视摄像机。

3.按制式分类

(1)标准制式;

(2)非标制式。

4.按军用应用平台分类

(1)便携电视摄像机;

(2)车载电视摄像机;

(3)机载电视摄像机;

(4)舰载电视摄像机;

(5)星载电视摄像机。

5.按应用功能分类

(1)观瞄/火控电视摄像机。其可用于坦克装甲车辆、飞机、舰船、步兵等作战平台的观察、瞄准、火控等应用。

(2)电视摄像机制导系统。其可作为空空、空地、地空、反舰、反导、反卫星等武器的制导或末制导子系统。

(3)侦察监视电视摄像机。其可装备在车辆、侦察机、无人机、卫星等平台上用于侦察、监视等。

(4)电视摄像机搜索跟踪系统。其可用于地面、车载、舰载防空反导,以及用于飞机对目标搜索、跟踪系统。

(5)光电对抗观察系统。其可用于地面、车辆、飞机、舰船、卫星的光电对抗。

2.1.5　定焦/变焦电视摄像机技术特点

定焦电视摄像机是将远距离目标成像在 CCD/CMOS 器件的靶面上,其系统的视场角、焦距和相对孔径均为定值。

间断变倍电视摄像机一般为多视场光路共同使用一个 CCD/CMOS 摄像机。它主要有多视场光路耦合共用一个 CCD/CMOS、打入打出式共用 CCD/CMOS 等形式。多视场光路耦合共用一个 CCD/CMOS 是通过光路遮挡来实现视场转换的;打入打出式共用 CCD/CMOS 是通过一组或多组光学镜组在光路中的切入或移出组合来改变系统焦距,从而实现视场变化的。

分挡变焦电视摄像机是指焦距在几个特定位置发生变化，像面只在这几个特定位置保持不变或基本不变，图像倍率随着位置的变化而间断变化的电视摄像机。

连续变焦电视摄像机是指在一定范围内焦距连续变化，而像面保持不变或基本不变的电视摄像机。它是通过变倍组和补偿镜组在轴向上按一定规律相对运动实现的。当观察外界景物时，随着目标距离的变化，焦距在整个变焦过程中也发生相应的变化，目标大小始终保持比较合适的状态，即图像倍率连续变化，非常适合人眼观察，可以兼顾大视场探测与小视场识别/跟瞄。定焦/变焦电视摄像机外形图如图 2-2 所示。

（a）　　　　　　　　　　　　　　　　（b）

图 2-2　定焦/变焦电视摄像机外形图

(a)三视场定焦电视摄像机；　(b)连续变焦电视摄像机

2.1.6　变焦电视摄像机技术的发展

连续变焦技术是指其光学系统的焦距在一定范围内可连续变化，而系统像面位置保持不变的光学系统。近年来，随着图像处理技术、数字控制技术以及精密加工技术的发展和提高，连续变焦技术得到了飞速的提高及发展，在各个领域都得到了广泛的应用，因此，各国都非常重视连续变焦技术的发展，并且致力于研究体积小、控制灵敏、精度高的连续变焦技术。

变焦技术最早是在 20 世纪 60 年代提出的，最初应用于电影放映镜头，它的历史最早可追溯到 1902 年出现的放映物镜。但是由于当时的机械加工技术水平还不够发达，凸轮加工水平有限，所以为了避免由于加工制造误差引起的连续变焦光学系统像面位置的偏移等误差，变焦技术通常采用光学补偿的方法。通过几何光学原理可知，采用光学补偿方法的光学系统，只能在特定的几个焦距处得到较为清晰、稳定的像面，因此该方法应用并不广泛。直到 1960 年才发现了采用机械补偿方法的连续变焦镜头，由于在这个时期光学冷加工和镀膜技术尚未完善，而且计算机辅助设计技术也没有进入光学设计领域，所以机械补偿法变焦技术的镜头质量太差，还没有发展到普遍的应用。20 世纪 70 年代以后，随着计算机技术的发展，计算机辅助设计技术在光学设计领域的应用，光学元件多层镀膜技术的开发和广泛使用，新型材料和非球面技术的应用，以及高精度数控技术的飞速发展，大大提高了机械补偿法连续变焦镜头中复杂的凸轮机构的加工精度，二组元连续变焦镜头的质量得到了大大的提高和改进，同时还开发出了多移动组元的连续变焦镜头。

1971 年，日本尼康公司研发出了 6×的 F4.5/50-300 连续变焦镜头，而小西六公司甚至开发出 6.9×的 F4/58-400 的高倍变焦镜头。在那个时代，高倍的连续变焦镜头就意味着其镜头体积非常庞大,而且价格也十分昂贵。日本松下电器公司在 1986 年研发出了代号为 Panasonic Zoom 900 的低倍广角变焦镜头 F3.5 - 6.7/3.5 - 700 mm,从此,世界上诞生了多移动组元变焦镜头。直到我们生活的这个时代,新材料得到应用,并且新技术也迅速发展,大多数连续变焦镜头的成像质量已经赶上传统的定焦镜头。毫不夸张地说,连续变焦镜头发展到现在,已经进入了比较成熟的阶段以作为基础探测部件,连续变焦电视摄像机的发展非常迅速。

20 世纪 80 年代以后,机械补偿变焦方式的光学系统获得了更广阔的发展空间,多组元全动型变焦光学系统也具备了相应的发展条件。在变焦光学系统中为了进一步提高镜头的像质,不仅采用新型的光学材料,还加入了非球面来校正像差,非球面的使用还能够成功减少系统中的镜片数量,以及缩短系统的结构尺寸。美能达公司于 1983 年和 1985 年分别推出了采用低色散光学玻璃的复消色差变焦望远镜头和采用非球面的变焦照相物镜。前者相对孔径为 $F/8$,焦距为 $100\sim500$ mm;后者相对孔径为 $F/4$,焦距为 $35\sim75$ mm,并使结构简化到 6 片透镜。松下公司推出了结构简单的变焦摄像物镜,其添加了两个非球面,使系统的透镜结构简化到 9 块,此变焦镜头的焦距范围为 $6.7\sim40$ mm,比传统变焦系统结构的透镜数量减少了 $4\sim6$ 块。同样,在变焦镜头中采用部分色散系数异常的光学玻璃可以增大镜头的 F 数。尼康公司于 1982 年推出了第一个采用部分色散异常的光学玻璃变焦镜头,此变焦镜头具有大相对孔径,其数值为 $F/2.8$,焦距范围为 $80\sim200$ mm。

连续变焦电视摄像机不但能够精简系统结构,有效减小系统质量,而且可以实现景物的由远及近观察,易于进行搜索、跟踪,鉴于以上优点,各国将越来越多地用连续变焦电视摄像机替代传统定焦电视摄像机,其应用及发展空间将越来越广阔。纵观连续变焦镜头的发展,研究者追求大变倍比、长焦距、高分辨率,其中,美国、德国、日本的工业起步较早,在连续变焦技术研究领域处于领先地位,比较著名的公司有 JINON（富古）、TAMRON（腾龙）、AVENIR（精工）、COMPUTAR 等。

2.2　电视摄像机成像技术基本理论

2.2.1　可见光辐射及目标特性

1. 可见光辐射的基本特征

随着目标辐射特性控制技术研究的不断深化和现代战争对武器提出的全天候作战要求,以往不是很重要的可见光辐射特性的控制也已提到日程上来,并日益得到重视。例如采用雷达控制技术的美国 F - 117 战斗轰炸机黑夜隐身性能好,但在白天,用肉眼或简单光学仪器就能看到这种以天空为背景的黑色飞机,无需雷达就能瞄准。可见光辐射特性控制是针对人的目视、照相、摄像等观测手段而采取的各项技术。其目的是改变目标表面的反射率,使其尽可能与周围环境的反射率一致,主要的途径有特殊照明系统、亮度和颜色可调的奇异蒙皮、电致变色薄膜和烟幕遮蔽等。在目标表面涂敷由颜料颗粒和黏合剂组成的涂料是改变其反射特性的一种简单方法。

可见光探测、跟踪、瞄准设备是利用目标反射的可见光进行侦察,通过目标与背景间的亮度对比来识别目标的。理论研究表明，可见光侦察设备的侦察效率取决于目标与背景之间的亮度、色度、运动等视觉信号参数的对比特征，其中目标与背景之间的亮度比是最重要的因素。

目标特性是目标自身具有、彼此相对独立的内在属性特征和外部运行规律，具有色彩（光谱）、温度、形状、空间位置、声音、振动频率、表面纹理、光洁度、质量分布、密度与质量、物体的运动（轨迹、速度、加速度）以及目标的扩散、辐射等诸多特性。

目标结构体表面的光反射，特别是镜焰、尾迹和羽烟、灯光及照明光等，均为目标的主要亮度来源。如果目标亮度和背景亮度对比度之差大，那么目标就容易被可见光侦察设备发现。如果目标亮度和背景亮度对比度值大小相当，那么它们之间的色度对比便成为目标重要的可见光特征。如果目标对背景呈现强烈的亮度、色度，就容易被观察到目标相对于背景的运动，例如从飞行器目标自身或螺旋桨的闪光可观察到目标在空中的飞行。

可见光探测的精度高于雷达和红外，且通常都具有成像能力，但目标可见光辐射特性控制的途径远比雷达及红外复杂，难度也更大。目标可见光辐射特性控制的技术主要有以下几种：一是改变目标外形的光反射特征，例如将目标座舱罩等设计成多面体，用小水平面的多星散射取代大曲面反射，从而将太阳光向四周散射开去。二是控制飞行器的亮度和色度，例如在飞行器表面涂覆迷彩涂料，目前已为飞行器研制和采用了数十种涂料，正在研制的一种涂料能随环境亮度变化而改变自身的亮度与色度，以保证飞行器与背景之间的亮度对比度之差随时处于抑制状态。三是控制飞行器发动喷口和烟迹信号，例如采用不对称喷口降低喷焰温度，从而降低喷焰光强；又如采用转向喷口或进行遮挡使飞行器在探测方向上减小发光暴露区；再如改进燃烧室设计使燃料充分燃烧或者飞行器战术运用不进入拉烟层；等等。四是控制飞行器照明和信标灯光，例如对飞行器照明和信标灯光进行管制，对必要的灯光在一定范围进行遮挡。实验表明，飞行器二叶旋浆的闪烁信号要高于四叶或多叶旋桨，高于 16 Hz 的旋桨频率可避免桨叶的明显闪光信号。意大利 Agusta 公司制造的 A - 129 武装直升机是一种新型全天候反坦克武装直升机，它采用的可见光隐身技术非常具有代表性：采取细、长、窄的机身结构布局，使直升机正面与底部的特征面积缩小；采用低反光桨叶和低反光玻璃；旋翼的桨叶数目与转速的大小相匹配，使转动的旋翼对光的反射效应最小；机身上涂暗绿色涂层，座舱风挡玻璃改为平面形，以减少太阳光的反射作用；发动机排气采用内、外涵道设计，使得在夜间也难以看到排气口处的火焰。

传统的地面目标可见光辐射特性控制手段有：在物体表面涂上与背景颜色一致的迷彩和在目标表面罩上伪装网等适用于静止目标和目标在变化不大的背景下运动的情况；近期军事专家研究了依赖于"智能"变色材料的动态隐身技术，研究较多的有热致变色、光致变色和电致变色三种智能变色材料，它们都可应用于目标的智能蒙皮，其亮度和颜色会随着背景光的改变而相应地改变，从而实现动态隐身。

2. 目标可见光辐射的基本特征

目标表面白天受到的辐射主要考虑来自太阳的直接辐射、天空辐射和地面反照。其中，太阳的直接辐射和地面反照以可见光为主。天空辐射包括对太阳辐射的散射和大气辐射，对太阳辐射的散射主要分布在波长小于 3 μm 的范围内；而大气辐射由于大气本身温度较低，其有效温度在 200～300 K 内，所以在小于 4 μm 的波长范围内的辐射量很小，天空辐射可以认为是上述两种辐射的叠加。图 2-3 为目标辐射传递的环节示意图。

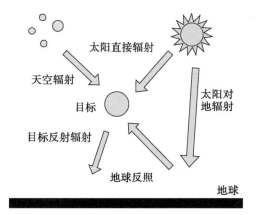

图 2-3　目标辐射传递环节示意图

由普朗克黑体辐射公式可得黑体辐射的单色辐射度 M_{sun} 为

$$M_{sun} = \frac{2\pi hc}{\lambda^5} \frac{1}{\exp(hc/\lambda kT) - 1} \tag{2-1}$$

式中：$h = 6.63 \times 10^{-34}$ J·s，是普朗克常量；$c = 3 \times 10^8$ m/s，是光速；$k = 1.38 \times 10^{-23}$ J/K，是玻尔兹曼常数；λ 是波长；T 为黑体的温度（通常太阳辐射可以认为是温度为 5 900 K 的黑体辐射）。

假设太阳所发出的能量在空间方向上的分布是均匀的，得到光谱波长在 $\lambda_1 \sim \lambda_2$ 的范围内太阳在目标的照度 E_{sun} 为

$$E_{sun} \approx M_{sun} \frac{r_{sun}^2}{r_{target\text{-}sun}^2} \cos\alpha = 2\pi hcr_{sun}^2 r_{target\text{-}sun}^2 \cos\alpha \times \int_{\lambda_1}^{\lambda_2} \lambda^{-5} \left[\exp(hc/\lambda KT) - 1\right]^{-1} d\lambda \tag{2-2}$$

式中：$r_{sun} = 6.959\ 9 \times 10^8$ m，为太阳半径；$r_{target\text{-}sun} = 1.496 \times 10^{11}$ m，为日地的平均距离；α 为太阳-目标连线与目标表面单位面元法线的夹角。面元对太阳辐射的反射强度 I_{sun} 为

$$I_{sun} = \frac{\rho}{\pi} E_{sun} \tag{2-3}$$

式中：ρ 为在可见光波段与波长无关的目标表面的漫反射率。

一个面元接收到的半球空中辐射，来自水平面以下的为地面反照，来自水平面以上的为天空辐射。若水平面半球空中受到天空辐射的部分立体角为 Ω，则受到地面反照的部分立体角为 $2\pi - \Omega$，可得单位面元对天空辐射的反射辐射强度 I_{sky} 为

$$I_{sky} = \frac{\rho}{\pi} \iint_\Omega L_{sky} d\omega \tag{2-4}$$

面元对地球反照的反射强度 I_{earth} 为

$$I_{earth} = \frac{\rho}{\pi^2} \iint_{2\pi - \Omega} E_{earth} d\omega \tag{2-5}$$

地面反照与地面的性质、云层的分布状态有关。就大区域而言，地球的平均反射率为

0.3,地球反射太阳的辐照度为 $E_{earth} = 406 \text{ W/m}^2$。不考虑太阳的直接辐射,白天天空亮度为 $(10 \sim 100) \text{W} \cdot \text{m}^{-2} \cdot \text{sr}^{-1}$,取天空亮度 $L_{sky} = 10 \text{ W} \cdot \text{m}^{-2} \cdot \text{sr}^{-1}$。

目标的辐射强度是探测器视线方向上所有辐射强度之和,由此得到,到达地面光谱探测器的信号辐射强度 I_{target} 为

$$I_{target} = (I_{sun} + I_{sky} + I_{earth})\tau A_t \cos\beta \tag{2-6}$$

式中:τ 是目标与探测器之间的大气光谱透过率;A_t 是目标表面积;β 是探测器-载体连线与载体表面面元法线的夹角。

目标的可见光辐射主要由反射的太阳光和云层辐射构成,任意波长的光照射到目标随机粗糙表面都会在表面产生反射和散射。散射存在相干分量和非相干分量,描述目标的光散射特性必须引入双向反射分布函数 BRDF,其数学表达式为沿 (μ,φ) 方向反射的辐射亮度与沿 (μ_0,φ_0) 方向入射的辐照度之比:

$$R(\mu,\mu_0,\varphi) = L_r(\mu_0,\varphi_0)/E_i(\mu,\varphi) \tag{2-7}$$

式中:$\mu = -\cos\theta$,θ 和 φ 分别是天顶角和方位角。

式(2-7)中的 $R(\mu,\mu_0,\varphi)$ 可以展开为方位角的傅里叶级数,即

$$R(\mu,\mu_0,\varphi) = R^0(\mu,\mu_0) + 2\sum_{m=1}^{max} R^m(\mu,\mu_0)\cos m\varphi \tag{2-8}$$

式中:$R^m(\mu,\mu_0)$ 可以通过数值求解 Ambartsumian 非线性积分方程得到,即

$$(\mu + \mu_0)R^m(\mu,\mu_0) = \frac{\sigma}{4}P^m(-\mu,\mu_0) + \frac{\sigma}{2}\mu_0\int_0^1 P^m(\mu,\mu')R^m(\mu',\mu)d\mu' +$$

$$\frac{\sigma}{2}\mu\int_0^1 R^m(\mu,\mu')P^m(\mu',\mu)d\mu' +$$

$$\sigma\mu\mu_0\int_0^1\int_0^1 R^m(\mu,\mu')P^m(-\mu',\mu'')R^m(\mu'',\mu_0)d\mu'd\mu'' \tag{2-9}$$

式中:σ 是反射率;$P^m(\mu,\mu')$ 是相函数的傅里叶分量,可表示为

$$P(\mu,\mu',\varphi-\varphi') = P^0(\mu,\mu') + 2\sum_{m=1}^{max} P^m(\mu,\mu')\cos m(\varphi-\varphi') \tag{2-10}$$

目标在可见光波段主要反射太阳的直接辐射和云层反射的太阳可见光辐射,而目标自身的可见光辐射可以忽略不计。考虑到目标表面不同位置对观测点的方位角的变化,将目标表面划分为一定数量的面元,目标表面的面元的反射辐射强度为

$$i_{\lambda j}(\mu,\mu_0,\varphi) = \mu_{0,sun}R(-\mu_0,sun,\varphi)i\lambda_{sun}(\mu_0) + \mu_{0,cloud}R(\mu,\mu_0,cloud,\varphi)i\lambda_{cloud}(\mu_0) \tag{2-11}$$

其中:$i\lambda_{sun}$ 和 $i\lambda_{cloud}$ 是用 LOWTRAN 7.0 计算的太阳光谱辐射亮度和云层反射太阳的辐射亮度。计算面元对观测点的光谱辐射,并对目标表面积积分,得到目标对观测点的光谱辐射为

$$q\lambda = \sum_{j=1}^N \mu_{0,sun}R(\mu,\mu_0,sun,\varphi)i\lambda_{sun}(\mu_0)\frac{\cos\theta_j\cos\theta_0\Delta A_j}{S^2} +$$

$$\sum_{j=1}^N \mu_{0,cloud}R(\mu,\mu_0,cloud,\varphi)i\lambda_{cloud}(\mu_0)\frac{\cos\theta_j\cos\theta_0\Delta A_j}{S^2} \tag{2-12}$$

目标可见光辐射特性模型为

$$dE_0 = \rho E \frac{S_0}{L^2} \cos\theta_r \cos\theta_{sun} F_{BRD}(\theta_r, \theta_{sun}, \phi) dA \qquad (2-13)$$

式中：dE_0 是探测器入瞳处接收的辐照度（W/m²）；ρ 是目标表面面元的反射率；E 是太阳辐射在目标所处位置的辐照度（W/m²）；θ_{sun} 是太阳光入射方向与目标表面面元法线方向的夹角（rad）；θ_r 是观测方向与目标表面面元法线方向的夹角（rad）；L 是观测点与目标之间的距离（m）；ϕ 是观测方向与太阳入射方向在目标表面上的方位夹角（rad）；S_0 是接收面面积（m²）；F_{BRD} 是目标表面材料的双向反射函数；dA 是目标表面的有限面元。

由可见光辐射特性模型可知，若目标和探测条件确定，则目标可见光辐射特性的可探测性由目标表面的反射率 ρ 决定。空中目标表面反射率分布表示为

$$\rho_i = \rho(A_i) \qquad (2-14)$$

式中：A_i 是第 i 个单位面元。

根据可见光探测器的探测性能，对于特定的探测器，其探测能力具有一个额定的阈值，该阈值是个极限值，若探测器接收到的目标可见光辐射能量数级小于该极限阈值，则探测器将很难探测到目标，探测器只能对可见光辐射能量大于极限阈值的目标进行探测。而目标的可见光辐射能力又取决于其表面反射率的值，因此，空中目标的可见光辐射可探测性主要由其表面的反射率分布决定。

对空中目标可见光辐射特性的可探测性参数进行如下分析：

（1）探测器对目标可见光辐射的探测极限值由极限反射率值即最小反射率 ρ_{min} 决定。根据目标的表面材料特性，若目标表面反射率的最大值为 $\rho_{i,max}$，那么只有当 $\rho_{i,max} > \rho_{min}$ 时，探测器可能探测到目标，因此目标表面的最大反射率值决定了目标的可探测性。

（2）实际上，对于探测器的某一个敏感元件，其接收的可见光辐射是目标表面所有面元共同作用的结果，因此对于探测能力是目标表面的平均反射率值，平均反射率值可表示为

$$\bar{\rho} = \sum_{i=1}^{N} \rho_i A_i \Big/ \sum_{i=1}^{N} A_i \qquad (2-15)$$

当 $\bar{\rho} > \rho_{min}$ 时，探测器对目标的探测概率较大，目标表面的平均反射率值决定了目标的可探测特性。

3. 辐射度量及热辐射定律

目标散射特性建模需要的物理量主要包括辐射能、辐射通量、辐照度等。光谱辐射量是某一波长处单位带宽范围内的辐射量，用来描述辐射源、照射目标的光谱特性，如光谱辐射能、光谱辐射通量、光谱辐照度等。一定波段范围内的辐射量由光谱辐射量在波段上积分获得。常用辐射量见表 2-1。

表 2-1　常用辐射度量

名　称	符　号	定　义
辐射能	Q	辐射源以电磁波形式辐射的能量
辐射通量	Φ	单位时间内辐射的能量
辐射出射度	M	单位表面积的辐射通量

续表

名　称	符　号	定　义
辐射强度	I	单位立体角内的辐射通量
辐亮度	L	某一方向上单位投影面积单位立体角内的辐射通量
辐照度	E	被照表面单位面积接受的辐射通量

已知辐射源的辐亮度,可以根据辐亮度与其他辐射量的关系计算辐射强度、辐射出射度、辐射通量和辐照度。

辐亮度对辐射方向辐射源投影面积的积分得到辐射强度:

$$I = \int L\cos\theta\,\mathrm{d}A \tag{2-16}$$

辐亮度对辐射方向的立体角积分得到辐射出射度:

$$M = \int L\cos\theta\,\mathrm{d}\Omega \tag{2-17}$$

辐亮度对辐射方向立体角和辐射源投影面积的双重积分得到辐射通量:

$$\Phi = \iint L\cos\theta\,\mathrm{d}A\,\mathrm{d}\Omega \tag{2-18}$$

辐亮度对辐照表面接受辐射的立体角积分得到辐照度:

$$E = \int L\cos\theta\,\mathrm{d}A \tag{2-19}$$

目标的辐射量通常用电视摄像机入瞳处的辐照度表示。不考虑能量损失情况下的空中目标面元在电视摄像机接收面元上辐射传递关系是空中目标仿真计算的基础,如图 2-4 所示。

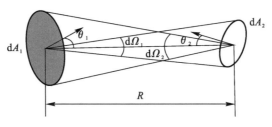

图 2-4　面元照度计算

图 2-4 中:$\mathrm{d}A_1$ 为空中目标上的辐射面元;$\mathrm{d}A_2$ 为电视摄像机入瞳面元;θ_1 为辐射面源法线矢量与面元中心连线的夹角;θ_2 为入瞳面元法线矢量与面元中心连线的夹角;$\mathrm{d}\Omega_1$ 为入瞳面元对辐射面元中心的张角;$\mathrm{d}\Omega_2$ 为辐射面元对入瞳面元中心的夹角;R 为面元中心之间的距离。当辐射面较小时,可视为点源辐射,此时可根据探测方向辐射强度计算入瞳照度。

辐射面元在空中立体角 $\mathrm{d}\Omega_1$ 内的辐射通量为

$$\phi = I_\theta\,\mathrm{d}\Omega_1 = I_\theta\,\frac{\mathrm{d}A_2\cos\theta_2}{R^2} \tag{2-20}$$

式中:I_θ 为辐射面元在视线方向的辐射强度。

入瞳处接收面元的辐照度为

$$E = \frac{\phi}{\mathrm{d}A_2} = I_\theta \frac{\cos\theta_2}{R^2} \qquad (2-21)$$

如果辐射面元在瞬时视场内表现为面目标,此时视为面辐射源。接收面元收到的是部分辐射面的辐射能量,根据辐亮度守恒关系计算面元目标的辐照度。假设辐射面元为朗伯面,其在入瞳面元的辐照度为

$$E = L\cos\theta_2 \mathrm{d}\Omega_2 \qquad (2-22)$$

当辐射能量投射到物体表面上时发生吸收、反射和透射现象,如图 2-5 所示,在外界投射到物体表面上的总能量 Q 中一部分能量被物体吸收,一部分能量被物体反射,其余能量穿透过物体。

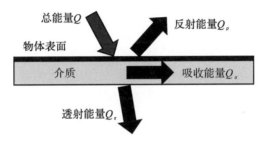

图 2-5 物体表面辐射特性

按照能量守恒定律,有

$$\frac{Q_\alpha}{Q} + \frac{Q_\rho}{Q} + \frac{Q_\tau}{Q} = 1 \qquad (2-23)$$

式中:各能量百分比 Q_α/Q、Q_ρ/Q 和 Q_τ/Q 分别称为该物体对投射辐射的吸收率 α、反射率 ρ 和透过率 τ,于是有

$$\alpha + \rho + \tau = 1 \qquad (2-24)$$

对于气体而言,$\rho = 0$,因此 $\alpha + \tau = 1$。

固体对投射辐射所呈现的吸收和反射特性都具有在物体表面上进行的特点,因此,物体表面状况对这些辐射特性的影响至关重要。而气体辐射和吸收是在整个气体容积中进行,表面状况无关紧要,但是气体辐射具有强烈的光谱选择性和容积性,因此常用光谱或单色的辐射特性参数来考虑选择性;而气体辐射的容积性需要研究辐射能量的空间分布,故在研究气体辐射问题时多用辐亮度来描述辐射能量的分布情况。

4. 本身辐射和有效辐射

本身辐射是指由物体本身温度决定的辐射,即物体的辐射出射度 E;投射辐射(入射辐射)是指入射到物体上的总辐射能量,可用辐照度 H 表示;有效辐射是指本身辐射和反射辐射之和,单位面积的有效辐射功率称为有效辐射出射度,用 J 表示。三者之间的关系式为

$$J = E + \rho H \qquad (2-25)$$

式中:等号右端第一项为表面的本身辐射;第二项为表面的反射辐射;ρ 为物体表面反射率。对于不透明灰表面,有 $\alpha(T) + \rho(T) = 1$,因此式(2-25)可写为

$$J = \varepsilon E_b + (1-\alpha)H \tag{2-26}$$

5. 辐照度方程

辐照度方程描述了辐亮度与辐照度之间的转换关系,如图 2-6 所示,设两个朗伯微元面,发射微元面的面积为 ΔA_1,其辐射亮度为 L,被照微元面的面积为 ΔA,两个微元面的距离为 l,θ_1 和 θ 分别为两个微元面法向与中心连线的夹角。

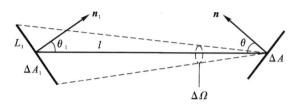

图 2-6 辐射照度方程推导示意图

发射微元面在 θ_1 方向上的辐射强度为 $I = L\Delta A_1 \cos\theta_1$。由几何关系可以得到,发射微元面投射到被照微元面的功率为 $\Delta P = I\Delta A\cos\theta / l^2$,因此,发射微元面在被照微元面产生的辐射照度为 $H = L \dfrac{\cos\theta_1 \cos\theta \Delta A_1}{l^2}$。

6. 辐射强度计算方程

辐射强度是一个描述点目标辐射特性的物理量。对于发动机排气系统辐射而言,近距离不能视为点目标处理,而当探测距离远远大于发动机特征尺寸时,可近似视为点目标辐射。辐射强度表征了目标向单位立体角发射的辐射功率的大小,决定了探测器对目标的发现和锁定的距离,是评估作战飞机红外隐身性能的重要指标。辐射强度计算方程描述了辐照度与辐射强度之间的转换关系。

如图 2-7 所示,假设一点目标辐射源在面元 dA 处的辐射强度为 I,它与被照面元 dA 的距离为 l,面元 dA 的法线与 l 的夹角为 θ,则投射到面元 dA 上的辐射功率为

$$dP = Id\Omega$$

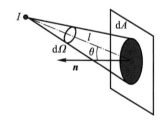

根据空间立体角定义,$d\Omega = dA\cos\theta / l^2$,上式转化为 $dP = IdA\cos\theta / l^2$。因此,点辐射源在被照面元 dA 上产生的辐射照度为

图 2-7 辐射强度示意图

$$H = \frac{dP}{dA} = I\cos\theta / l^2 \tag{2-27}$$

2.2.2 目标辐射的大气传输

当电视摄像机在高空工作时,地面图像在从目标到电视摄像机探测器的接收传递过程中,要经过几千米甚至十几千米的大气层,光线在传输过程中,将产生散射、吸收、折射、扰动和偏振等物理过程,使电视摄像机所接收的地物信息产生偏差,影响电视摄像机的成像质量。

在地球大气的目标成像中,大气引起的图像质量恶化无法避免。决定大气影响的是成

像系统的工作方式、光学系统参数和大气介质的光学特性。大气光学特性引起的地球介质光学传递函数是定量科学地进行成像光学设计和图像处理必须考虑的重要因素。大气光学特性十分复杂，在局域时空中具有各种可能的状态，在宏观时空中具有鲜明的地域和季节特征。因此，要透彻地了解成像系统在使用地区受大气影响的全貌，就必须全面地分析各种可能的大气状态的光学特性，以可能出现的结果概率分布特征来看待大气的影响。

大气辐射传输模型应用比较广泛的就有近 30 个，如 6S（Second Simulation of the Satellite Signal in the Solar Spectrum）模型、LOWTRAN 模型、MORTRAN 模型、空间分布快速大气校正模型 ATCO 等，其中以 6S 和 MODTRAN 模型应用得最为广泛。由于成像过程较为复杂，所以目前的方法都有着各自的优、缺点。6S 模型是 20 世纪 90 年代中后期由 E. F. Vermote 等人在 5S（Simulation of the Satellite Signal in the Solar Spectrum）模型的基础上发展起来的改进版本。该软件主要用于 $0.25 \sim 4.5\ \mu m$ 可见光及近红外谱段的辐射传输计算，6S 模型使用了状态近似（the state of the art approximation），它在地物目标反射率的逐次散射（the Successive Order of Scattering，SOS）法多次散射、二向性（如水体、植被表面）、精细定义计算等方面很有特色。模型考虑了目标物的海拔高度、地表非均匀状况和气体（CH_4、N_2O、CO）对辐射的吸收影响，对分子和气溶胶散射作用的计算使用近似和逐次散射算法。MODTRAN 模型改进了 LOWTRAN 模型的光谱分辨率，MODTRAN 模型可以计算 $0 \sim 50\,000\ cm^{-1}$（波数，即指在波的传播方向上单位长度内所含的波长的数目）的大气透过率和辐射亮度，MODTRAN 模型将光谱的半高全宽度（Full Width Half Maximum，FWHM）由 LOWTRAN 模型的 $20\ cm^{-1}$ 减少到 $2\ cm^{-1}$，目前的 MODTRAN 4.0 的光谱分辨率已经可以达到 $2\ cm^{-1}$，它改进了复折射系数和瑞利散射的计算精度，并增加了 DISORT（离散纵坐标法）算法来计算太阳散射贡献的方位角相关选项。MODTRAN 模型能够准确地模拟太阳到地面景物到传感器路径上的大气影响，是当前发展较为成熟的大气订正模型之一。6S/MODTRAN 软件中建立的辐射传输模型如图 2-8 所示。

1. 大气的构成

大气是介于传感器与地球表面之间的由混合气体、水汽和杂质组成的介质层，是太阳辐射向地表方向和电磁波由地表向传感器方向传输过程中都必经的通道。大气是由多种成分组成的复杂光学介质，当地物辐射在大气中传输时，将产生散射、吸收、折射、扰动和偏振等物理过程，导致辐射衰减，直接影响电视摄像机对目标的探测。其中，大气的散射和吸收是影响电视摄像机成像的主要因素。大气由多种气体分子组成，包括氮气（N_2）、氧气（O_2）、水汽（H_2O）、二氧化碳（CO_2）、甲烷（CH_4）、一氧化碳（CO）、臭氧（O_3）等气体分子。另外，气溶胶是大气环境中非常重要的组成成分，是指悬浮在大气中的、具有一定稳定性的、沉降速度小的、尺度范围在 $10^{-3} \sim 10\ \mu m$ 之间的液态或固态粒子所组成的混合物。按照气象条件，气溶胶可分为雾气溶胶、沙尘气溶胶、云气溶胶、霾气溶胶等。根据洛伦兹-米氏散射理论，气溶胶的消光特性和气溶胶自身的物理光学参数（即气溶胶粒子的尺度分布、粒子平均半径、频率以及气溶胶粒子的复折射率等）有关。对于气溶胶的粒子尺度分布，目前国内外专家学者已经提出了很多解析式表述，有荣格幂律分布、对数正态分布、伽马分布以及它们的修正形式。粒子平均半径可以通过粒子的尺度分布计算得到。

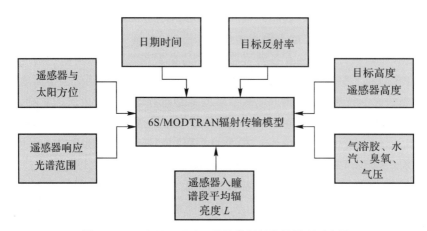

图 2-8　6S/MODTRAN 软件的辐射传输模型示意图

2. 大气对电视摄像机辐射的吸收和散射

当可见光辐射在大气中传输时,大气中的粒子对辐射能量进行吸收和散射作用,作用效果包括两方面:一方面,目标自身辐射能量以及目标对太阳辐射能量的反射,经过大气传输路径到达成像系统镜头前的能量衰减;另一方面,大气对太阳辐射能量单次散射和多次散射、对目标场景周围环境热辐射的多次散射、大气中粒子的自身热辐射等致使辐射传输到成像系统镜头前能量增强。在大气辐射学中的能量衰减通常用大气透过率来表示。

(1)大气吸收。将辐射能量转换成大气分子运动的过程称为大气吸收。大气中对辐射能吸收起主要作用的成分是水蒸气、二氧化碳和臭氧。大气分子的吸收具有较强的波长选择性,不吸收的波长范围叫作"大气窗口"。典型的大气窗口有可见光-近红外区($0.4 \sim 2.5$ μm)、中红外区($3.5 \sim 5$ μm)、远红外区($10.5 \sim 12.5$ μm)。大气吸收会影响电视摄像机的成像光谱谱段,降低辐射对比度、信噪比。大气成分中的水蒸气含量随气象条件变化较大,二氧化碳含量相对比较稳定,臭氧在高空中含量较高。大气分子的主要组成部分及其吸收带中心波长见表 2-2。

表 2-2　大气各主要成分光谱吸收带

大气成分	吸收带中心波长/μm	
	强吸收带	弱吸收带
水汽(H_2O)	1.4,1.9,2.7,6.3,13.0~1 000	0.9,1.1
二氧化碳(CO_2)	2.7,4.3,14.7	1.4,1.6,2.0,9.4,10.4
臭氧(O_3)	4.7,9.6,14.1	3.3,3.6,5.7
一氧化氮(N_2O)	4.5,7.8	3.9,4.1,9.6,17.0
甲烷(CH_4)	3.3,3.8,7.7	—
一氧化碳(CO)	4.7	2.3

由表 2-2 可以得出结论,H_2O、CO_2 和 O_3 的强吸收带在该波段附近,因此对远红外辐

射的吸收占主要部分。其中，H_2O 主要分布在地面到高度为 $3\sim4$ km 的大气中，CO_2 主要分布在 10 km 以上的大气中，O_3 主要分布在 23 km 以上的大气中。传统的获取大气分子连续吸收光谱的方法有两种：经验公式和 MT-CKD 算法。但是这些方法都需要研究大气气体在不同频率下的吸收系数，计算相当烦琐。因此，可使用光谱透过率表计算 H_2O 和 CO_2 的透过率(见表 2-3 和表 2-4)，则由大气分子吸收引起的大气辐射透过率为

$$\tau = \tau_{H_2O}\tau_{CO_2} \tag{2-28}$$

表 2-3　水蒸气的光谱透过率表

波长/μm	水蒸气含量(可降水分毫米数)/mm									
	0.2	0.5	1	2	5	10	20	50	100	200
8.0	0.990	0.975	0.951	00.904	0.777	0.603	0.365	0.082	0.006	0
8.1	0.994	0.986	0.972	0.945	0.869	0.754	0.568	0.244	0.059	0.003
8.2	0.993	0.982	0.964	0.930	0.834	0.696	0.484	0.163	0.027	0
8.3	0.995	0.988	0.976	0.953	0.887	0.786	0.618	0.800	0.090	0.008
8.4	0.995	0.987	0.975	0.950	0.880	0.774	0.599	01.278	0.007	0.006
...	...	...	...	...	...	...	...	...	...	...
11.8	0.997	0.992	0.982	0.969	0.925	0.863	0.733	0.460	0.212	0.045
11.9	0.997	0.993	0.986	0.972	0.932	0.869	0.755	0.495	0.245	0.060
12.0	0.977	0.993	0.987	0.974	0.937	0.878	0.770	0.521	0.270	0.073

表 2-4　二氧化碳的光谱透过率表

波长/μm	路程长度/km									
	0.2	0.5	1	2	5	10	20	50	100	200
8.0	1	1	1	1	1	1	1	1	1	1
8.1	1	1	1	1	1	1	1	1	1	1
8.2	1	1	1	1	1	1	1	1	1	1
8.3	1	1	1	1	1	1	1	1	1	1
8.4	1	1	1	1	1	1	1	1	1	1
...	...	...	...	...	...	...	...	...	...	...
11.8	0.999	0.998	0.997	0.993	0.983	0.966	0.934	0.842	0.709	0.503
11.9	1	0.999	0.998	0.995	0.989	0.978	0.955	0.892	0.796	0.633
12.0	1	1	0.999	0.999	0.997	0.993	0.986	0.966	0.934	0.872

(2)大气散射。大气中存在各种气体分子、灰尘、大的水滴等粒子，当光线在大气中传输时，会在大气分子、气溶胶和空气湍流不均匀处发生散射。大气散射作用在所有波长上都出

现,可以认为是位于入射波传播路径上的粒子使一部分电磁波的能量偏离原方向射向各个方向,导致入射方向的辐射能量削弱。大气的散射减弱了太阳对景物的直接照度,其本身又是一个散射的光源。一般地,散射光的强度是粒子尺度、粒子相对折射比和入射波长的函数。通常情况下,根据散射颗粒大小与散射波长接近程度,散射分为三种情况:瑞利散射(散射粒子比辐射波长小,也叫分子散射)、米氏散射(散射粒子与辐射波长近似相等,又名气溶胶散射)、无选择性散射(散射粒子比辐射波长大)。当散射粒子的半径远小于辐射波长时,散射服从瑞利散射规则,其散射粒子主要为气体分子,其散射与辐射波长的四次方成反比,因此短波散射比长波散射强。当散射粒子的半径接近辐射波长时,散射服从米氏散射。米氏散射主要用来描述球形气溶胶粒子的散射,其散射在前、后两个方向并不对称,主要集中在前向。当散射粒子半径远大于辐射波长时,粒子对入射辐射的反射和折射占主要地位,在宏观上产生无选择性散射,此时的散射与波长无关。实际上,某些一次散射的辐射从散射体上投射前还可能被再次或多次散射,多次散射对辐射总能量影响不大,但是会使点扩散函数变宽,令景物的对比度减小,同时也使图像细节信息受到损失。

大气散射主要是由气溶胶引起的,而气溶胶的主要成分是雾。半径在 $0.1\sim10~\mu m$ 之间的粒子造成光的大幅衰减,特别是半径近 $0.3~\mu m$ 的那些粒子对能见度影响最为显著。大气散射导致了点目标扩散和图像模糊。McCartney 根据米氏散射理论,于 1975 年提出了大气散射模型,到达传感器的光可分为两个部分:一部分是经过大气散射到达观察者的被衰减的物体表面反射的光,称为衰减光 L_1;另一部分是进入观察视场中周围光路上的各种杂散光散射,这部分称为背景光 L_2。传感器上接收到的辐射是两者之和。图 2-9 为 McCartney 对大气散射的建模。McCartney 模型是建立在大气是近似均匀分布的基础上的。

大气散射使到达观察者的入射光被衰减,衰减随景深增加呈现指数性规律。衰减导致传感器接收到的光强发生不均匀性变化,从而导致图像灰度值发生变化,清晰度下降。由于光路上大气粒子的散射作用,大气光融入成像光路上与目标的反射光一起成像,附加在目标图像上,从而导致图像的颜色发生偏移和失真。大气散射作用具有波长相关性,也会造成雾天图像颜色的偏移。当天气晴朗时,散射较弱,波长较短的蓝色光发生散射较为严重,在天空的颜色中起主导作用。当浓雾时,气溶胶的粒径要远远大于光的波长,此时所有波长的光均以同样比例散射,因此,雾天场景的颜色看起来总是灰蒙蒙的,图像中呈现的是亮白色。

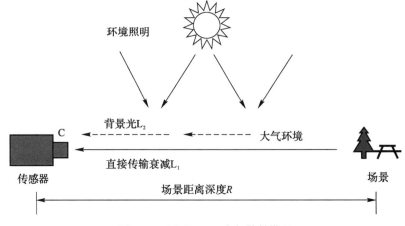

图 2-9 McCartney 大气散射模型

太阳辐射经过气溶胶粒子的散射,直接或经过地物反射进入传感器,从而降低了图像的对比度。对可见光而言,在大气窗口内的辐射失真主要是由大气散射引起的,利用大气辐射传输模型软件对大气散射模型进行模拟与计算可以考察大气散射随景物反射率和太阳高度角等变化的影响。在应用软件计算不同太阳高度角、不同天气状况的地物辐射在电视摄像机入瞳处的地面辐照度、大气透射率和路径辐亮度数据后,可以确定大气环境的传递函数和信噪比,从而在电视摄像机设计阶段对大气影响进行预估。通过深入分析大气环境对电视摄像机成像的影响,可以优化电视摄像机的设计方案,为提高电视摄像机成像性能提供基础。

理想化大气辐射传输假设条件为:地表反射满足朗伯体反射,具有多向同性性质;地表属性空间分布均一;大气性质均一;忽略大气吸收效应、湍流、折射及云雨复杂影响;不考虑邻近效应及地-气多次反弹。在这种理想情况下,大气辐射传输的模型相对简单,参考大气传输 6S 模型的反射率的表达形式,地面表观反射率 ρ^* 定义为

$$\rho^* = \frac{\pi L(\tau_0, \mu_v, \phi_v, \mu_s, \phi_s)}{\mu_s E_s} \tag{2-29}$$

式中:L 为传感器所接收到的辐射值;$\mu_s E_s$ 为大气上界的太阳辐射通量密度;E_s 为太阳直射辐射在大气上界面上构成的辐射通量;$\mu_s = \cos\theta_s$ 为太阳天顶角,ϕ_s 为太阳方位角;(μ_s, ϕ_s) 描述了入射光的方向;(μ_s, ϕ_v) 描述了载体观测方向;$\mu_v = \cos\theta_v$,θ_v 为摄载体观测天顶角;ϕ_v 为载体观测方位角;τ_0 为大气的总光学厚度。几何关系如图 2-10 所示。

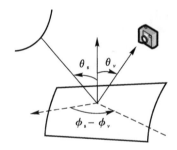

图 2-10 理想条件下遥感观测几何关系示意图

大气辐射传输 6S 模型中的基本方程如下式所示,也是大气校正的近似经验公式:

$$\rho_\tau(\theta_s, \theta_v, \phi_s - \phi_v) = T_g(\theta_s, \theta_v) \left[\rho_{R+a} + \frac{\rho_s}{1 - \rho_s S} T(\theta_s) T(\theta_v) \right] \tag{2-30}$$

式中:ρ_{R+a} 为分子散射与气溶胶散射共同作用下的路径辐射反射率;S 为大气球面反照率;ρ_s 为地表漫反射的反射率;$T(\theta_s)$ 为经太阳到地面目标方向上的大气透过率;$T(\theta_v)$ 为经地面目标到传感器方向上的大气透过率;$T_g(\theta_s, \theta_v)$ 为大气吸收透过率;ρ_τ 为大气总透过率。

通常传感器接收到的辐射值依赖于地物目标与太阳、传感器三者间的相对位置和大气光学厚度等参数,满足辐射传输方程:

$$\mu \frac{dL(\tau, \mu, \phi)}{d\tau} = L(\tau, \mu, \phi) - \frac{\omega}{4\pi} \int_0^{2\pi} \int_{-1}^1 P(\tau, \mu, \phi; \mu', \phi') d\mu' d\phi' -$$

$$\frac{\omega}{4\pi} E_s P(\tau, \mu, \phi; -\mu_s, \phi_s) e^{-\tau/\mu_s} \tag{2-31}$$

式中:τ 为大气光学厚度;$P(\tau, \mu, \phi; \mu', \phi')$ 为相函数;ω 为大气散射比。该式给出了最基

础、最常用的大气辐射传输方程,面向实际的需求已经衍生出很多更为精确但相对复杂难解的辐射传输方程,应用中应考虑精度、不同的假设条件和地表特性进行折中选择。

选用 MODTRAN 软件进行相关计算,能够获得不同太阳高度角、不同天气状况的地物辐射到电视摄像机入瞳处的地面辐照度、大气透射率和路径辐亮度。以此为基础,可以核算各种反射率的景物在不同太阳高度下经过大气散射后到达电视摄像机的传递函数和信噪比,从而可以确定在此条件下大气散射对电视摄像机成像的影响。

1)传递函数模型的仿真分析。当太阳高度角为 30°(天顶角为 60°),边界气溶胶模式为无云无气溶胶(No Aerosols or Clouds)时,利用 MODTRAN 计算出的路径辐亮度和大气透射率随波长的变化如图 2-11 所示。

当俯角从 8°到 24°,太阳高度角从 30°到 90°,边界气溶胶模式从无云无气溶胶到可视距离为 5 km 的乡村型气溶胶(Rural-VIS=5 km)变化时,计算得出大气对可见光中近红色波段透射率较低,对红色物体不敏感。地面照度 E(单位:W/m^2)的计算结果见表 2-5。

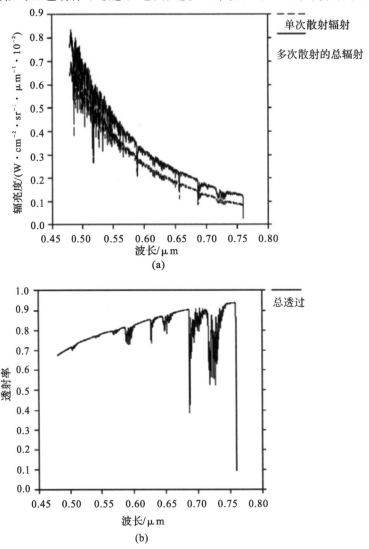

图 2-11　路径辐亮度、大气透射率与波长关系图

表 2－5　地面照度计算结果

太阳高度角/(°)	边界气溶胶模式		
	无云无气溶胶	Rural－VIS＝23 km	Rural－VIS＝5 km
30	377.485 9	214.483 7	50.572 6
40	395.435 8	254.251 0	81.783 2
50	406.086 1	280.079 2	107.596 4
60	412.696 5	296.973 3	127.074 8
70	416.742 5	307.643 0	140.494 1

由计算结果可知地面照度与太阳高度角、能见度正相关，大气透射率 T 的计算结果见表 2－6。

表 2－6　大气透射率计算结果

俯角/(°)	边界气溶胶模式		
	无云无气溶胶	Rural－VIS＝23 km	Rural－VIS＝5 km
8	0.527 2	0.056 8	0.000 2
12	0.659 9	0.162 1	0.004 6
16	0.731 5	0.258 3	0.018
20	0.776 8	0.337 5	0.039 5
24	0.808 0	0.401 7	0.066 1

由计算结果绘制大气透射率随俯角变化的图形如图 2－12 所示。

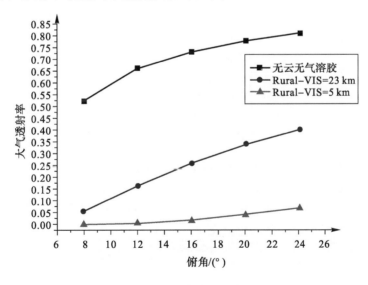

图 2－12　大气透射率与俯角关系图

根据计算结果绘制在不同太阳高度角和能见度情况下路径辐亮度随俯角变化图如图 2－13 所示。

由图 2－13 可知,路径辐亮度与俯角和能见度负相关,随太阳高度角变化较为复杂。

几种典型地物的光谱反射率如图 2－14 所示。

其中,1 为草地,2 为石灰石,3 为干沙,4 为雪原,5 为杉树,6 为沥青,7 为水体。以目标反射率 $\rho_T = 0.32$(岩石),背景反射率 $\rho_B = 0.02$(森林)为例,将表 2－4 中地面照度、表 2－5 中大气透射率和路径辐亮度计算结果代入公式可得调制传递函数 MTF 值(见表 2－7)。

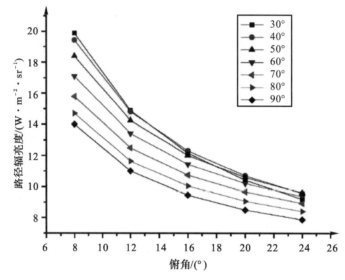

图 2－13　路径辐亮度与俯角关系图

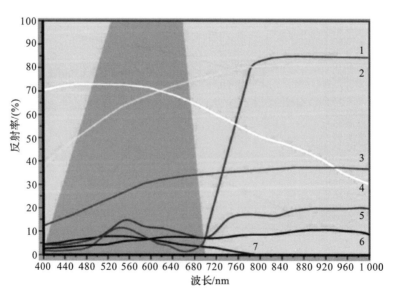

图 2－14　几种典型地物的光谱反射率图

表 2 - 7 传递函数计算结果值

俯角/(°)	太阳高度角/(°)						
	30	40	50	60	70	80	90
8	0.351 44	0.367 31	0.386 41	0.407 81	0.429 46	0.448 3	0.460 85
12	0.475 13	0.487 93	0.504 3	0.523 42	0.543 55	0.531 26	0.576 36
16	0.551 17	0.559 79	0.572 28	0.588	0.605 52	0.622 83	0.637 47
20	0.603 68	0.608 32	0.617 11	0.629 55	0.644 51	0.660 31	0.674 89
24	0.642 52	0.643 61	0.649 05	0.658 53	0.671 1	0.685 39	0.699 62

为了更直观地显示传递函数与太阳高度角、能见度、电视摄像机俯角的关系,计算在不同太阳高度角和能见度情况下传递函数值随俯角变化,如图 2 - 15 所示。

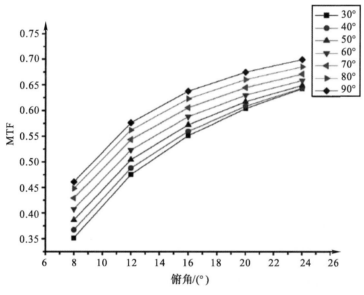

图 2 - 15 MTF 与俯角关系图

系统的传递函数包含大气、CCD、光学系统、振动、显示器和人眼 MTF。通常要求的对比度最低不能低于 0.02,由系统的传递函数即可判断可见光波段不同天气状况的成像条件。

2)信噪比模型的仿真分析。如果对可见光波段采用信噪比模型进行分析。信噪比 SNR 与电视摄像机的焦距、相对孔径、光学系统的透过率、大气透射率、景物反射率和太阳高度角等密切相关。

最终的信噪比还应该考虑到系统传递函数的影响,由 Johnson 判则可知信噪比 1 对应着分辨率的可靠性>50%,通常成像识别要求的信噪比最低不能低于 4,由系统的信噪比即可判断可见光波段不同天气状况的成像条件。综合传递函数和信噪比的结果即可获得可拍摄的天气阈值条件。

3.大气对电视摄像机成像质量影响分析

大气环境降低地物辐射对比度的同时,还通过其他方式影响电视摄像机的成像质量:大气吸收使景物信息衰减,令图像边缘模糊;对于精度要求很高的测绘工作,由于大气折射作用的存在,所以需要对地面目标的图像位置进行修正;为了消除偏振光线的影响,采用偏振滤光元件,会使成像能量降低,图像细节产生一定损失。总之,电视摄像机在工作时,受到大气环境的多方面条件影响,需要对各种条件进行多方面的分析和考虑。

如前所述,电视摄像机在工作时,大气会在多方面对其成像质量产生影响,其中诸多影响因素均与太阳高度角的变化有关,因此应进行地面模拟成像实验,以进行定性的验证。选择照相地点远离城市高点,实验用电视摄像机焦距 1 600 mm,电视摄像机相对孔径 1:8,照相距离约 15 km。在固定地点、不同时间对同一地面景物目标进行照相实验,选取实验时间对应的太阳高度角分别为 15°、30°和 60°。实验示意图如图 2-16 所示。

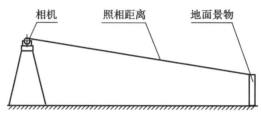

图 2-16　地面模拟成像实验示意图

由于是在地面进行实验,所以可以认为照相高度是固定不变的,同时照相距离也是固定的,可以认为大气环境变化是对电视摄像机成像质量的主要影响因素。所获取的图像如图 2-17 所示。

(a)　　　　　　　　　　(b)　　　　　　　　　　(c)

图 2-17　获取试验图像

(a)太阳高度角 15°;　(b)太阳高度角 30°;　(c)太阳高度角 60°

当太阳高度角为 15°时,处于清晨时间,此时环境中水汽及雾霾较重,由于大气散射作用较为显著,大气能见度比较低,所以电视摄像机获取的图像的图像亮度及目标与背景之间的对比度低,图像细节不够丰富,图像分辨率较低;随着太阳高度角的变大,大气中的水汽及雾霾逐渐消散,大气能见度逐渐提高,大气散射作用逐渐降低,电视摄像机获取的图像的图像亮度及目标与背景之间的对比度随之提高,图像细节逐渐丰富,图像分辨率逐渐提高;当太阳高度角接近 60°时,电视摄像机获取的图像的亮度适中,图像对比度较高,同时图像的细节层次比较丰富,图像分辨率最好。可见,随着太阳高度角的变大,电视摄像机所获取的图像对比度逐渐增强,图像亮度也随之提高,图像的细节变得丰富,图像分辨率也随之提高。实验结果与前述分析吻合。

2.2.3　作用距离计算

电视摄像机观瞄具对目标的发现需要同时满足以下三个条件。

(1)目标的光谱辐射能量经过传输后,到达电视摄像机 CCD/CMOS 靶面,在靶面上形成的照度必须大于 CCD/CMOS 探测器的最小照度。

(2)目标和背景的辐射能量在电视摄像机 CCD/CMOS 靶面上的对比度,应大于目标特征信号提取所需的最小对比度的要求。

(3)目标经光学系统在电视摄像机 CCD/CMOS 靶面上成像的大小,应满足提取目标特征信号所需的电视摄像机线。一般在概率50%时,发现需 2 条电视线,辨识需 8 条电视线,确认需 16 条电视线。

(1)目标照度计算。

1)目标在电视摄像机 CCD 上的照度。目标在电视摄像机 CCD 靶面上的照度由下式进行计算:

$$E_m = \frac{(1-k^2)}{4} \pi L_m \left(\frac{D}{f'}\right)^2 \tau_g \tau_d \tau_{mL} \left(\frac{\sigma_m}{\sigma_\Sigma}\right)^2 \qquad (2-32)$$

式中:E_m 为目标在电视 CCD 靶面上的辐射照度(lx);k 为光学系统中心遮拦比;L_m 为太阳对目标所贡献的目标辐射亮度(nt);D 为光学系统的入射光瞳直径(mm);f' 为光学系统的像方焦距(mm);τ_g 为光学系统的透射比;τ_d 为大气透过率;τ_{mL} 为滤光片对目标的滤光系数($\tau_{mL}=0.8$);σ_m 为目标相对光学系统的张角(″);σ_Σ 为目标经大气抖动、光学系统衍射极限、电视 CCD 分辨率和跟踪的因素,目标在像面上引起的角弥散的均方根值(″)。

2)目标辐射亮度。目标由太阳照射和地面反射产生的表观亮度由下式进行计算:

$$L_{tm} = \frac{1}{\pi} \rho_m (1+\rho_d) E_c \qquad (2-33)$$

式中:ρ_m 为目标的漫反射系数;ρ_d 为地面的漫反射系数;E_c 为太阳在地平面上的辐射照度(lx)。

太阳在地平面上的辐射照度 E_c 可参见附录 A 和附录 B。目标反射系数 ρ_m、地面反射系数 ρ_d 参见附录 C。

3)目标对光学系统的张角。目标等效表面对光学系统的张角由下式进行计算:

$$\sigma_m = \frac{2\sqrt{A_m}}{\sqrt{\pi}R} q \qquad (2-34)$$

式中:A_m 为目标有效辐射面积(m^2);R 为电视观瞄具的作用距离(m);q 为弧度转换成角秒

的转换系数，$q = 2.06 \times 10^5$。

4）目标在电视摄像机 CCD 靶面上的照度。将式（2-33）和式（2-34）代入式（2-32），可得在太阳照射下，目标能量在电视摄像机 CCD 靶面上的照度为

$$E_m = \frac{(1-k^2)}{\pi R^2} E_c A_m \rho_m (1+\rho_d) \tau_g \tau_d \tau_{mL} \left(\frac{D}{f'}\right)^2 \left(\frac{q}{\sigma_\Sigma}\right)^2 \tag{2-35}$$

5）光学系统中心遮拦比。光学系统中心遮拦比由下式进行计算：

$$k = \frac{D_1}{D_0} \tag{2-36}$$

式中：D_0 为折反射光学系统的通光口径（mm）；D_1 为折反射光学系统中心遮拦面积的等效圆直径（mm）。

6）光学系统的透射比。光学系统的透射比由下式进行计算：

$$\tau_g = (1-\rho_J)^i \rho_F{}^j e^{\sum -\beta d} \tag{2-37}$$

式中：ρ_J 为减反射膜层的反射率；ρ_F 为反射镜的反射率；β 为光学材料的吸收系数（cm^{-1}）；d 为光学系统中光学材料的厚度（cm）。

7）大气透过率。大气透过率由下式进行计算：

$$\tau_d = e^{-\varepsilon R} \tag{2-38}$$

式中：ε 为大气衰减系数（m^{-1}）；R 为电视观瞄具的作用距离（m）。

大气衰减系数包含分子吸收、分子散射、气溶胶吸收和气溶胶散射，在无云雾的情况下，波长在 $0.3 \sim 14\ \mu m$ 区间的大气衰减系数可以用下式进行计算：

$$\varepsilon(\lambda) = \frac{3.912}{R_v} \left(\frac{0.55}{\lambda}\right)^{1.3} \tag{2-39}$$

式中：R_v 为大气能见度（m）；λ 为中心波长（mm）。

在可见光波段（$0.4 \sim 0.7\ \mu m$），大气衰减系数可以用下式进行计算：

$$\varepsilon = \frac{3.912}{R_v} \tag{2-40}$$

大气衰减系数 ε 可参照附录 D。

8）目标弥散。目标由于大气介质抖动、光学系统衍射限、跟踪不平稳和电视摄像机 CCD 分辨率因素，在像面上引起的角弥散均方根值由下式进行计算：

$$\sigma_\Sigma = \sqrt{\sigma_1^2 + \sigma_2^2 + \sigma_3^2 + \sigma_4^2 + \sigma_m^2} \tag{2-41}$$

式中：σ_1 为大气介质抖动在电视视场内引起的像点弥散（″）；σ_2 为光学系统衍射分辨率限制引起的弥散（″）；σ_3 为系统跟踪不稳造成的像点弥散（″）；σ_4 为电视 CCD 分辨率限制引起的角弥散（″）；σ_m 为目标相对光学系统的张角（″）。

A. 大气介质抖动引起的弥散为

$$\sigma_1 = 2P\Delta t\gamma \frac{\sec Z}{\sqrt{D}} \tag{2-42}$$

式中：P 为大气抖动频率（Hz）；Δt 为帧积分时间（s）；γ 为天气弥散系数；Z 为天顶距（°）。

大气抖动的频率在 $0.1 \sim 200$ Hz，在 20 Hz 附近的概率最高。

根据天气状况，恶劣天气、较好天气、非常好天气，天气弥散系数 γ 的值分别取

$10.24'' \cdot \mathrm{cm}^{1/2}$、$5.12'' \cdot \mathrm{cm}^{1/2}$、$1.79'' \cdot \mathrm{cm}^{1/2}$。

由大气抖动引起的弥散，一般根据恶劣天气、较好天气、非常好天气，分别取值 $1.5''$、$0.75''$、$0.26''$。

B. 光学系统衍射限引起的角弥散（按正态分布）为

$$\sigma_2 = \frac{1}{2.3} \times \frac{1.22\lambda}{D} q \tag{2-43}$$

λ 一般取值为 $0.000\,555\,\mathrm{mm}$。

C. 跟踪不平稳造成的弥散为

$$\sigma_3 = \frac{Kv\Delta T}{\sqrt{3}R} q \tag{2-44}$$

式中：K 为跟踪不平稳系数，一般取 $K = 0.02$；v 为目标运动速度（m/s）；ΔT 为电视场周期（s），一般取 $\Delta T = 0.02\,\mathrm{s}$。

D. 电视摄像机 CCD 分辨率限制引起的弥散（按正态分布）为

$$\sigma_4 = \frac{1}{2.3N_c f'} q \tag{2-45}$$

式中：N_c 为电视 CCD 空间分辨率（TVL/mm）。

（2）目标和背景对比度计算。背景主要指天空背景，背景亮度也主要是由大气散射太阳光和地面反射形成的。天空背景亮度在电视摄像机 CCD 靶面上的照度按下式进行计算：

$$E_b = \frac{(1-k^2)}{4} \pi L_b \left(\frac{D}{f'}\right)^2 \tau_g \tau_{bL} \tag{2-46}$$

式中：L_b 为靠近地平天空的亮度（nt）。

背景天空亮度 L_b 的取值可参考附录 E。

目标与背景在电视摄像机 CCD 靶面上的照度对比度为

$$C = \frac{E_m - E_b}{E_b} = \frac{E_m}{E_b} - 1 \tag{2-47}$$

式中：C 为目标与背景的照度对比度；E_b 为背景在电视 CCD 靶面上的辐射照度（lx）。

将式（2-32）和式（2-46）代入式（2-47）得

$$C = \frac{4L_m \tau_{mL} A_m e^{-\epsilon R}}{\pi L_b \tau_{bL} R^2} \left(\frac{q}{\sigma_\Sigma}\right)^2 - 1 \tag{2-48}$$

根据调制度的定义得调制对比度为

$$M = \frac{E_m - E_b}{E_m \mid E_b} \tag{2-49}$$

式中：M 为电视 CCD 调制传递函数。

调制对比度与对比度的关系为

$$C = \frac{2M}{1-M} \tag{2-50}$$

实验证明：当目标与背景成像在 CCD 摄像机靶面上的调制对比度 $M \geqslant 0.02$ 时，目标可判读出。

（3）目标像计算。若目标临界尺寸在一帧图像所覆盖的有效扫描行数为 n。当 $n > 2$

时,目标图像在每场都可被扫描到,即都可被取样,目标被探测的概率较大;若借用约翰逊准则识别与发现等效条带数来比,可以认为,n 越大,识别的概率越大。n 的取值参见附录 F。

电视摄像机观瞄具探测水平与电视摄像机观瞄具系统各参数之间的关系由以下公式决定:

目标在电视摄像机 CCD 靶面上成像大小为

$$\alpha = Y/R \tag{2-51}$$

式中:α 为目标高度相对光学系统的张角(rad);Y 为目标临界尺寸(m);R 为电视观瞄具的作用距离(m)。

$$Y' = f'\alpha \tag{2-52}$$

式中:Y' 为目标经光学系统后在电视 CCD 靶面上所成的像(mm);f' 为光学系统的像方焦距(mm)。

$$N_c = N/h \tag{2-53}$$

式中:N_c 为电视 CCD 空间分辨率(TVL/mm);N 为每帧图像有效扫描行数(TVL);h 为电视 CCD 靶面垂轴方向尺寸(mm)。

$$n = N_c Y' \tag{2-54}$$

式中:n 为目标像覆盖的有效扫描行数(TVL)。

电视摄像机观瞄具作用距离估算公式为

$$R = \frac{Nf'Y}{hn} \tag{2-55}$$

此估算的前提条件是:目标在电视摄像机 CCD 靶面上的照度大于电视摄像机 CCD 最小照度;目标与背景对比度满足电视摄像机 CCD 取差的要求;目标与电视摄像机 CCD 靶面相对静止。若目标与电视摄像机 CCD 靶面存在相对运动,对比度会下降,分辨率也会下降,作用距离须进行修正。

2.3 机载变焦电视摄像机

2.3.1 机载变焦电视摄像机的组成和工作原理

1. 机载变焦电视摄像机的组成

连续变焦电视摄像机主要由光学组件、传动系统、成像模组及图像处理系统组成,如图 2-18 和图 2-19 所示。其中,光学组件主要由按照技术指标设计的各个光学透镜以及用于承载光学透镜的镜筒等组成,用以完成光线的转折,达到设计期望的光路转折,从而实现系统的光学性能。传动系统主要由凸轮、导轨、滑块和驱动电机组成,作为光学元件的承载及运动单元,并按照设计的运动速率及方向运动,实现系统组合焦距的连续变化。成像模组及图像处理系统用来接收外界景物经光学系统后的光线并进行光电转换和电子单元处理转换成视频信号,并将处理后的信号输入后端系统,最终转换成与所摄取景物相对应的光学图像显示在终端设备,使人眼能够进行观察。

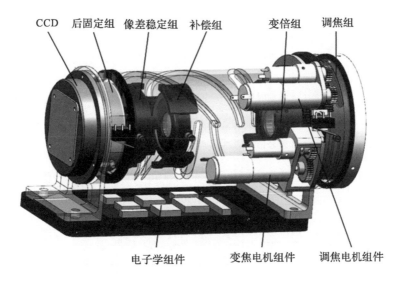

图 2 - 18　连续变焦电视摄像机组成框图 1

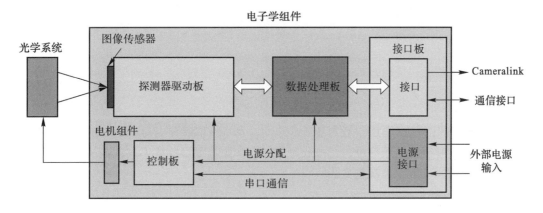

图 2 - 19　连续变焦电视摄像机组成框图 2

2. 机载变焦电视摄像机的工作原理

无论专业的还是民用的或是特种用途的，无论模拟的还是数字的，电视摄像机的工作原理基本相同，即把光学影像转换为电子信号，这一电子信号最终再通过设备转换到屏幕显示。具体地说，由实体对象所反射出来的光线通过光学镜头聚焦于探测器，把光信息转变为电信号，称为视频信号，然后信号被放大和处理，以便能重新转换为可见的屏幕图像。

机载电视摄像机作为摄像机的一种，其组成与其他用途的摄像机无异，都是先把经光学镜头的目标景象所产生的光信号转换为电信号，再由信号处理器对其进行处理，并最终编码输出。同时需有一个控制单元对光学镜头进行诸如变倍、聚焦、波段切换、各个电位器信号转换与读取等，如图 2-20 所示。

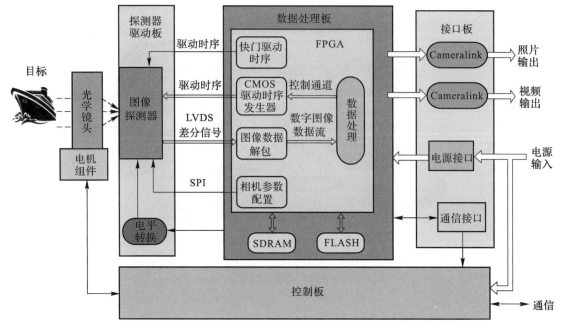

图 2 - 20 工作时序和接口

2.3.2 机载电视摄像机的主要性能参数

1.灵敏度

它表示在特定照度(军用一般为 80~100 000 lx),摄取特定目标(测试图)时,调节镜头光圈,使摄像机输出的视频信号为100ire,所对应的镜头光圈指数 F。F 越大,表示光圈开得越小,摄像机的灵敏度也就越低。

2.最小照度

它表示当摄取特定目标(测试图),将光圈增益开到最大时,视频信号输出幅度为 V,所对应的入射光的最小值。测试卡的反射系数为 89.9%,摄像机增益设置为最大值,光圈最大值,减小或增加照度,使视频输出信号幅度为 V,所对应的入射光照度值即为摄像机的最小照度。

3.分辨率

分辨率是指摄像机对物像中明暗细节的分辨能力。国际上一般采用调制传递函数(MTF)来表示分辨率,也可用空间频率来表示,即线对 lp/mm。分辨率测量可以这样进行:使用垂直条测试图,测出不同电视摄像机线/像高时的输出幅度响应,然后以零空间频率下的值进行归一化,一般可认为幅度响应为零频率的30%所对应的电视摄像机线作为摄像机的极限分辨率。

4.光学格式

光学格式有时也称为光学系统的尺寸。它直接决定 CMOS 摄像机时的体积和质量。

它与 CMOS 像感器的大小是相适应的。它的尺寸越大,允许 CMOS 像感器的芯片尺寸越大,图像传感器的有效扫描宽度也就越大,摄像机的体积也越大。

<h2 style="text-align:center">2.4　电视摄像机探测器</h2>

2.4.1　电视摄像机探测器的发展

CCD 与 CMOS 都是一种可以将光信号转变为电信号的半导体器件。

CCD 是于 1969 年由美国贝尔实验室(Bell Labs)的维拉·波义耳(Willard S. Boyle)和乔治·史密斯(George E. Smith)所发明的。当时贝尔实验室正在发展影像电话和半导体气泡式内存。将这两种新技术结合起来后,波义耳和史密斯得出一种装置,他们命名为“电荷‘气泡’元件”(Charge "Bubble" Devices)。这种装置的特性就是它能沿着一片半导体的表面传递电荷,于是他们便尝试将其用来作为记忆装置,当时只能从暂存器用“注入”电荷的方式输入记忆。但随即发现光电效应能使此种元件表面产生电荷,而组成数位影像。到了 20 世纪 70 年代,贝尔实验室的研究员已经能用简单的线性装置捕捉影像,CCD 就此诞生。有几家公司继续研发,着手进行进一步的研究,包括仙童半导体(Fairchild Semiconductor)、美国无线电公司(RCA)和德州仪器(Texas Instruments)。其中快捷半导体的产品领先上市,于 1974 年发表了 500 单元的线性装置和 100 像素×100 像素的平面装置。典型芯片示意图如图 2-21 所示。

图 2-21　典型芯片示意图

1. HAD 感测器

HAD(Hole-Accumulation Diode)传感器是在 N 型基板、P 型、N＋2 极体的表面上,加上正孔蓄积层,这是索尼公司独特的构造。设计了这层正孔蓄积层,可以使感测器表面常有的暗电流问题获得解决。另外,在 N 型基板上设计电子可通过的垂直型隧道,使得开口率提高,换句话说,也提高了感亮度。在 20 世纪 80 年代初期,索尼公司将其领先使用在可变速电子快门产品中,在拍摄移动快速的物体也可获得清晰的图象。

2. ON-CHIP MICRO LENS

20 世纪 80 年代后期,因为 CCD 中每一像素的缩小,将使得受光面积减小,感亮度也将变低。为改善这个问题,索尼公司在每一感光二极管前装上微小镜片,在使用微小镜片后,感光面积不再由感测器的开口面积而决定,而是以微小镜片的表面积来决定。因此在规格上提高了开口率,也使感亮度大幅提升。

3. SUPER HAD CCD

进入 20 世纪 90 年代后期以来,CCD 的单位面积也越来越小,1989 年开发的微小镜片技术,已经无法再提升感亮度,如果将 CCD 组件内部放大器的放大倍率提升,将会使杂信也被提高,画质会受到明显的影响。索尼公司在 CCD 技术的研发上又更进一步,将以前使用微小镜片的技术进行改良,提升了光利用率,并开发了将镜片的形状最优化技术,即索尼公司 SUPERHAD CCD 技术。其基本上是以提升光利用效率来提升感亮度的设计,这也为日前的 CCD 基本技术奠定了基础。

4. NEW STRUCTURE CCD

在摄影机的光学镜头的光圈 F 值不断的提升下,进入摄影机内的斜光越来越多,使得入射到 CCD 组件的光无法百分之百地被聚焦到感测器上,而 CCD 感测器的感度将会降低。1998 年,索尼公司为改善这个问题,将彩色滤光片和遮光膜之间再加上一层内部的镜片。加上这层镜片后可以改善内部的光路,使斜光也可以被聚焦到感光器。而且同时将硅基板和电极间的绝缘层薄膜化,让会造成垂直 CCD 画面杂信的信号不会进入,使 SMEAR 特性得到改善。

5. EXVIEW HAD CCD

比可视光波长更长的电视摄像机线光,也可以在半导体硅芯片内做光电变换。可是截至当前,CCD 无法将这些光电变换后的电荷以有效的方法收集到感测器内。为此,索尼公司在 1998 年新开发的"EXVIEW HAD CCD"技术就可以将以前未能有效利用的近电视摄像机线光,有效转换成为影像资料而用,使得可视光范围扩充到电视摄像机线,让感亮度能大幅提高。利用"EXVIEW HAD CCD"组件,在黑暗的环境下也可得到高亮度的照片。之前在硅晶板深层中所做的光电变换,会漏出到垂直 CCD 部分的 SMEAR 成分,也可被收集到传感器内,因此影响画质的杂信也会大幅降低。

CMOS 图像传感器是一种典型的固体成像传感器,与 CCD 有着共同的历史渊源。CMOS 图像传感器通常由像敏单元阵列、行驱动器、列驱动器、时序控制逻辑、A/D 转换器、数据总线输出接口、控制接口等几部分组成,这几部分通常都被集成在同一块硅片上。其工作过程一般可分为复位、光电转换、积分、读出几部分。

在 CMOS 图像传感器芯片上还可以集成其他数字信号处理电路,如 A/D 转换器、自动曝光量控制、非均匀补偿、白平衡处理、黑电平控制、伽玛校正等,为了进行快速计算,甚至可以将具有可编程功能的 DSP 器件与 CMOS 器件集成在一起,从而组成单片数字电视摄像机及图像处理系统。

1963 年,Morrison 发表了可计算传感器,这是一种可以利用光导效应测定光斑位置的结构,成为 CMOS 图像传感器发展的开端。1995 年,低噪声的 CMOS 有源像素传感器单片数字电视摄像机获得成功。

CMOS 图像传感器具有以下几个优点:

（1）随机窗口读取能力。随机窗口读取操作是 CMOS 图像传感器在功能上优于 CCD 的一个方面，也称之为感兴趣区域选取。此外，CMOS 图像传感器的高集成特性使其很容易实现同时开多个跟踪窗口的功能。

（2）抗辐射能力。总体来说，CMOS 图像传感器潜在的抗辐射性能相对于 CCD 性能有重要增强。

（3）系统复杂程度和可靠性。采用 CMOS 图像传感器可以大大地简化系统硬件结构。

（4）非破坏性数据读出方式。

（5）优化的曝光控制。

值得注意的是，由于在像元结构中集成了多个功能晶体管，所以 CMOS 图像传感器也存在着若干缺点，主要是噪声和填充率两个指标。鉴于 CMOS 图像传感器相对优越的性能，使得 CMOS 图像传感器在各个领域得到了广泛的应用。典型 CMOS 器件示意图如图 2-22 所示。

外界光照射像素阵列，会发生光电效应，在像素单元内产生相应的电荷。行选择逻辑单元根据需要，选通相应的行像素单元。行像素单元内的图像信号通过各自所在列的信号总线传输到对应的模拟信号处理单元以及 A/D 转换器，转换成数字图像信号输出。其中的行选择逻辑单元可以对像素阵列逐行扫描也可隔行扫描。行选择逻辑单元与列选择逻辑单元配合使用可以实现图像的窗口提取功能。模拟信号处理单元的主要功能是对信号进行放大处理，并且提高信噪比。另外，为了获得质量合格的实用摄像头，芯片中必须包含各种控制电路，如曝光时间控制、自动增益控制等。为了使芯片中各部分电路按规定的节拍动作，必须使用多个时序控制信号。为了便于摄像头的应用，还要求该芯片能输出一些时序信号，如同步信号、行起始信号、场起始信号等。

(a)　　　　　　　　　　　　　(b)

图 2-22　典型 CMOS 器件示意图

(a)摄像模式成像示意图；　(b)拍照模式成像示意图

2.4.2 电视摄像机探测器的分类

1. CCD 探测器

CCD(Charge Coupled Device),翻译过来就是电荷耦合器件图像传感器,由具有高感光度的半导体材料制成,主要的作用是将光能转换为电能。感光半导体芯片被大规模集成在 CCD 芯片上,内部有无数的光敏电容(即光电二极管),每一个光敏电容就是一个感光单元,即 CCD 的一个像素,通常以百万像素为单位。CCD 感光后每一个像素点会将感应后转换出的电荷反映到组件上,所有的信号集合起来就构成了整幅画面。模拟信号通过模拟转换器芯片转换为数字信号,最后传输给计算机,计算机根据需要修改图像。

2. CMOS 探测器

CMOS(Complementary Metal Oxide Semiconductor),它也是一种感光半导体芯片,它的每个单元电路中包含两个互补的晶体管:N 型金属氧化物半导体晶体管和 P 型金属氧化物半导体晶体管。相同点是 CMOS 也以百万的像素为单位,但它区别于 CCD 的是每一个像素不仅有一个光敏电容(即光电二极管),还有四个晶体管,每个像素感光后可直接进行模数转换,然后将所有的数字信号集合起来,形成一幅图像信息。因此,CCD 是先汇集信号再模数转换,而 CMOS 是先模数转换,再汇集信号。

CMOS 在当今社会被广泛应用,它的发展阶段和 CCD 也差不多,但是由于生产 CMOS 的相关制造工艺不是很完善,所以加工出来的产品在诸多性能上都落后于 CCD,如分辨率和动态范围,成像质量也比 CCD 差很多。另外,由于加工 CMOS 的工艺不是很简便,在标准化上不能与一些其他的工艺兼容,导致加工成本较高,限制了它的发展。后来,大规模集成电路技术的发展,改变了这种情况,同时也解决了加工工艺上的一些难题,生产出的产品在各个性能方面都不逊色于 CCD,有的指标甚至超过了它们。在成像光学的领域,小型化、低成本一直是我们不断追求的目标,随着 CMOS 逐步成为研究热点,在不断提高了它的分辨率和灵敏度之后,CCD 图像传感器的市场已经逐渐被其所取代。电视摄像机电子学组件功能图如图 2-23 所示。

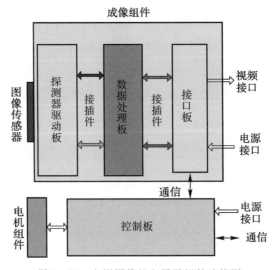

图 2-23 电视摄像机电子学组件功能图

3. 常用 CCD/CMOS 的规格

常用 CCD/CMOS 的规格见表 2-8。

表 2-8　常用 CCD/CMOS 的规格

型　　号	长宽比	宽度/mm	高度/mm	对角线/mm
全面幅	3：2	36	24	43.3
APS-C	3：2	23.6	15.8	28.4
4/3 in	4：3	18	13.5	22.5
1 in	4：3	12.8	9.6	16
2/3 in	4：3	8.8	6.6	11
1/1.8 in	4：3	7.178	5.319	8.933
1/2 in	4：3	6.4	4.8	8
1/2.7 in	4：3	5.27	3.96	6.592
1/3 in	4：3	4.8	3.6	6
1/3.2 in	4：3	4.536	3.416	5.68
1/3.6 in	4：3	4	3	5

2.4.3　电视摄像机探测器的性能

1. 分解力

电视摄像机的分解力是指电视摄像机所能分解和重现细节的能力。它取决于电视摄像机制式、设备结构、记录方式、显示方式等，一般用"电视摄像机线数"表示，电视摄像机各环节的分解力是不同的。

2. 白电平

白电平是指视频信号中与图像亮度对应的信号电平。

3. 饱和

饱和是指摄像机视频信号白电平幅度随入射光增加而达到最大后，入射光再增加，视频信号白电平幅度也不再上升的现象。表现在图像上，亮物体亮度不再提高，而暗物体亮度仍在提高，使对比度剧烈降低。

4. 最低照度

最低照度是指摄像机镜头光圈调最大（$F1.4$ 以上），当视频信号白电平幅度随入射光减弱，而下降到相关详细规范规定的值时，在镜头前端面测到的照度值。

5. 最高照度

最高照度是指摄像机镜头光圈一定，当视频信号白电平幅度随入射光加强而达到饱和临界时，在镜头前端面测到的照度值。

6.自动电子快门

自动电子快门是指依据视频信号幅度,在一个场周期内控制光电荷的有效积累时间,使视频信号白电平幅度基本不变或变化很小的功能。

7.自动增益控制(AGC)

自动增益控制是指当输入信号幅度在一定范围剧烈变化时,使输出信号幅度基本不变或变化很小的功能。

8.图像亮疵点

图像亮疵点是指因摄像机靶面光敏元件失效,使图像亮度和信号电平高于相邻区域的图像点。

9.全屏测光

全屏测光是指整幅图像分为若干区域各自独立测光,整合后加权计算,得到摄像机电子快门参数的测光方式。

10.背光补偿(BLC)

背光补偿也称逆光补偿,是指在逆光环境下,当图像背景很亮(视频信号整体幅值较高)而图像主体很暗时,通过检测图像主体电平幅值、改变电子快门或增益,提高视频信号幅值以增加图像主体亮度,补偿图像主体黑暗缺陷的措施。

11. 满阱电荷

该指标在一定程度上决定了动态范围,满阱电荷越多,动态范围就越大。

2.5 光 学 系 统

2.5.1 电视摄像机光学系统的分类和特点

电视摄像机光学系统用于收集和聚集来自景物的辐射,并将其送入探测器。

1.电视摄像机光学系统的分类

要想使物镜的总焦距改变,通常是通过改变一个透镜组与另一个透镜组之间的距离来实现的。当透镜组位置改变时,像面的位置也随着改变。因为成像的位置改变了,所以要对这种改变给予补偿。由于各组元运动方式的不同,所以产生了光学补偿和机械补偿两种类型。光学补偿一般包括前固定单元(调焦部分)、变焦单元、后固定单元;机械补偿也包括前固定单元、变焦单元、后固定单元。

(1)光学补偿系统。光学补偿法中不同透镜组做同方向、等速度的移动,这样用简单的连接机构把透镜组组合在一起做线性运动就可以了。当焦距改变时,因为运动组分是方向相同、速度相同的,所以它们之间的间隔不发生变化,但是移动透镜和固定透镜的间隔会发生变化,因此这也属于改变各个组分间的间隔来实现焦距的变化。图2-24为光学补偿法实现变焦的示意图。

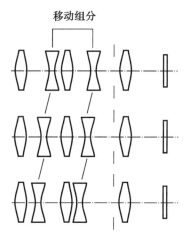

图 2 - 24　光学补偿

　　光学补偿法，按照第一透镜组为正透镜组或负透镜组来分可以分为两类。另外，在光学补偿法中，按照除后固定透镜组，还有几个组份来分可以分为三组元变焦结构、四组元变焦结构等。

　　这种补偿法的物镜，只有在各个透镜组处于某些固定的位置，才可以保证成像质量，它的焦距是离散的，不可以连续改变，基于这些原因，它的应用并不广泛。

　　(2)机械补偿系统。机械补偿的运动组元间的移动规律不都是线性变化，而是比较复杂的移动，可以保证在像面位置不变的情况下，系统的焦距连续改变，使得成像质量良好。为了使各个运动组元能够准确移动，需要有很精确的凸轮结构作为支持，因为机械工艺不断提升，使加工高精度的凸轮成为可能，所以机械补偿的光学系统(见图 2 - 25)应用越来越广泛。

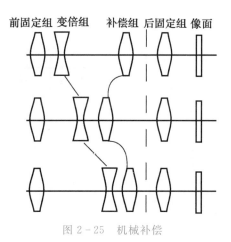

图 2 - 25　机械补偿

机械补偿法包含以下类型：

1)无前固定组变焦结构。第一组为正透镜，第二组为负透镜，两组透镜沿光轴移动实现变焦,一般第二透镜组按线性变化,前面的组分按曲线变化,使得像面位置不变,一般在物距恒定时使用此种变焦方法。

2)正组补偿变焦结构。它依次由前固定单元、变倍单元、补偿单元与后固定单元组成。变焦部分包括前固定单元、变倍单元和补偿单元。前固定组在系统焦距发生变化时保持不动,只有在调焦时前固定组才移动。第二组分是变倍组,它一般由负透镜构成。第三组分是补偿组,它由正透镜构成。当补偿透镜组采用正透镜组时,称为正组补偿。

3)负组补偿变焦结构。这种补偿结构是第三组分补偿单元为负透镜的变焦结构。负透镜组补偿的组成与变化规律与正组补偿结构类似。

4)双组联动型式的变焦结构。此类系统由可调焦的前组加变焦单元和后固定组构成。变焦单元如图2-26(d)所示,由2、3、4组成,依次为正透镜组、负透镜组、正透镜组。前组采用光焦度为负值的透镜构成,实现调焦。变焦单元中,第二组分正透镜和第四组分正透镜连接在一起,运动规律相同,既能以线性方式移动,也能以曲线方式移动。变焦单元中负透镜3做相应的移动,使焦距在连续改变的时候像面位置可以不动,且质量良好。光学和机械两种补偿方式相组合就产生了双组联动型变焦方式。

5)全动型变焦结构。各个透镜组在焦距改变时都会发生移动,这种方法可以使系统尺寸变短,倍率变大,使系统整体性能得到显著改善,有利于机械结构向小型发展。选择什么样的变焦结构要根据需要来定,选择的原则是充分发挥系统的利用效率,节约经济成本。表2-9展现了各种变焦方式的比较,对不同变焦类型在成像特点、机械结构、系统长度等方面进行了比较。可按照不同需求对系统进行挑选。

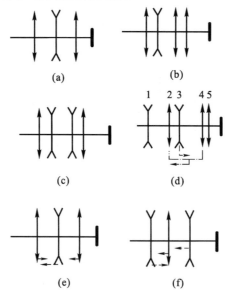

图2-26 机械补偿类型

(a)无前固定组; (b)正组补偿; (c)负组补偿; (d)双组联动; (e)全动型A; (f)全动型B

表 2-9 各种变焦方式的比较

变焦结构	像面稳定	变焦比	机械结构	系统长度	像 质
光学补偿	只能在几个位置实现变焦	小	线形运动,无需凸轮	长	像质要求不高的系统
机械补偿	完全稳定	可实现大变焦比	一组线性、一组非线性,凸轮	一般	好
双组联动	完全稳定	大	两组线性、一组非线性,凸轮	较短	好
全动型	完全稳定	大	线形、非线性混合,多组凸轮	短	好

2. 电视摄像机光学系统的特点

机械补偿形式自身的结构特点能够使得焦距连续改变,同时成像位置不变且成像质量较好,提高变倍效率,因此这种结构是当前变焦距结构的主流。

变焦距光学结构应该符合以下的一些要求:

(1)焦距均匀变化;

(2)焦距均匀改变的时候,整个光路的像面位置始终不变;

(3)F 数不发生大的变化;

(4)焦距均匀改变的时候,整个光路的像面质量仍然良好。

2.5.2 光学系统的基本特性

根据光学仪器的用途、使用环境和特殊要求,在设计过程中会提出一些设计指标包括焦距、相对孔径、视场角、分辨率、成像质量等。对电视摄像机导引头来说,希望其作用距离远,分辨率高,体积小,质量小,造价低。决定电视摄像机导引头性能的因素主要是系统的焦距、相对孔径、视场角和探测器性能指标,光学系统的分辨率越高,成像质量就越好,命中精度就越高;焦距越长,系统透过率越大,探测距离就越远,但是焦距越大,系统的体积也就越大。因此,设计过程中的技术指标对光学系统有着举足轻重的作用。下面分别介绍这几种指标。

1. 焦距

光学镜头焦距 f' 是光学系统中最基础和最为重要的一个参数。焦距的确定是根据作用距离、目标的特性等实际应用条件提出的。焦距是从镜头的中心点到 CCD/CMOS 光敏面上所形成的清晰影像之间的距离。焦距的大小决定着视角的大小,焦距数值小,视角大,所观察的范围也大;焦距数值大,视角小,观察范围小。根据焦距能否调节,可分为定焦镜头和变焦镜头两大类。

如图 2-27 所示,目标经透镜成像在像面上,由成像原理,有

$$f' = \frac{h}{H}L \tag{2-56}$$

式中:H 为目标的尺寸大小;L 为作用距离;h 为像的尺寸大小;f' 为光学系统的焦距。

由式(2-56)可得,焦距越长,目标经过光学系统后成像在探测器上的像就越大,就越容易识别。但是系统的体积与焦距的大小成正比,因此要在保证成像质量良好的情况下,选择合适的焦距。

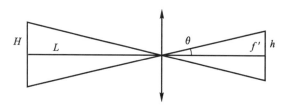

图 2-27　镜头的光路图

2. 光学系统的透过率

光学系统的透过率包括光谱透过率和白光透过率,光谱透过率是单一波长的透过率,因此这里所说的透过率是指白光透过率。系统中射出光通量与射入光通量的比值称为光学系统的透过率。透过率越高,说明系统的吸收能力越弱,在探测器在焦平面上接收到的能量就越大,探测距离也就越远。透过率与系统中镜片数以及镜片上镀膜的性能有关。一般的光学系统透过率≥0.6,要求比较高的镜头的透过率为 0.8 甚至更高。因此,系统的透过率的范围在 0.6~0.8 之间。

3. 相对孔径 D/f'

相对孔径是光学系统一个重要的性能指标,它的倒数就是 F 数。相对孔径的大小决定着探测面接收到的能量。相对孔径越大,光学系统的透射能力越强和成像质量越好,探测目标的能力也就越强,但是会引起系统的体积增大,增加了设计、加工和装调的难度。因此,在设计光学系统的过程中,要综合分析,选择合适的相对孔径。

探测器靶面和环境的最低照度、瞄准目标的反射率共同决定了系统的相对孔径,即可由下式表示:

$$F \leqslant \frac{\pi \rho \tau E}{4E'} \tag{2-57}$$

式中:F 为相对孔径的倒数;E' 为探测器靶面的最低照度,不同类型探测器靶面最低照度不同;E 为环境最低照度,一般出现在黄昏或者拂晓;ρ 为瞄准的目标反射率;τ 为光学系统的透过率。

根据选定的探测器和攻击目标的特性,就可以确定系统的相对孔径。

4. 视场角(2θ)

视场角是由通过系统的两条边缘光线确定的,实质上由镜头焦距 f' 和像面的大小 h 决定:

$$2\theta = \arctan \frac{h}{2f'} \tag{2-58}$$

2θ 越大,对目标探测越有利。在 f' 和 h 确定后,2θ 也随之确定。

5. 分辨率

分辨率是系统成像质量的标准之一,镜头每毫米能够分辨出的线对数就是分辨率 N,

可由下式进行表示：

$$N = \frac{1}{1.22\lambda} \times \frac{D}{f'}\qquad(2-59)$$

式中：D/f' 为相对孔径；λ 为中心波长。

根据光学系统的分辨率，选择合适的探测器，即探测器的分辨率要与光学系统的分辨率 N 相匹配。

6. 后截距和最近成像距离

在电视摄像机的实际应用中，攻击目标的大小远大于所成像的大小，即像的放大率 $M = -f/x = -x'/f'$，又 $x' + f' = l'$，故当 $x' \approx 0$ 时，$l' \approx f'$，即像距近似等于焦距，探测器的靶面应该放在光学系统焦平面附近。

光学系统最后一个镜面与像面之间的距离称为系统的后截距。

7. 接口（Mount）

接口是指镜头与电视摄像机的连接方式，常用的接口包括 C，CS，F，V，T2，Leica，M42x1，M75x0.75 等。

8. 景深（Depth of Field, DOF）

景深是指在被摄物体聚焦清楚后，在物体前后一定距离内，其影像仍然清晰的范围。景深随镜头的光圈值、焦距、拍摄距离而变化。光圈越大，景深越小；光圈越小，景深越大。焦距越长，景深越小；焦距越短，景深越大。距离拍摄体越近时，景深越小；距离拍摄体越远时，景深越大。

2.5.3　光学系统的成像评价

一种方法是用数线条的方法确定分辨率，还有一种更为客观的方法是测量镜头的调制传递函数（Modulation Transfer Function, MTF）。

被测的黑白条纹图（分辨率图版）白线最亮处与黑线最暗处的差别，反映了被测图形的反差（或称对比度）。设白线最大亮度为 $I_{\max}$，黑线最小亮度为 $I_{\min}$，我们用调制度（Modulation）来表示反差的大小。调制度 M 定义如下：

$$M = (I_{\max} - I_{\min})/(I_{\max} + I_{\min})\qquad(2-60)$$

同样通过镜头成像的图形白线最亮处与黑线最暗处的差别，反映了成像图形的反差（对比度）。设白线最大亮度为 $I_{\max}^{*}$，黑线最小亮度为 $I_{\min}^{*}$，调制度 M^{*} 如下：

$$M^{*} = (I_{\max}^{*} - I_{\min}^{*})/(I_{\max}^{*} + I_{\min}^{*})\qquad(2-61)$$

如果原来图像的调制度为 M，以及经过镜头后成像的调制度为 M^{*}，那么 MTF 值为

$$\text{MTF} = M^{*}/M\qquad(2-62)$$

当然我们希望原来图像的调制度 M 和经过镜头后成像的调制度 M^{*} 能"原汁原味" $M^{*} = M$（即 MTF = 1）。这时经过镜头后成像的反差（对比度）和原图像一样，但实际情况是经过镜头成像的 M^{*} 要小于原来图像的 M。当被测的黑白条纹图密度不高时，M^{*} 和 M 几乎相等。随着被测的黑白条纹图密度逐渐提高，$I_{\max}^{*}$ 和 $I_{\min}^{*}$ 会逐渐接近，M^{*} 会逐渐变小，直到为 0，MTF 也同样逐渐变小，直到为 0。

当我们改变测试图的黑白条纹图密度时,所成图像的条纹密度即所代表的分辨率或称每毫米线对(lp/mm)也在改变。

将lp/mm值作为横坐标,将镜头MTF值作纵坐标连成图,我们就得到了lp/mm-MTF图,如图2-28所示。

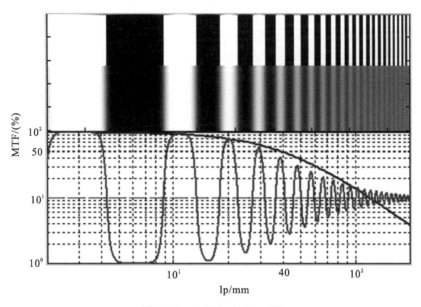

图 2-28   MTF-lp/mm 图

在图2-28中最上面是一组逐渐变密的黑白测试线条,中间是一组通过镜头成像的线条,下面的振荡曲线就是镜头所成图像的亮度变化曲线,平滑曲线就是lp/mm-MTF曲线。当黑白线条很粗(分辨率很低,小于10 lp/mm)时,测试图和成像的黑白线条的亮度一样,都很黑或很白,体现在振荡曲线就是曲线上下幅度很大,平滑lp/mm-MTF曲线都接近100%。当测试线条变密通过镜头成像的白线条就会变暗,黑线条也不怎么黑了,看40 lp/mm处,代表黑白亮度的振荡曲线幅度变小,即反差变小($I_{max}^{*} - I_{min}^{*}$),调制度 M^{*} 变小,因此平滑曲线的MTF值下降到50%。进一步提高黑白测试线条密度,如图2-28的结尾处200 lp/mm代表黑白亮度的振荡曲线幅度变得非常小,趋于黑白的中间值,成像的黑白线已经很不分明而成了中间的灰色,平滑曲线的 MTF=3%,到了这个镜头的分辨率极限。

人眼对反差5%时尚能察觉,对反差低于2%时就不能察觉了。因此,一般选定MTF值为3%时的lp/mm值作为镜头的目视分辨率。

2.6   电视摄像机成像电子学

2.6.1   数字成像电路技术及其应用

数字成像电路的应用,极大地缩小了原有模拟成像电路的面积与体积,提高了性能,丰富了功能,使得用户的可操控性大大增强。

1. 数字量化

使用数字成像电路,首先需要对感光元件采集的光信息进行数字化处理,也就是对积分后产生的电信号进行模数转换,通常使用一个 ADC 芯片完成。原始黑白信号的量化范围在 8～16 b 之间,若要获取彩色信号,则还需要对原始信号进行贝叶尔插值处理。bayer 格式图片是伊士曼·柯达公司的科学家 BryceBayer 发明的,BryceBayer 所发明的拜耳阵列被广泛运用于数字图像。

对于彩色图像,需要采集多种最基本的颜色,如 R、G、B 三种颜色,最简单的方法就是用滤镜的方法,红色的滤镜透过红色的波长,绿色的滤镜透过绿色的波长,蓝色的滤镜透过蓝色的波长。如果要采集 R、G、B 三个基本色,那么需要三块滤镜,这样价格昂贵,且不好制造,因为三块滤镜都必须保证每一个像素点都对齐。当用 bayer 格式图片的时候,就能很好地解决这个问题。bayer 格式图片是在一块滤镜上设置不同的颜色,通过分析人眼对颜色的感知发现,人眼对绿色比较敏感,因此一般 bayer 格式图片是绿色格式的,像素是 R 和 G 像素的和。

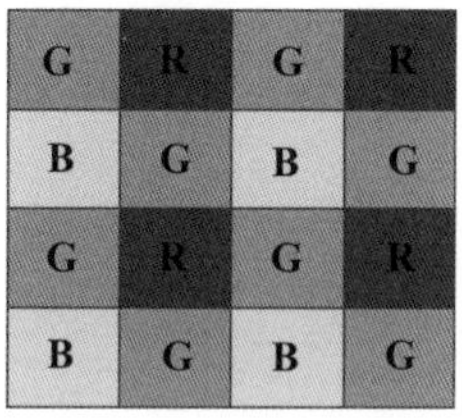

另外,bayer 格式是电视摄像机内部的原始图片,一般后缀名为.raw。很多软件都可以查看,比如 PS。电视摄像机拍照下来存储在存储卡上的.jpeg 或其他格式的图片,都是从.raw 格式转化过来的。图 2-29 为 bayer 色彩滤波阵列,由一半的 G、1/4 的 R、1/4 的 B 组成。

图 2-29　色彩滤波阵列

2. 数字图像处理

现今数字成像技术主要使用 FPGA/DSP 作为主处理单元,对感光元件采集并经 ADC 变换后的原始图像进行预处理,也就是通常所说的 ISP(图像处理流水线)。这一过程包括对图像进行增强、除噪、分割、复原、编码、压缩、提取特征等内容,图像处理技术的产生离不开计算机的发展、数学的发展以及各个行业的应用需求的增长。

数字图像处理的优点是处理精度高,处理内容丰富,可进行复杂的非线性处理,有灵活的变通能力,一般来说,只要改变软件就可以处理内容。困难主要在处理速度上,特别是进行复杂的处理。

数字图像处理技术主要包括以下内容:几何处理(Geometrical Processing)、算术处理(Arithmetic Processing)、图像增强(Image Enhancement)、图像复原(Image Restoration)、图像重建(Image Reconstruction)、图像编码(Image Encoding)、图像识别(Image Recognition)、图像理解(Image Understanding)。

数字图像处理技术的发展涉及信息科学、计算机科学、数学、物理学以及生物学等学科,因此数理及相关的边缘学科对图像处理科学的发展有越来越大的影响。近年来,数字图像处理技术日趋成熟,它广泛应用于空间探测、遥感、生物医学、人工智能以及工业检测等许多领域,并促使这些学科产生了新的发展。图 2-30 为数字图像处理的典型应用,图 2-31 为图像增强算法流程图。

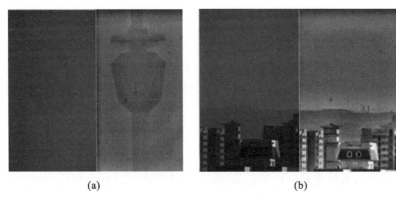

(a)   (b)

图 2-30 数字图像处理的典型应用

(a)电子学去雾处理; (b)电子学低照度图像增强

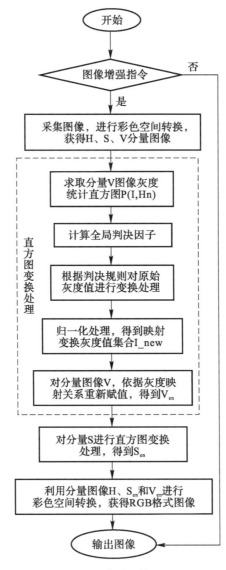

图 2-31 图像增强算法流程图

经过多年的发展,现在的电子图像处理技术已具有了以下特点:①更好的再现性。数字图像处理与传统的模拟图像处理相比,不会因为图像处理过程中的存储、复制或传输等环节引起图像质量的改变。②占用的频带更宽。这一点是相对于语言信息而言的,图像信息比语言信息所占频带要大好几个数量级,因此图像信息在实现操作的过程中难度更大。③适用面宽。可以从各个途径获得数据源,从显微镜到天文望远镜的图像都可以进行数字处理。④具有较高的灵活性。只要可以用数学公式和数理逻辑表达的内容,几乎都可以用电子图像来进行表现处理。

计算机数字图像处理技术在未来信息技术方面将会发挥的重要作用早已被人们看到,对于计算机图像技术的发展道路,大致可以归结出以下 3 个原则性内容:

(1)未来的数字图像处理技术强调朝高清晰度、高速传输、实时图像处理、三维成像或多维成像、智能化、自动化等方向发展。

(2)未来的数字图像处理技术强调操作、运用的方便性,图像处理功能的集中化趋势是必然会存在的。

(3)更新的理论研究与更快的算法研究。理论走在实践的前面,已经是现代科学的特点,未来数字图像处理技术的实际运用要取得更多的发展,必然离不开理论和研究方法的更新,新理论中包括小波分析、分形几何、形态学、遗传算法等都将得到更深层次的发展。

2.6.2　高清、高速无压缩实时视频传输接口

所有的视频传输大致可以分为两类:一是经过压缩编码后的网络传输,这类方法的优点是可以支持无连接的传输,所需要的线路带宽小,也因此可以实现远距离的异地观看视频,缺点则是压缩会产生代码延迟与丢帧。二是无压缩实时传输,此类方法需要的线路带宽大,传输距离近,必须是有线传输,但优点是画质保持良好,无延迟且不丢帧。

随着视频的清晰度越来越高,帧频越来越快,所传输的数据量也越来也大,对带宽的要求也越来越高。因此产生了需要针对无压缩实时传输的接口种类。

1.VGA 接口

VGA 接口(见图 2-32)是一种模拟信号视频线,最常见于电脑,其信号与色差线相比各有千秋,但随着视频数据量的加大,例如未来要传输 1 920 像素×1 080 像素的视频信号,那么色差线的冗余会更大,分辨率在超过 1 600 像素×1 200 像素后,VGA 线质量稍次,长度稍长,就会导致雪花。

图 2-32　VGA 接口

2. DVI 接口

DVI 接口(见图 2-33)是最新的数字视频线，以无压缩技术传送全数码信号，最高传输速度是 8 Gb/s。其接口有 24+1(DVI-D)型、24+5(DVI-I)型，DVI-I 接口支持同时传输数字(DVI-D)及模拟信号(VGA 信号)，一般来说，HTPC 的显卡一般是 DVI-I 接口，而液晶显示器、投影机上的是 DVI-D 接口。

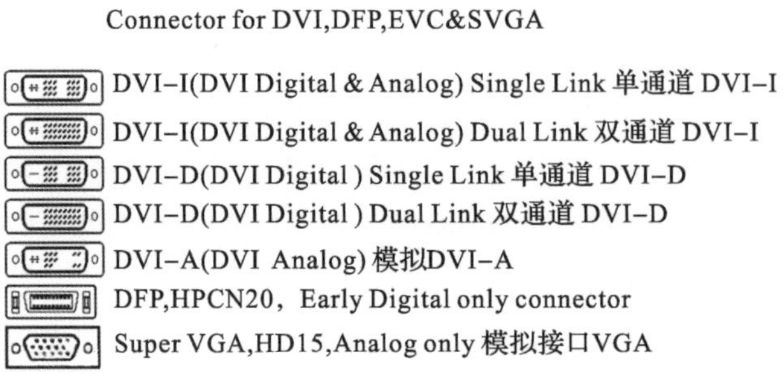

Connector for DVI,DFP,EVC&SVGA
DVI-I(DVI Digital & Analog) Single Link 单通道 DVI-I
DVI-I(DVI Digital & Analog) Dual Link 双通道 DVI-I
DVI-D(DVI Digital) Single Link 单通道 DVI-D
DVI-D(DVI Digital) Dual Link 双通道 DVI-D
DVI-A(DVI Analog) 模拟DVI-A
DFP,HPCN20, Early Digital only connector
Super VGA,HD15,Analog only 模拟接口VGA

图 2-33 DVI 接口

3. HDMI 接口

HDMI 接口(见图 2-34)是比 DVI 接口更新的数字视频线，以无压缩技术传送全数码信号，最高传输速度是 3.95 Gb/s。HDMI 接口除了传输视频外，还支持八声道 96 kHz 或单声道的 192 kHz 数码音频传送，但目前支持 HDMI 接口的设备还不是太多。其接口可与 DVI 接口转换(视频信号部分)。

100%
采用HDMI
HDMI
IN3
2009 数字彩电
2010 蓝光播放器
2012 DVD播放器

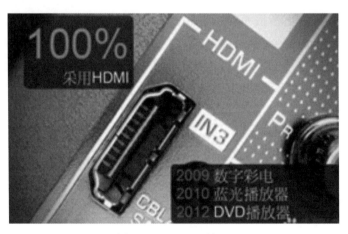

图 2-34 HDMI 接口

4. HD-SDI/3G-SDI 接口

SDI 接口是一种“数字分量串行接口”，而 HD-SDI 接口是一种广播级的高清数字输入和输出端口，其中 HD 表示高清信号。由于 SDI 接口不能直接传送压缩数字信号，所以数字录像机、硬盘等设备记录的压缩信号在重放后，必须解压并经 SDI 接口输出才能进入 SDI 系统。如果反复解压和压缩，必将引起图像质量下降和延时增加，因此，各种不同格式的数字录像机和非线性编辑系统规定了自己的用于直接传输压缩数字信号的接口。

在非编后期制作、广播电台等领域，HD‑SDI 应用较为广泛，其是根据 SMPTE292M，在 1.485 Gb/s 或 1.485/1.001 Gb/s 的信号速率条件下传输的接口规格。该规格规定了数据格式、信道编码方式、同轴电缆接口的信号规格、连接器及电缆类型与光纤接口等。HD‑SDI 接口采用同轴电缆，以 BNC 接口作为线缆标准，有效距离为 100 m。

5. Camera Link 接口

Camera Link 接口是工业电视摄像机中使用的标准接口。它由多个使用差分信号的串行链路组成。根据要传输的数据量，每台摄像机可以使用一条或两条电缆。Camera Link 接口使用的电气标准是低电压差分信号（LVDS）。每个信号由两根导线承载，电压差为 0.35 V。当标称正极导线的电位高于负极导线的电位时，这表示高逻辑电平；当负导线的电位较高时，为低电平。Camera Link 接口的串行链接遵循 Channel Link 接口设计。每个链路传输 7 位，MSB 在前。伴随的串行帧时钟的占空比为 4∶3，在第二位（b5）后有下降沿（见图 2‑35）。

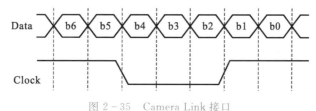

图 2‑35　Camera Link 接口

Channel Link 接口发送器和接收器芯片通常使用一个公共时钟处理三个或四个串行数据链路。Camera Link 接口每个芯片使用四个。

Camera Link 接口有三种变体：基本型、中型和全型。基本型只使用一个四通道 Channel Link 发送器（底部的发送器），只需要一根电缆；中型使用两个发送器和接收器；全型使用三个，都需要两根电缆。

电视摄像机接口板包括电源与通信接口、视频数据接口和图像数据接口三个接口，其中与数据处理板交互通过板间接插件进行连接，与吊舱通过专用接插件进行连接，其功能框图如图 2‑36 所示。

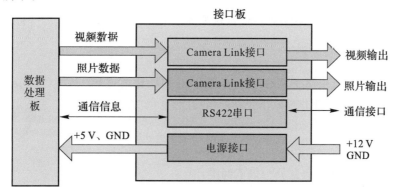

图 2‑36　接口板功能框图

2.6.3 适用于机载观瞄的高清 ISP 图像预处理技术

图像信号处理（Image Signal Processor,ISP）（见图 2-37），主要作用是对前端图像传感器输出的信号做后期处理，主要功能有线性纠正、噪声去除、坏点去除、内插、白平衡、自动曝光控制等，依赖于 ISP 才能在不同的光学条件下都能较好地还原现场细节，ISP 技术在很大程度上决定了摄像机的成像质量。它可以分为独立与集成两种形式。

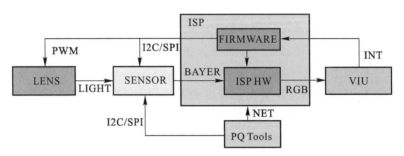

图 2-37　图像信号处理

ISP 的 Firmware 包含三部分，一部分是 ISP 控制单元和基础算法库，一部分是 AE/AWB/AF 算法库，一部分是 sensor 库。Firmware 设计的基本思想是单独提供 3A 算法库，由 ISP 控制单元调度基础算法库和 3A 算法库，同时 sensor 库分别向 ISP 基础算法库和 3A 算法库注册函数回调，以实现差异化的 sensor 适配。ISP Firmware 架构如图 2-38 所示。

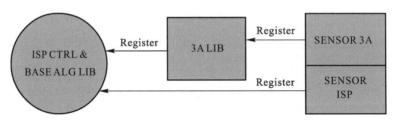

图 2-38　ISP Firmware 架构

不同的 sensor 都以回调函数的形式，向 ISP 算法库注册控制函数。ISP 控制单元调度基础算法库和 3A 算法库时，将通过这些回调函数获取初始化参数，并控制 sensor，例如调节曝光时间、模拟增益、数字增益，以及控制 lens 步进聚焦或旋转光圈等。

2.6.4 电机控制板软件

电机控制软件主要由以下两种工作模式组成：初始化模式和工作模式（见图 2-39）。工作模式下包括通信功能、变焦功能和聚焦功能。

1. 通信功能

与系统计算机通信的信息分为以下两类：

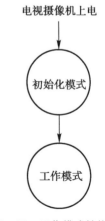

图 2-39　工作模式转换图

（1）接收系统计算机发送的系统信息。这类信息包括变焦、聚焦、滤光镜切换、对成像组件的控制指令。

（2）电视摄像机回报给系统计算机当前状态的输出信息。这类信息包括视场状态、视场角度、成像组件的当前状态。当收到变焦命令时，周期向系统回报视场角度值，到边缘停止。

2. 变焦功能

在工作模式下，收到系统计算机发出的变焦指令后，进入变焦模式。变焦功能是实现大视场和小视场之间的连续变焦，并在变焦过程中给系统计算机周期反馈视场角度值。

3. 聚焦功能

（1）手动聚焦。在工作模式下，收到系统计算机发出的聚焦指令后，进入手动聚焦模式。操控手柄将图像调清楚。

（2）自动聚焦。在工作模式下，收到系统计算机发出的聚焦指令后，进入自动聚焦模式。对聚焦电机进行操作将图像调清楚。

软件按照一般软件的要求进行设计，主要由初始化模块、变焦控制模块、聚焦控制模块、滤光镜切换控制模块、通信模块组成。控制软件流程图如图 2－40 所示。

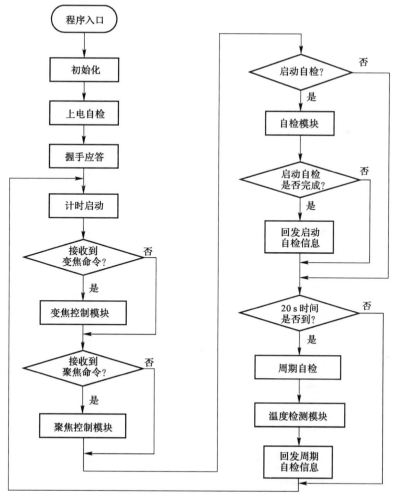

图 2－40　控制软件流程图

电视摄像机上电后,先进行初始化,然后进行上电自检,对变焦、视频状态进行检测,并进行握手应答,回报故障信息。下来进入待机状态,周期查询命令字。当接收到变焦命令时,进入变焦控制模块;当接收到聚焦命令时,进入聚焦控制模块;每个查询周期对当前状态进行检测,当检测到故障时,及时向系统计算机回报故障信息;当接收到启动自检命令时,对变焦、视频状态进行全面检测;当自检完成时,启动自检应答,将故障回报给系统计算机。

2.7 典型无人机载变焦电视摄像机及主要技术介绍

2.7.1 国内外无人机电视摄像机发展现状与趋势

1.国外发展现状和趋势

(1)美国。

1)光电载荷 AN/AAS-52V,其转塔单元内部包含电视摄像机、前视红外、人眼安全激光测距机、激光照射器、激光光斑跟踪器等传感器。电视摄像机的主要技术参数如下:

波段:400~700 nm;

成像器件:彩色CCD;

光学结构形式:分挡变焦;

视场:34°×45°,17°×22°,5.7°×7.6°,2.8°×3.7°,1.2°×1.6°,0.6°×0.8°。

2)"猎人"(HUNTER)联合战术无人机携带的光电载荷能为无人机提供优化的昼/夜性能,其传感器组合选项包括带有 1.06 μm 的激光指示/测距仪的电视摄像机观察装置、带有激光指示/测距仪的前视红外(3~5 μm 或 8~12 μm)观察设备、电视摄像机和红外前视仪、一个或两个电视摄像机(黑白或三片彩色 CCD)。电视摄像机的主要技术参数如下:

A.定焦电视摄像机。

波段:400~700 nm;

焦距:1 000 mm。

B.连续变焦电视摄像机。

波段:400~700 nm;

变倍比:14 倍;

焦距范围:20~280 mm。

3)"全球鹰"光电侦察系统包含电视摄像机、中波红外热像仪等传感器。电视摄像机的主要技术参数如下:

波段:400~800 nm;

成像器件:CCD,其分辨率为 1 024 像素×1 024 像素;

阵列视场:5.1×5.2 mrad;

像元视场:5.1 μrad。

(2)加拿大。

L-3WESCAM Model 11-SST 步进-凝视转塔,可昼/夜工作,它内部包含电视摄像机、三视场热像仪、激光测距/照射器等传感器。电视摄像机的主要技术参数如下:

波段:400～700 nm;

成像器件类型:彩色 CCD;

光学结构形式:连续变焦;

变倍比:14 倍;

视场:2.2°×1.7°～28.5°×21.4°;

焦距范围:11.5～150 mm。

(3)以色列。

以色列飞机制造公司(IAI)TAMAM 分部制造的"鹰眼"插入式吊舱 POP200,其光电传感器包含四视场中波红外热像仪、电视摄像机、高分辨率轻便稳定昼间观测系统 Controp ESP - 600C 等。电视摄像机和高分辨率轻便稳定昼间观测系统的主要技术参数如下:

1)电视摄像机。

波段:400～700 nm;

成像器件:1/4″彩色 CCD;

光学结构形式:连续变焦;

光学变倍比:16 倍;

电子变倍比:2 倍;

水平视场:0.85°～27°。

2)高分辨率轻便稳定昼间观测系统 Controp ESP - 600C。

波段:400～700 nm;

成像器件:彩色 CCD,分辨率 450lines;

光学结构形式:连续变焦;

光学变倍比:15 倍;

水平视场:0.75°～11.5°;

焦距范围:40～600 mm。

(4)南非。

用于中/高空无人机的 Goshawk 400,包含电视摄像机、中波红外热像仪、长波红外热像仪、激光测距仪等传感器。电视摄像机的主要技术参数如下:

1)黑白电视摄像机。

波段:400～700 nm;

成像器件:黑白 CCD,其像素数为 580×580;

光学结构形式:定焦;

视场:0.3°;

焦距:1 000 mm。

2)彩色电视摄像机。

A.1 - CCD 电视摄像机。

波段:400～700 nm;

成像器件:彩色 CCD;

光学结构形式:连续变焦;

光学变倍比:15 倍;

水平视场:1.5°～22.6°。

B.3 - CCD 电视摄像机。

波段:400～700 nm;

成像器件:彩色三 CCD,其像素数为 560×560;

光学结构形式:连续变焦;

光学变倍比:32 倍;

水平视场:0.8°～26°;

焦距范围:14～448 mm。

2.国内发展现状和存在的差距

国内连续变焦光学技术发展于 20 世纪四五十年代,其中北京理工大学、长春理工大学(原长春光学精密机械学院)等高校,长春光机所、西安应用光学研究所、华中光电技术研究所等研究机构对变焦光学系统有一定理论研究。变焦理论方面的著作有陶纯堪的《变焦距光学系统设计》、电影镜头设计组的《电影摄影物镜光学设计》等。长春光机所黄讳对高倍率变焦系统有深入的研究,华中光电技术研究所胡际多年来从事高倍率宽波段变焦系统的研究工作,有丰富的研究经验,西安应用光学研究所姚多舜通过变焦系统的研究,编写了 OCAD 软件,用于连续变焦系统的设计。虽然近年来国内光学研究领域也比较注重光电产品的研究及开发,但由于起步较晚,受制于非球面、衍射面的加工技术,所以国内高倍率、大相对孔径、高分辨率、宽波段连续变焦镜头的研制水平相对较低。

(1)彼岸科仪有限公司自行研制的天眼 2M 型陀螺稳定红外/可见光机载吊舱系统,如图 2 - 41 所示,其光电传感器包含红外热像仪和电视摄像机。电视摄像机的主要技术参数如下:

波段:400～700 nm;

光学结构形式:连续变焦;

视场:5°～46°。

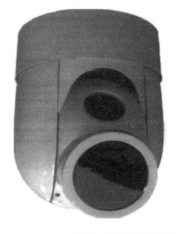

图 2 - 41　彼岸科仪有限公司的天眼

(2)西安应用光学研究所研制的某无人机载光电转塔,其内部包含电视摄像机(见图 2-42)、长波红外热像仪、激光测距/照射器、激光光斑跟踪器等传感器。电视摄像机的主要技术参数如下:

波段:450~700 nm;

成像器件:彩色 3-CCD,其有效像素数为 752×582;

光学结构形式:连续变焦;

光学变倍比:23 倍;

水平视场:0.95°~22°;

焦距范围:12~280 mm。

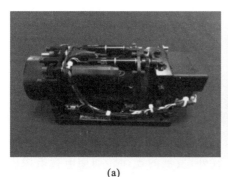

(a)　　　　　　　　　　　　　　　(b)

图 2-42　两款连续变焦摄像机

在光学系统中,非球面的面型方程都是高次方的多项方程,不同于普通透镜,非球面的不同半径处的面型半径均不一样,目的是让不同视场的光线均能会聚到像面,提高成像质量。该技术被广泛采用的是透镜和反射镜,常用的是平面或球面等一些较为简单的面型,主要是由于它们的加工成本低、检验简单,但是在一些精度要求高的光学成像系统中就达不到要求了。尽管在非球面的设计、加工水平和检测手段上存在很多未能解决的难题,但是近些年来这些方面取得了显著发展,非球面在新型光电仪器中已经取得了广泛的应用。非球面技术可以有效地消除球差、慧差、像散、场曲等基本像差(见图 2-43),提高光能的使用效率,从而提高图像质量和系统的光学特性。另外,合理地利用非球面透镜,还可以提高系统分辨率、简化镜头的结构、减轻光学仪器的质量等。

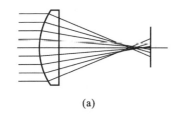
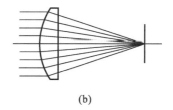

(a)　　　　　　　　　　　　　　　(b)

图 2-43　球面与非球面的比较

(a)球面透镜产生像差;　(b)利用非球面消除像差

非球面的面形是由多项高次方程决定的,表面上各点的曲率半径都不一样,在光学系统

中采用的非球面多为旋转对称非球面,有奇次非球面和偶次非球面两种。在光学设计中,一般采用的是偶次非球面,数学表达式为

$$z = \frac{cr^2}{1+\sqrt{1+(k+1)c^2r^2}} + Ar^4 + Br^6 + Cr^8 + Dr^{10} + Er^{12} + \cdots \quad (2-63)$$

式中:c 为曲面顶点的曲率;k 为二次曲面系数;A、B、C、D、E 为高次非曲面系数。该曲面方程是表示球面、二次曲面和高次非曲面的通式。第一项代表基准二次曲面,后边各项代表曲面的高次项。基准二次曲面系数 k 值所代表的二次曲面见表 2-10。不同的面型,对应不同的面型系数。

表 2-10 不同面型系数

k 值	$k<0$	$k=0$	$0<k<1$	$k=1$	$k>1$
面 型	双曲面	抛物面	椭球面	球面	扁球面

2.7.2 无人机电视摄像机技术发展趋势分析

世界发达国家(如美国、英国等)航空侦察相机的发展遵循由低分辨力向高分辨力、胶片式相机向 CCD 传输型电视摄像机(可见光/红外)发展的规律。初期电视摄像机的焦距短、载片量小、幅宽窄、地面分辨率低,且多为垂直放置成像,至今已发展至很高水平,且由短焦距向长焦距、可见光向红外、线阵向面阵、单波段向双波段及多光谱的方向发展,如美国 ROI 公司生产的 CA-261、CA-265、CA-270、CA-295,"全球鹰"装载的电视摄像机,英国 Raytheon 公司生产的 DB-110 等。DB-110 航空电视摄像机装载于 RAPTOR 战术侦察吊舱中,挂载于中高空长航时"捕食者"B 无人侦察机上,可完成远程中高度监视侦察任务。

可见光电视摄像机以其固有的特点确立了它在光电产品中的地位,其基本特征是多学科交叉,它涉及光学、精密机械、电子学、自动控制、计算机工程、通信、人工智能等技术,其发展依赖于微电子、固体物理以及计算机等技术的发展。

在今后的研究发展中,电视摄像机将在以下几个方面迅速发展。

1. 电视摄像机的分辨率不断提高

随着大规模集成电路工艺的不断完善和推广,成像器件 CCD 技术迅猛发展。面阵 CCD 的像素数不断增加,可超过百万像素,其像面尺寸趋向于集成化和轻量化。扫描格式也由隔行扫描转向逐行扫描,以提高水平方向和垂直方向的分辨能力。与此同时,线阵 CCD 的像素数也在不断增加,性能也有明显提高,其发展方向趋向于高灵敏度、高密度、高速度、宽动态范围和宽光谱响应范围(包括了从紫外光、可见光到近红外光波段)。同时,多片 CCD 拼接技术已十分成熟。因此,电视摄像机的分辨率也随之大幅度提高。

2. 采用数字高清晰度电视摄像机视频格式

随着技术的不断发展,CCD 由以往的 Analog 模拟系统逐步实现 DSP 数位化处理。采用

DSP 技术,可运用电子计算机和专门软件系统实现对 CCD,特别是对彩色 CCD 的各项参数进行量化调整,可以确保 CCD 性能指标优化的一致性以及在特殊使用条件下的参数量化修改。

数字 CCD 的使用,大大增强了数据压缩和传输技术,大幅度提高了电视摄像机的图像质量,图像的细节更加清晰和细腻。同时,也减少了图像从模拟转换成数字,再转换成模拟的次数。同时,数字 CCD 还具有超强的灵敏度照度和独特的数字降噪技术,使得电视摄像机在低照度条件下也能够获得清晰的图像。

3. 小型化、微型化设计

随着无人机技术的不断发展,小型无人机和微型无人机更多地应用于现代战争中,这就要求其任务载荷必须小型化、微型化。因此在电视摄像机的设计中,采用微型成像器件、微型数字电路、轻质材料以及新型光学技术等手段,可使得电视摄像机的外形小巧、质量小,适合小型无人机和微型无人机应用。图 2-44 为以色列 Bental 工业公司的轻型光电万向节载荷。

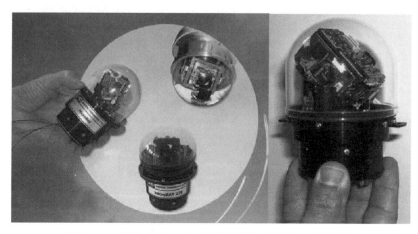

图 2-44 以色列 Bental 工业公司的轻型光电万向节载荷

4. 与其他传感器实现一体化设计

无人机载光电稳瞄系统配备有多个传感器,每个传感器的工作波段、光学系统和窗口都相互独立,这在一定程度上限制了稳瞄转塔的体积和质量,且轴线容易漂移。随着无人机载任务载荷小型化的要求,在传感器设计中采用多光谱共光路设计,利用全波段反射和光谱分光技术将电视摄像机、红外热像仪和激光激光测距/照射器等不同工作波段的传感器共用光学系统和窗口,实现高度集成化设计。这样一来,有效减小了稳瞄转塔的体积和质量,而且也提高了稳瞄精度。

5. 融入多光谱和超光谱智能成像技术

多光谱和超光谱成像是利用全色传感器获取同一目标的空间和光谱信息,可在多个较窄波段直接反映出被观测目标与背景的色彩差异,并且根据光谱数据揭示物体表面的物质成分。

运用了多光谱和超光谱成像技术的电视摄像机,其提供的图像信息更准确、丰富。它可以根据物体不同的光谱进行区分并根据物体的组成进行分类,这样可以使情报分析人员更好地区分诱饵和目标,实现物质判别及对伪装、隐蔽目标的识别等。利用目标与背景的多个不同谱带图像间的差异,可有效地提高电视摄像机对目标的识别能力和对目标探测的准确性。

第3章　红外热像仪

3.1　概　　述

所有利用红外辐射成像的技术都是红外成像技术。

3.1.1　红外成像技术的分类与物理基础

红外成像技术包括被动红外成像技术和主动红外成像技术。

没有人工红外光源照明,只依靠接收来自景物自身发射的红外辐射信号成像的技术就是被动红外成像技术,其中又包括热成像和被动红外成像两种。有人工红外光源照明,依靠接收景物反射回来的红外辐射信号成像的技术是主动红外成像技术。

所有物体都发射与其温度和表面特性相关的热辐射,热辐射就是红外辐射。室温物体的热辐射集中在长波和中波红外波段。由于决定着室温景物表面可见光反射和反射率差,也决定着景物热辐射发射和发射率差,所以,室温景物热辐射通量分布的图像(即热图像)可以复现由室温景物表面反射和反射率差所形成的可见光图像的大部分细节,短波红外($1\sim2.5~\mu m$)辐射成像亦是如此,这就是红外成像的物理基础。能够摄取景物热图像并将其转换为人眼可见图像的装置就是热成像系统,(红外)热成像的概念可理解为红外波段的热辐射成像。

短波红外成像技术的发展使红外成像的波段覆盖了长波、中波和短波红外三个大气窗口。虽然都是被动成像,但与长波、中波红外波段的成像是利用室温景物自身发射的热辐射不同,短波红外波段的成像是利用温室景物反射环境中普遍存在的短波红外辐射。但当目标的温度高到能发射足够强的短波红外辐射时,短波红外成像又变成既接收目标自身发射的短波红外辐射,又接收景物反射的短波红外辐射。红外成像概念关系如图 3-1 所示。

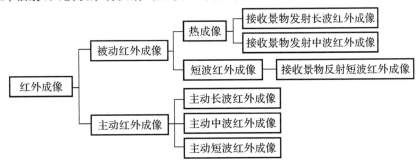

图 3-1　红外成像概念的关系图

不严格地讲,红外成像系统有多种具有意义相同或相似的名称:热(成)像仪、红外成像仪、红外成像系统、红外热成像系统、前视红外(Forward – Looking Infra – Red,FLIR)等。当热成像系统放置于飞机下方时,有时也称为下视红外(Downward – Looking Infra – Red,DLIR);当热成像系统放置于飞机侧面时,则称为侧视红外(Sideward – Looking Infra – Red,SLIR)。本书以下把红外成像系统(装置)简称为"热像仪",其中用于拍照的简称为"红外相机"。

3.1.2 热像仪的基本功能与优点

热像仪的基本功能如下:

(1)扩展了人眼观察的光谱范围;

(2)能以很高的灵敏度获得客观世界与热有关的信息;

(3)可以昼夜观察景物。

热像仪的优点如下:

(1)环境适应性优于可见光,尤其是在夜间和不良气候条件下,探测距离较远并有良好的穿透烟、尘的能力;

(2)隐蔽性好,一般都是被动接收目标的信号,比雷达和激光探测安全且保密性强,不易被干扰;

(3)由于依靠目标和背景之间的温度和发射率差形成的红外辐射特性进行探测,所以识别伪装目标的能力优于可见光,具有良好的反隐身能力;

(4)与雷达相比,热像仪体积小,质量小,功耗低。

3.1.3 红外成像技术在军事领域的地位

从已有应用的情况看,红外成像技术已发展成为一个大国国防现代化所依赖的、具有战略意义的一种高新技术。

1.红外成像技术是国家安全依赖的主要探测技术手段

使用弹道导弹和远程巡航导弹突击,是现代高技术局部战争的作战的主要样式之一。对其早期预警、跟踪、识别和拦截,直接关系国家战略目标的安全。侦察卫星、预警卫星是防御弹道导弹和远程巡航导弹的关键系统,是保护国家安全的战略预警系统之一。此外,资源遥感卫星、气象卫星、海洋卫星对国家经济利益有重大影响,而红外成像技术是这些卫星上的主要探测技术。

2.红外成像技术在军事领域是最重要的信息获取技术之一

红外成像技术在军事领域中的战略地位是由其使用的广泛性和重要性决定的。目前,武器装备的信息化、隐身化,使红外成像技术成为最重要的信息获取与探测手段之一。未来高技术局部战争必定是在高强度电子对抗条件下进行的信息化战争,被动探测具有不可替代的作用。当红外成像系统与信息网络相结合,如天、空、面等各种平台上的红外成像系统与信息网络相结合,就会获得战场的单向透明性和战场信息优势,对夺取战斗的主动权和胜利甚至会起到决定性的作用。

3.1.4 红外成像技术在军事领域的应用

现在,红外成像技术已在以下军事领域得到应用。

1. 陆军应用领域

(1)反装甲:便携式近程反坦克导弹瞄具、车载反坦克导弹瞄具。

(2)防空反导:便携式肩射地空导弹瞄具,与高炮、地空导弹结合的分置式红外搜索/跟踪/火控系统,与车载高炮、地空导弹或弹炮结合的一体化红外搜索/跟踪/火控系统。

(3)战斗车辆:车长周视潜望镜、炮长镜、夜间车辆驾驶。

(4)侦察观察:战场侦察和监控、毁伤评估、无人值守情报站、装甲侦察车辆、单兵夜视。

(5)轻武器:无座力炮、火箭筒、高射机枪、机枪、狙击步枪等瞄具。

(6)精确制导:反坦克导弹、地空导弹、制导炮弹。

(7)光电对抗:车辆、重要目标的防护。

(8)机器人:战场机器人的视觉系统。

(9)侦毒:远程毒气探测。

2. 海军应用领域

(1)精确制导:防空导弹、反舰导弹、巡航导弹、制导炮弹。

(2)红外搜索、跟踪系统。

(3)近程防御武器系统。

(4)潜艇光电桅杆。

(5)舰炮火控系统。

(6)海上巡逻与救援。

(7)舰上消防。

3. 空军应用领域

(1)精确制导:空空导弹、空地导弹、巡航导弹。

(2)固定翼飞机:侦察吊舱、转塔,固定安装的前视、侧视、下视,空中搜索和定位,对地攻击吊舱、转塔,导航,行扫仪。

(3)直升机:导航,对地攻击转塔、桅杆。

(4)无人机:侦察转塔,固定安装的前视、侧视、下视,对地攻击转塔,导航,行扫仪。

(5)光电对抗:飞机导弹告警系统。

4. 航天应用领域

(1)卫星地平仪;

(2)侦察卫星相机;

(3)气象、遥感、资源、海洋等卫星的多光谱成像光谱仪;

(4)航天光电对抗系统;

(5)动能拦截器的导引头。

3.1.5　热像仪的分类

红外成像是一种陆、海、空、天共用的军事技术,应用领域很广。正确对其进行分类,有利于在发展热像仪技术时提供方向性的指导。

1. 按应用领域分类

根据热像仪应用领域的不同特点,可分为以下几种:

(1)陆军热像仪;

(2)海军热像仪;

(3)空军热像仪;

(4)航天热像仪。

上述热像仪最主要的差异在于环境适应性、可靠性及性能。

2. 按应用功能分类

按应用功能可将热像仪分为以下几种。

(1)观瞄/火控热像仪:用于坦克装甲车辆、飞机、舰船、步兵等作战平台的观察、瞄准、火控等应用。

(2)制导系统热像仪:作为空空、空地、地空、反舰、反导、反卫星等武器的制导或末制导子系统。

(3)侦察监视热像仪:装备在车辆、侦察机、无人机、卫星等平台上,用于侦察、监视等。

(4)红外搜索跟踪热像仪:用于地面、车载、舰载防空反导,用于飞机对目标搜索、跟踪系统。

(5)光电对抗热像仪:用于地面、车辆、飞机、舰船、卫星的光电对抗。

从应用的角度看,不同工作方式的热像仪可用于同一类应用,例如扫描型、凝视型热像仪和红外行扫仪都可以作为侦察监视系统使用。相同工作方式的热像仪也可以用于多个领域,例如一台采用320×256焦平面探测器的凝视热像仪就可以用于上述5个领域。

3. 按有无光学机械扫描器分类

按是否有光学机械扫描器,热像仪可分为以下几种。

(1)扫描型热像仪。扫描型热像仪可细分为二维扫描、一维扫描、微扫描热像仪。采用线列(如32元)、小面阵(如4×4元)探测器必须进行二维扫描才能获得有足够空间分辨率的热图像。当采用240×1、288×4、480×4、576×6、768×8等格式的线列探测器时,只需采用一维扫描(在水平或垂直方向)就能获得较好画质的热图像。为提高256×128～384×288一类半电视格式凝视热像仪的空间分辨率,可进行2∶1的微扫描,能使热像仪输出512×256～768×576像素的热图像,画质接近或达到电视图像。

(2)凝视型热像仪。采用面阵焦平面探测器不需要扫描就可实现热成像,其特点是探测元与热图像像素一一对应。如要求热图像有足够的空间分辨率,面阵探测器探测元数量就必须足够多。一般要获得人眼可接受画质的热图像,面阵探测器的探测元数量应在160×120元以上。一帧PAL制式电视图像的像素为768×576,凝视成像需要规格为768×576元的焦平面探测器,半PAL制式电视规格的焦平面探测器就为384×288元。一帧NTSC

制式电视图像的像素为 640×480,凝视成像需要规格为 640×480 元的焦平面探测器。为与计算机显示器 VGA 模式兼容,该规格的探测器定为 $640\times480/512$ 元,半 NTSC 制式电视规格的焦平面探测器就为 $320\times240/256$ 元。

4.按使用次数分类

按使用次数可将热像仪分为以下两种。

(1)反复使用的热像仪。

(2)一次性使用的热像仪。一次性使用的热成像系统的特点是:工作时间短,储存时间长,成本低,免维护或少维护。

5.按技术特点分类

按热像仪共同的技术特点可将其分为以下几种。

(1)观瞄型热像仪:用于地面、车辆、飞机、舰船等武器平台上,对目标进行观察、跟踪和火力控制等。

(2)便携式热像仪:便于士兵携带,用于侦察、轻武器射击、便携式导弹发射等。

(3)寻的型热像仪:用于空-空、空-地、地-地、地-空、反舰、巡航导弹等武器的红外精确制导。

(4)红外搜索跟踪系统:用于对地面、海面和低空飞行目标进行搜索、跟踪、告警。

(5)红外行扫仪:用于机载对地侦察等。

(6)特殊红外系统:用于卫星等航天器的红外相机和红外扫描仪,以及其他不能划归上述 5 种的热成像系统等。

按技术特点分类的优点是可以用一套技术指标体系对各种热像仪的性能进行比较。

6.按是否需要制冷工作分类

按是否需要制冷工作可将热像仪分为以下常见的两大类:

(1)非制冷热像仪;

(2)制冷热像仪。

3.1.6　热像仪的技术特点

从技术特点看,热像仪的差异集中表现在光学视场、探测器、图像格式、成像方式、应用方式、显示方式和信号处理等方面。

从功能上看,如同可见光成像装置有照相机和摄像机之分一样,红外行扫仪就是热成像系统中的专用照相机,热像仪就是摄像机。像雷达有搜索雷达和跟踪雷达之分一样,红外周视搜索系统的功能与搜索雷达相同,热像仪用于防空时其功能与跟踪雷达相同。显然,评价不同功能的热成像系统的技术指标肯定不一样。

1.观瞄型热像仪

这是用于地面、车辆、飞机、舰船等武器平台上的热像仪,要求有尽可能远的探测距离和识别距离,因此,这类热像仪的红外光学望远镜的相对口径比较大,焦距比较长,视场相对较小,一般都有宽、窄两个以上的视场,输出热图的像素多(接近或达到电视图像的水平),热灵敏度、空间分辨率高,信号与电视(PAL 或 NTSC)相同或兼容,信号界面接口比较复杂,均采用分置式的显示系统等。此外,对系统的体积、质量、功耗的要求相对要宽裕些。热像仪可采用线列或面阵探测器,几乎都采用斯特林制冷机对探测器制冷。

2.便携式热像仪

这是一种便于单兵携带的热像仪,一般用于侦察、轻武器射击、便携式导弹发射、消防救援等。此类热像仪也常用于低成本的应用领域。其特点是:在规定的体积、质量、成本下进行设计,具有尽可能高的性能;为便于携带,红外望远镜、探测器组件、扫描器、信号处理电路组件、显示器等集成为一体。由于显示器已集成在整机内,所以显示器的规格可自成体系,可不与电视显示器兼容,一般输出半电视(PAL、NTSC)制式以上的电视图像。例如,早期中国Ⅰ类通用组件热像仪一帧热图像的像素仅为 256×192。在此类热像仪上,通常也设有供分置式显示器使用的接口,信号经处理后可在电视显示器上显示。热像仪可采用线列或面阵探测器,早期几乎都采用 J-T 制冷器制冷,现在都采用整体集成式斯特林制冷机对探测器制冷。

3.寻的型热像仪

制导的热像仪包含两个意义:一种是设置在地/海面制导站上的热像仪,一种是放在导弹上用于寻的热像仪。前一种采用指令制导方式工作,这种热像仪就是观瞄型热像仪;后一种热像仪采用自寻的制导方式工作,下面着重对其进行讨论。

用于空空、空地、地地、地空、反舰、巡航导弹等武器上寻的的热像仪,包括二维扫描、一维扫描和凝视型热成像系统。利用弹体转动实现线列探测器扫描的方式也是一种一维扫描,如美国海军的地空 RAM 导弹。弹上寻的的应用一般要求热成像系统有尽可能小的体积和质量。当导弹以"人在回路"方式工作时,其图像信号要经过数据链传输给射手。当导弹以"发射后不管"方式工作时,其图像信号由弹上计算机处理。在亚声速导弹上,与电视相同的帧频即可满足使用要求。在超声速的导弹上,热像仪就需要工作在高帧频,以保证在跟踪时不丢目标,此时,只能采用凝视型热像仪。在热图像素方面,一般可以从 64×64~512×512,跨度比较大。

4.红外搜索跟踪系统

通常红外搜索跟踪系统在方位上具有 360°的视场,有尽可能大的俯仰视场,如 10°,其作用类似搜索雷达,可布置在地面、车辆、舰船、飞机等武器平台上,用于对地面、海面、低空和空中的飞行目标进行搜索。此类系统采用图像跟踪技术,因此能进行多目标跟踪并自动告警。这类系统的信号主要由计算机进行处理。如何尽可能增大搜索速度、灵敏度、信号处理速度等,是此类系统的难点。当距离足够远时,系统捕获到的目标仍是点目标,只有在一定的距离范围内,才能获得目标的热图像,这也是通常红外搜索跟踪系统采用两个热像仪的原因,即短焦距热像仪用于搜索,长焦距热像仪用于跟踪。红外搜索跟踪系统的帧频很低,典型值是 1 Hz。但是每一帧热图像的像素很大,如瞬时视场为 1 mrad(约为 0.057 7°),在方位视场 360°、俯仰视场 10°时,一帧热图像的像素可以高达 6 240×173 个以上。长线列红外探测器可以满足红外搜索跟踪系统在俯仰方向有更大视场的需求。

5. 红外行扫仪

红外行扫仪是最早的红外成像系统,作为飞机对地红外侦察系统,到目前为止,仍是快速获得大面积、高分辨率地面热图像的有效技术手段。红外行扫仪,顾名思义,只进行水平方向的行扫描,垂直方向的扫描由飞行器提供。只要协调好飞行器的速高比与扫描速度,就能保证在扫描完一行时,飞行器正好前进了行扫仪一个瞬时视场的距离,又开始扫描下一行,从而获得连续的、无缝隙的高分辨率热图像。红外行扫仪在水平方向有很大的视场,例如可以达到120°或更大。早期,在垂直方向的视场取决于红外行扫仪的工作时间和记录时间,例如可以连续拍摄直至将机上胶卷盒内上百米的胶卷拍完。新一代的红外行扫仪具有实时数据传输功能,图像数据可通过卫星、飞机或地面站将图像传到地面。

红外行扫仪的瞬时视场的典型值为 1 mrad,因此,一幅热图像一行的像素可以高达 2 000 个以上。只要扫描 5 000 行,一幅热图像的像素就可以超过 1 千万。与一幅 PAL 电视图像的像素相比,两者相差 2 个数量级。显然,帧频的概念对红外行扫仪不适用,红外行扫仪实际上相当于工作在 T 门的照相机。红外行扫仪使用短线列就可获得高分辨率的热图像。

6. 特殊红外系统

特殊红外系统是指用于卫星等航天器的红外扫描仪和凝视红外相机、红外光谱仪等其他不能划归上述 5 种的热成像系统。

卫星等航天器的红外系统有红外扫描仪和凝视红外相机,前者一般用于快速获取地面图像,后者用于详细观察某一感兴趣的地区或连续跟踪空中飞行的快速目标。航天上使用的扫描器主要有三种:斧形扫描器、推帚扫描器、圆锥扫描器。

斧形扫描器:用一个 45°平面镜绕其中心轴旋转进行扫描,其优点是所要用的探测元数量较少,几元到几十元就可以获得画质比较高的热图像,分辨率达到 100～1 000 m,便于实现多光谱或超光谱成像,并且扫描可获得比较大的视场。其缺点是在探测器元数比较少时,热灵敏度、空间分辨率比较低。

推帚扫描器:为获得高分辨率地面图像,需要使用长线列、超长线列(例如 6 000 元的超长线列)的红外探测器,此时可以采用大口径的摆镜进行推扫,既可以获得大面积的地面图像,又可以有很高的热灵敏度和空间分辨率,分辨率可达到 10 m 的量级或更小。

圆锥扫描器:将长线列探测器固定在卫星上,让卫星绕其与地面垂直轴均匀地转动以实现圆锥扫描,这一方法也能获得热灵敏度和空间分辨率较高的大面积地面图像,分辨率可达到 10 m 的量级。

凝视红外相机:为获得某一感兴趣地区高分辨率的热图像或连续跟踪空中飞行的快速目标,就需要采用凝视型红外相机,以保证热图像有足够高的热灵敏度和帧频。凝视型红外相机使用大面阵的凝视红外焦平面探测器。

红外光谱仪一般不成像,主要用于获取某种物质的红外光谱以确定其性质。红外光谱仪有主动式和被动式两类。主动式红外光谱仪自身带红外光源,被动式红外光谱仪则直接摄取目标发射的红外光谱。红外光谱仪的核心是分光部分,从分光原理看有三种形式:色散型、光栅型、傅里叶光谱仪。目前,红外光谱仪在向多光谱、超光谱成像光谱仪的方向发展。

红外色散型光谱仪:采用对不同红外光谱折射率不同的氯化钠、氯化钾等晶体制备成棱镜,可以将复合红外光分解成在空间分离的红外单色光谱。

红外光栅型光谱仪:采用光栅对不同红外光谱干涉的原理实现色散分光,光栅的间距、干涉的波长和级次、角度等服从布拉格定律,能将复合的红外光分解成在空间分离的红外单色光谱。

红外傅里叶光谱仪:傅里叶光谱仪的核心是一台迈克尔逊干涉仪,其中一个反射镜可以平移扫描,使复合红外光在不同的空间位置干涉形成波腹和波节,计算机对红外探测器记录的干涉数据进行傅里叶变换后就得到红外光谱和强度的关系。由于扫描可以按需要进行多次并对微弱的信号进行积分,所以极大地提高了光谱仪的光谱分辨率和灵敏度。

3.1.7 红外焦平面热成像技术的发展

目前,除特殊应用外,大部分的红外探测器都是焦平面的,是热像仪的核心,其测试内容之一就是成像测试。因此,可以说红外焦平面探测器的发展史,也是红外焦平面成像技术的发展史。红外焦平面探测器又分为制冷型和非制冷型红外焦平面探测器,下面分别介绍。

制冷型红外焦平面探测器的发展大致可以分成以下三个阶段。

1. 技术探索期

1978—1986年,在这一阶段主要是对各种可能的技术路线进行了探索。例如:在红外焦平面探测器上,研究了HgCdTe、InSb;在信号的读出方式上,研究了单片式和混成式结构;研究了电荷注入器件、电荷耦合器件、金属-氧化物-半导体开关矩阵器件等。从技术的发展看,早期人们希望用一种材料同时完成对红外辐射的光电转换和信号读出,如用HgCdTe、InSb材料研制的单片式电荷注入器件。由于HgCdTe、InSb材料都是窄禁带的半导体,所形成的势阱容量不足,红外辐射的背景通量很大,所以几年后人们就将注意力转移到混成式结构上了,即红外探测器列阵用HgCdTe、InSb材料,信号处理电路用硅集成电路,再将其互连形成一个焦平面探测器芯片组件。

2. 技术成型期

1986—1997年,在这一时期人们已认识到:用窄禁带的半导体材料研制红外探测器列阵芯片,用硅集成电路芯片实现信号处理是研制红外焦平面探测器的最佳途径。因此,技术路线主要集中在混成式结构上,进而研制成功各种规格的红外焦平面探测器。开始进入系统应用阶段,即使集成式结构的红外焦平面探测器,也要采用其他探测器材料,例如肖特基势垒红外焦平面探测器采用Pt:Si等薄膜。在这一时期,人们结合特定领域的应用,集中研制几种规格的红外焦平面探测器,例如扫描型的有$288/240 \times 4$、$480 \times 4/6$、576×6、768×8等,凝视型的有128×128、256×256、320×240、384×288、512×512、640×480等。

3. 技术成熟期

从1997年至今,在这一时期形成以中波320×256、384×288、640×512,长波320×256、384×288、640×512等为典型代表的红外焦平面探测器主流产品,大规模的生产与应

用不仅改变了之前扫描型热像仪占市场主体的局面,且热像仪价格逐步走低,扫描型探测器的发展逐步面向预警、搜索等特殊应用领域。另外,出于成本的原因,已经研制出来的一些产品尚未投入大规模生产,主要是百万以上像元数的焦平面探测器。

非制冷型红外焦平面探测器的发展大致也可以分成以下三个阶段。

1. 技术探索期

1979—1992 年,在这 13 年中主要是对两种材料(热释电材料和氧化钒材料)、两种技术路线[混合式(金属凸点阵列/有机物-金属膜凸点阵列)和单片式(硅微桥阵列)]进行了探索。

2. 技术成型期

1992—2012 年,在这一时期形成红外焦平面探测器主流产品,混成式、集成式非制冷型红外焦平面探测器均投入生产。例如美国德州仪器公司规模为 328×245 的钛酸锶钡非制冷型红外焦平面探测器、霍尼韦尔公司研制成功规模为 336×240 的氧化钒微测辐射热计的非制冷型焦平面探测器、英国马克尼公司规模为 256×128 的钽锆酸铅非制冷型焦平面探测器、法国索法拉迪公司规模为 320×240 的非晶硅非制冷型焦平面探测器等,大量被各种低成本热像仪所采用。非制冷型焦平面探测器的出现,使热像仪的价格降低到一代制冷型热像仪的 $1/10$ 以下,这使热像仪可以在更大规模、更多领域得到应用,是热成像技术的一个里程碑。另外,160×120 规模的非制冷型焦平面探测器的生产,进一步降低了成本。

3. 新技术探索期

从 2012 年至今,非制冷型焦平面探测器的成功应用,进一步促进新材料、新工艺、新技术的探索,希望解决还存在的问题,例如解决微测辐射热计的非制冷型焦平面探测器的功耗、减小探测元尺寸、降低成本等问题。640×480、$1\,024 \times 768$、$1\,280 \times 1\,024$ 等规模更大的器件逐步推向市场。

3.2　红外辐射基本理论

本节主要介绍与红外辐射有关的基础知识,以及建立红外辐射基本理论概念。

3.2.1　红外辐射及目标特性

本小节主要阐述红外辐射的基本概念和特点,并对涉及的辐射度学等相关知识进行简要介绍。

1. 红外辐射的基本特征

(1)电磁波谱。由电磁学理论可知,物质内部带电粒子(如电子)的变速运动都会发射或吸收电磁辐射。在日常生活中我们遇到的各种辐射(如 γ 射线、X 射线、紫外线、可见光、红外线、微波、无线电波等)都是电磁辐射。如果把这些电磁辐射按其波长(或频率)的次序排列成一个连续谱,就称之为电磁波谱,如图 3-2 所示。

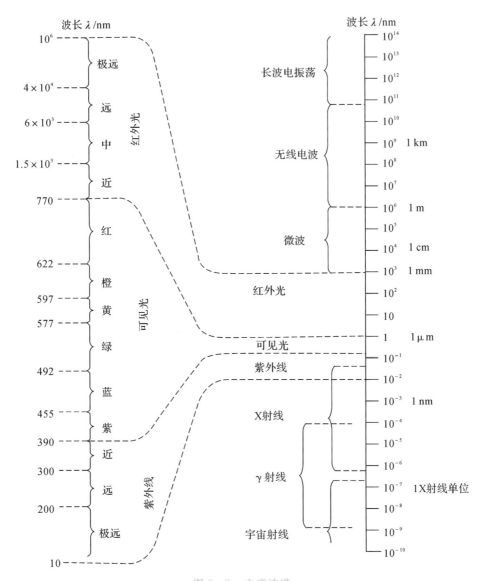

图 3-2 电磁波谱

所有的电磁辐射都具有波动性,因此电磁辐射又称为电磁波。所有电磁波都遵循同样形式的反射、折射、干涉、衍射和偏振定律,且在真空中传播的速度具有同样的数值,称之为真空中的光速,其值为 $c = 2.998 \times 10^8$ m/s。

在真空中,频率为 ν 的电磁波,波长为 λ,真空中的光速为 c,则有

$$\lambda \nu = c \qquad (3-1)$$

在介质中,同样频率 ν 的电磁波,波长为 λ',速度为 c',则有

$$\lambda' \nu = c' \qquad (3-2)$$

由式(3-1)和式(3-2)可得

$$\lambda = \frac{c}{c'}\lambda' = n\lambda' \tag{3-3}$$

式中：$n = c/c'$ 称为介质对真空的折射率。式(3-3)表明，同一频率的电磁波，在介质中的波长是真空中波长的 $1/n$。

在光谱学中，由于电磁波的频率数值较大，无法直接测量，且测得的频率数值精度通常比测得的波长数值精度低，所以多用波长来标志紫外线、可见光和红外线。如无特殊说明，后面所引用的波长数值均是指在真空中的数值。在描述红外辐射时，波长的单位通常用微米(μm)表示。

由于电磁辐射具有波粒二象性，所以电磁辐射除了遵守上述的波动规律以外，它还以光量子的形式存在。在考虑电磁辐射的辐射和吸收问题时，必须把电磁辐射看成分立的微粒集合，这种微粒称为光子。一个光子具有的能量为

$$\varepsilon = h\nu = \frac{hc}{\lambda} \tag{3-4}$$

式中：$h = 6.63 \times 10^{-34}$ J·s，称为普朗克常数。

光子的能量还常用电子伏特(eV)来表示。一个电子伏特的能量是指在真空中一个自由电子在 1 V 电位差的加速下所获得的动能。电子伏特和焦耳(J)之间的换算关系为1 eV = 1.602×10^{-19} J。

(2)红外辐射。红外辐射也称红外线，是 1800 年由英国天文学家赫谢耳(Herschel)在研究太阳光的热效应时发现的。他用分光棱镜将太阳光分解成从红色到紫色的单色光，在依次测量不同颜色光的热效应后发现：当水银温度计移到红光边界以外，人眼看不见任何光线的黑暗区时，温度反而比红光区域高。后经反复实验证明，在红光外侧，确实存在一种人眼看不见的"热线"，后来称之为"红外线"。

红外线存在于自然界的任何一个角落。事实上，一切温度高于绝对零度的有生命和无生命的物体时时刻刻都在不停地辐射红外线。太阳是红外线的巨大辐射源，整个星空都是红外线源，而地球表面，无论是高山大海，还是森林湖泊，甚至是冰川雪地，也在日夜不断地辐射红外线。特别是活动在地面、水面和空中的军事装置，如坦克、车辆、军舰、飞机等，由于它们有高温部位，所以往往都是强红外辐射源。在人们的生活环境中，如居住的房间里，到处都有红外线源，如照明灯、火炉，甚至一杯热茶，都在放出大量红外线。更有趣的是，人体自身就是一个红外线源，而且一切飞禽走兽也都是红外线源。

在红外技术领域中，考虑到红外辐射在大气层中的传输特性，通常把整个红外辐射光谱区按波长分为四个波段：0.75~3 μm 为近红外区(短波红外)，3~6 μm 为中红外区(中波红外)，6~15 μm 为远红外区(长波红外)，15~1 000 μm 为极远红外区(甚长波红外)。在前三个波段中，每一个波段都至少包含一个大气窗口。所谓大气窗口，是指在这一波段内，大气对红外辐射基本上是透明的，如图 3-3 所示。

(3)红外辐射的基本特点。红外辐射是一种电磁辐射，它具有与可见光相似的波动特性，如反射、折射、干涉、衍射和偏振，又具有粒子性，即它可以以光量子的形式被发射和吸收。此外，红外辐射还具有一些与可见光不一样的独有特性：

1)红外辐射对人的眼睛不敏感，必须用对红外辐射敏感的红外探测器才能探测到；

2)红外辐射的光量子能量比可见光的小,例如 10 μm 波长的红外光子的能量大约是可见光光子能量的 1/20;

3)红外辐射的热效应比可见光要强得多;

4)红外辐射更易被物质所吸收,但对于薄雾来说,红外辐射更容易通过。

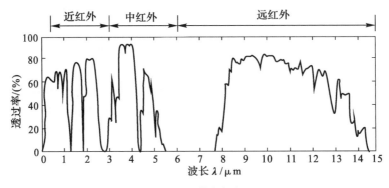

图 3 - 3　红外大气窗口

2. 辐射度量及热辐射定律

光辐射的度量在历史上形成了两套度量系统,它们分别是辐射度学和光度学。辐射度学是建立在物理测量系统基础上的辐射能客观度量,它不受人眼主观视觉的限制。因此,辐射度学的概念和方法适用于整个光辐射范围。不可见的辐射(如红外辐射、紫外辐射等)就必须采用辐射度学的概念和度量方法。

(1)常用辐射量。辐射度学中所用到的辐射量较多,其符号、名称也不尽统一,下面介绍几个红外物理和红外技术中常用的辐射量。

1)辐射能。所谓辐射能,就是以电磁波的形式发射、传输或接收的能量,用 Q 表示,单位是 J,辐射场内单位体积中的辐射能被称为辐射能密度,用 ω 表示,单位是 J/m^3,其定义式为

$$\omega = \frac{\partial Q}{\partial V} \tag{3-5}$$

式中:V 为体积(m^3)。

因为辐射能还是波长、面积、立体角等许多因素的函数,所以 ω 和 Q 的关系用 Q 对 V 的偏微分来定义。同理,后面讨论的其他辐射量也将用偏微分来定义。

2)辐射功率。辐射功率就是发射、传输或接收辐射能的时间速率,用 P 表示,单位是 W,其定义式为

$$P = \frac{\partial Q}{\partial t} \tag{3-6}$$

式中:t 为时间(s)。

辐射在单位时间内通过某一面积的辐射能称为经过该面积的辐射通量,辐射通量也称为辐通量。辐射功率 P 与辐射通量 Φ 混用。

3)辐射强度。辐射强度是描述点辐射源特性的辐射量。所谓点辐射源(简称点源)就

是其物理尺寸可以忽略不计,理想上将其抽象为一个点的辐射源。真正的点源是不存在的,在实际情况下,能否把辐射源看成是点源,首要问题不是辐射源的真实物理尺寸,而是它相对于观测者(或探测器)所张的立体角度。例如,距地面遥远的一颗星体,它的真实物理尺寸可能很大,但是我们却可以把它看作是点源。同一辐射源,在不同场合,可以是点源,也可以是扩展源。例如,喷气式飞机的尾喷口,在 1 km 以外处观测,可以作为点源处理,而在 3 m 处观测,就表现为一个扩展源。一般来讲,如果测量装置没有使用光学系统,只要在比辐射源的最大尺寸大 10 倍的距离处观测,辐射源就可视为一个点源。如果测量装置使用了光学系统,则基本的判断标准是探测器的尺寸和辐射源像的尺寸之间的关系:如果像比探测器小,辐射源可以认为是一个点源;如果像比探测器大,那么辐射源可认为是一个扩展源。

辐射源在某一方向上的辐射强度是指辐射源在包含该方向的单位立体角内所发出的辐射功率,用 I 表示。如图 3-4 所示,若一个点源在围绕某指定方向的小立体角元 $\Delta\Omega$ 内发射的辐射功率为 ΔP,则 ΔP 与 $\Delta\Omega$ 之比的极限就是辐射源在该方向上的辐射强度,即

$$I = \lim_{\Delta\Omega \to 0} \left(\frac{\Delta P}{\Delta\Omega} \right) = \frac{\partial P}{\partial\Omega} \qquad (3-7)$$

图 3-4　辐射强度的定义

辐射强度是辐射源所发射的辐射功率在空间分布特性的描述。或者说,它是辐射功率在某方向上的角密度的度量。按定义,辐射强度的单位是 W/sr。

辐射强度对整个发射立体角 Ω 的积分,就可给出辐射源发射的总辐射功率 P,即

$$P = \int_{\Omega} I \, \mathrm{d}\Omega \qquad (3-8)$$

对于各向同性的辐射源,I 等于常数,则由式(3-8)得 $P = 4\pi I$。对于辐射功率在空间分布不均匀的辐射源,一般来说,辐射强度 I 与方向有关,因此计算起来会更加复杂。

4)辐射出射度。辐射出射度简称辐出度,是描述扩展源辐射特性的量。辐射源单位表面积向半球空间(2π 立体角)内发射的辐射功率称为辐射出射度,用 M 表示。

如图 3-5 所示,若面积为 A 的扩展源上围绕 x 点的一个小面元 ΔA,向半球空间内发射的辐射功率为 ΔP,则 ΔP 与 ΔA 之比的极限值就是该扩展源在 x 点的辐射出射度,即

$$M = \lim_{\Delta A \to 0} \left(\frac{\Delta P}{\Delta A} \right) = \frac{\partial P}{\partial A} \qquad (3-9)$$

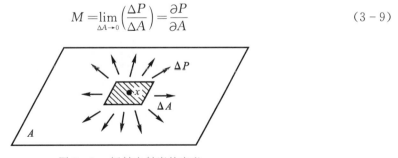

图 3-5　辐射出射度的定义

辐射出射度是扩展源所发射的辐射功率在源表面分布特性的描述。或者说,它是辐射

功率在某一点附近的面密度的度量。按定义，辐射出射度的单位是 W/m^2。

对于发射不均匀的辐射源表面，表面上各点附近将有不同的辐射出射度。一般来讲，辐射出射度 M 是源表面上位置 x 的函数。辐射出射度 M 对源发射表面积 A 的积分，就是该辐射源发射的总辐射功率，即

$$P = \int_A M \mathrm{d}A \qquad (3-10)$$

如果辐射源表面的辐射出射度 M 为常数，那么它所发射的辐射功率为 $P = MA$。

5）辐射亮度。辐射亮度简称辐亮度，是描述扩展源辐射特性的量。由前面的定义可知，辐射强度 I 可以描述点源在空间不同方向上的辐射功率分布，而辐射出射度 M 可以描述扩展源在源表面不同位置上的辐射功率分布。为了描述扩展源所发射的辐射功率在源表面不同位置上沿空间不同方向的分布特性，特别引入辐射亮度的概念。其定义描述如下：辐射源在某一方向上的辐射亮度是指在该方向上的单位投影面积向单位立体角中发射的辐射功率，用 L 表示。

如图 3-6 所示，在扩展源表面上某点 x 附近取一小面元 ΔA，该面积向半球空间发射的辐射功率为 ΔP。如果进一步考虑，在与面元 ΔA 的法线夹角为 θ 的方向上取一个小立体角元 $\Delta \Omega$，那么，从面元 ΔA 向立体角元 $\Delta \Omega$ 内发射的辐射通量是二级小量 $\Delta(\Delta P) = \Delta^2 P$。由于从 ΔA 向 θ 方向发射的辐射（也就是在 θ 方向观察到来自 ΔA 的辐射），在 θ 方向上看到的面元 ΔA 的有效面积，即投影面积是 $\Delta A_\theta = \Delta A \cos\theta$，所以，在 θ 方向的立体角元 $\Delta \Omega$ 内发出的辐射，就等效于从辐射源的投影面积 ΔA_θ 上发出的辐射。因此，在 θ 方向观测到的辐射源表面上位置 x 处的辐射亮度，就是 $\Delta^2 P$ 比 ΔA_θ 与 $\Delta \Omega$ 之积的极限值，即

$$L = \lim_{\substack{\Delta A \to 0 \\ \Delta \Omega \to 0}} \left(\frac{\Delta^2 P}{\Delta A_\theta \Delta \Omega} \right) = \frac{\partial^2 P}{\partial A_\theta \partial \Omega} = \frac{\partial^2 P}{\partial A \partial \Omega \cos\theta} \qquad (3-11)$$

这个定义表明：辐射亮度是扩展源辐射功率在空间分布特性的描述。辐射亮度的单位是 $W/(m \cdot sr)$，其大小与源面上的位置 x 及方向 θ 有关。

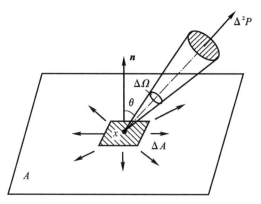

图 3-6　辐射亮度的定义

6）辐射照度。上面讨论的各辐射量都是用来描述辐射源发射特性的量。对一个受照表面接收辐射的分布情况，就不能用上述各辐射量来描述了。为了描述一个物体表面被辐照的程度，在辐射度学中，引入辐射照度的概念。

被照表面的单位面积上接收到的辐射功率称为该被照射处的辐射照度。辐射照度简称为辐照度,用 E 表示。

如图 3-7 所示,若在被照表面上围绕 x 点取小面元 ΔA,投射到 ΔA 上的辐射功率为 ΔP,则表面上 x 点处的辐射照度为

$$E = \lim_{\Delta A \to 0} \left(\frac{\Delta P}{\Delta A} \right) = \frac{\partial P}{\partial A} \tag{3-12}$$

辐射照度的数值是投射到表面上每单位面积的辐射功率,辐射照度的单位是 $\mathrm{W/m^2}$。一般说来,辐射照度与 x 点在被照面上的位置有关,而且与辐射源的特性及相对位置有关。

虽然辐射照度和辐射出射度具有同样的单位,并且它们的定义式也相似,但应注意它们的差别。辐射出射度描述辐射源的特性,它包括了辐射源向整个半球空间发射的辐射功率;辐射照度则描述被照表面的特性,它可以是由一个或数个辐射源投射的辐射功率,也可以是来自指定方向的一个立体角中投射来的辐射功率。

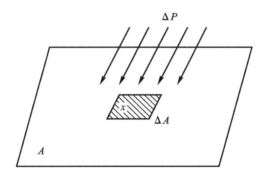

图 3-7　辐射照度的定义

(2) 朗伯辐射体及其辐射特性。一般来说,红外辐射源所发射的辐射能通量,其空间角分布很复杂,这给辐射量的计算带来很大的麻烦。但是,在自然界中存在一类特殊的辐射源,它们的辐亮度与辐射方向无关,例如,大阳、荧光屏、毛玻璃灯罩、坦克表面等都近似于这种光源。辐亮度与辐射方向无关的辐射源,称为朗伯辐射体。例如,绝对黑体和理想漫反射体就是两种典型的朗伯辐射体。

下面简单地导出朗伯余弦定律。如图 3-8 所示,设某一发射表面 ΔA 在其法线方向上的辐射强度为 I_0,与法线成 θ 角方向上的辐射强度为 I_θ。由于漫反射源的辐亮度在各个方向上均相等,而根据辐亮度的定义,有

$$L = \frac{I_0}{\Delta A} = \frac{I_\theta}{\Delta A \cos\theta} \tag{3-13}$$

于是得到

$$I_\theta = I_0 \cos\theta \tag{3-14}$$

式(3-14)称为朗伯余弦定律。它表明各个方向上辐亮度相等的发射表面,其辐射强度按余弦定律变化。在实际生活中遇到的各种漫辐射源只是近似地遵从朗伯余弦定律,因此朗伯辐射源是一个理想化的概念。

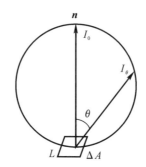

图 3-8　朗伯辐射源的特征

朗伯辐射源具有以下特点：

1）朗伯辐射源的辐亮度是一个与方向无关的常数，其各方向上的辐亮度均相等，即

$$L = \frac{I_0}{\Delta A} = L_0 \qquad (3-15)$$

2）朗伯辐射源的辐亮度与辐出度之间满足如下式所示关系：

$$M = \pi L \qquad (3-16)$$

3）朗伯辐射源在法线方向上的辐射强度等于辐亮度乘以源面积，即

$$I_0 = LA \qquad (3-17)$$

4）朗伯辐射源的总辐射能通量等于辐射源在法线方向上的辐射强度的 π 倍，即

$$\Phi = \pi I_0 \qquad (3-18)$$

5）处于辐射场中的理想漫反射体也可以视作朗伯辐射源，因为它把无论从何方向入射的全部辐射功率均毫无吸收和无透射地按朗伯余弦定律反射出去，就是说，理想漫反射体的辐出度等于它表面上辐照度，即

$$M = E \qquad (3-19)$$

由式（3-16）可得

$$L = \frac{E}{\pi} \qquad (3-20)$$

式（3-20）表明，理想漫反射体的辐亮度等于它的辐照度除以 π。

（3）热辐射定律。

1）基尔霍夫定律。物体因自身温度而向外发射能量称为热辐射。热辐射的强度及光谱成分与辐射体的温度有很大关系，因此热辐射有时也叫作温度辐射。热辐射的规律是自然界普遍规律之一，它是红外物理及其应用领域中理论研究和技术应用的基础。

热辐射与其他形式的辐射不同。对于一个孤立系统来说，热辐射形式的能量交换能够达到热平衡，而对于其他辐射，如光致发光、电致发光、化学发光等，它们的辐射都不是平衡的。

1859 年，基尔霍夫（Kirchhoff）根据热平衡原理导出了关于热转换的著名的基尔霍夫定律。这个定律指出：在热平衡条件下，所有物体在给定温度下，对某一波长来说，物体的发射本领和吸收本领的比值与物体自身的性质无关，它对于一切物体都是恒量。即使辐出度 $M(\lambda, T)$ 和吸收比 $\alpha(\lambda, T)$ 两者随物体不同且都改变很大，但 $M(\lambda, T) / \alpha(\lambda, T)$ 对所有物

体来说,都是波长和温度的普适函数。基尔霍夫定律的数学表达式为

$$\frac{M_1(\lambda,T)}{\alpha_1(\lambda,T)}=\frac{M_2(\lambda,T)}{\alpha_2(\lambda,T)}=\cdots=\frac{M_n(\lambda,T)}{\alpha_n(\lambda,T)}=\frac{M_B(\lambda,T)}{\alpha_B(\lambda,T)}=M_B(\lambda,T)=f(\lambda,T)$$

$$(3-21)$$

式中:$1,2,\cdots,n$ 代表第一种、第二种、……、第 n 种物体;B 代表黑体,其 $\alpha_B(\lambda,T)=1$。可见,基尔霍夫定律中的普适函数,就是黑体的辐射本领(辐出度)。

根据基尔霍夫定律可以得出许多很有实用意义的推论。

A. 根据基尔霍夫定律和发射率定义可知,物体的发射本领(发射率)与吸收本领(吸收比)相等,即 $\varepsilon_\lambda=\alpha_\lambda$,一般 ε_λ 不易直接测定,故常通过测量 α_λ 值来确定 ε_λ 的值。

B. 对于不透明物体,即 $\tau_\lambda=0$,故 $\rho_\lambda=1-\alpha_\lambda$,因此测得 α_λ 值就可确定 ρ_λ 之值。由此可知,好的吸收体也是好的发射体,并且好的反射体,不是好的发射体,也不是好的吸收体。

C. 因为任何物体所吸收的能量绝不可能大于辐射到其上面的能量,所以 α_λ 和 ε_λ 不但相等,而且其数值绝不可能大于 1,同时也一定小于黑体的值,即 $\alpha_\lambda<1$,$\varepsilon_\lambda<1$。因此在选择红外辐射材料时,要尽量让 α_λ 和 ε_λ 接近于 1。

2)黑体辐射和普朗克公式。19 世纪末期,经典物理学遇到了一个原则性难题,瑞利(Rayleigh)和金斯(Jeans)根据经典玻耳兹曼统计法,导出了黑体光谱辐射能量密度满足下式:

$$\omega_\nu=\frac{8\pi\nu^2}{c^3}kT$$

$$(3-22)$$

式(3-22)仅在辐射频率值很小的时候与实验所得值相符,但当 ν 趋于无穷大时,光谱辐射能量密度 ω 也趋于无穷大,这显然与实验事实不符。辐射在高频区的这一问题,俗称"紫外线灾难"。

为了解决瑞利-金斯公式的这一问题,普朗克(Planck)根据他自己提出的微观粒子能量不连续的假说,导出了描述黑体辐射光谱分布的普朗克公式,即黑体的光谱辐出度为

$$M_{b\nu}=\frac{2\pi h\nu^2}{c^2}\frac{1}{e^{h\nu/kT}-1}$$

$$(3-23)$$

通常也写为

$$M_{b\nu}=\frac{c_1}{\lambda^5}\frac{1}{e^{c_2/kT}-1}$$

$$(3-24)$$

式中:h 为普朗克常数;k 为玻尔兹曼常数;c_1 为第一辐射常数;c_2 为第二辐射常数。

$$h=6.63\times10^{-34}\text{ J}\cdot\text{s}$$

$$k=1.38\times10^{-23}\text{ J}\cdot\text{K}^{-1}$$

$$c_1=2\pi hc^2=3.74\times10^{-16}\text{ W}\cdot\text{m}^2$$

$$c_2=hc/k=1.44\times10^{-2}\text{ m}\cdot\text{K}$$

在研究目标辐射特性时,为了便于计算,通常把普朗克公式变成简化形式,即令

$$y=\frac{M_B(\lambda,T)}{M_B(\lambda_m,T)}$$

$$x=\frac{\lambda}{\lambda_m}$$

其中，$M_B(\lambda_m, T)$ 为黑体的最大辐出度，于是普朗克公式可表示为如下简化形式：

$$y = 142.32 \frac{x^{-5}}{e^{\frac{4.9651}{x}} - 1} \tag{3-25}$$

如果将普朗克公式采用辐亮度表示，即

$$L_{b\lambda} = 2hc^2 \lambda^{-5} \frac{1}{e^{hc/\lambda kT} - 1} \tag{3-26}$$

根据式（3-26）作出不同温度下的 $L_{b\lambda}$-λ 分布曲线，如图 3-9 所示。

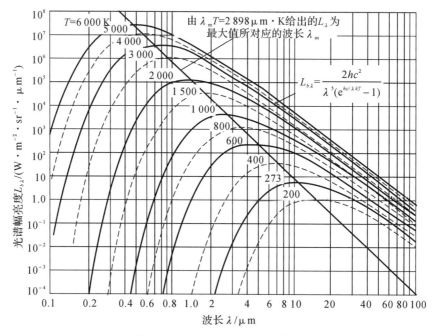

图 3-9　黑体光谱辐射亮度曲线

由图 3-9 可知，黑体辐射具有以下特征：

A. 光谱辐亮度 $L_{b\lambda}$ 随波长 λ 连续变化，每条曲线只有一个极大值。

B. 不同温度的各条曲线彼此不相交。在任一波长上，温度 T 越高，光谱辐亮度越大，反之亦然。每一曲线下所包围的面积等于 σT^4。

C. 随着温度 T 的升高，曲线峰值所对应的波长（峰值波长）向短波方向移动，这表明黑体辐射中短波部分所占比例增大。

D. 波长小于 λ_m 部分的能量约占 25%，波长大于 λ_m 部分的能量约占 75%。

普朗克公式代表了黑体辐射的普遍规律，在实际应用中普朗克公式具有指导作用，例如，根据它的计算用来选择光源和加热元件，预示白炽灯的光输出、核反应堆的热耗散、太阳辐射的能量以及恒星的温度等。

3）维恩位移定律。普朗克公式表明，当黑体温度增高时，辐射谱峰值会向短波方向移动。维恩（Wien）位移定律以简单形式给出这种变化的定量关系。

将通用形式的普朗克公式（3-24）对波长 λ 求导数，即

$$\frac{\mathrm{d}M_{b\lambda}}{\mathrm{d}\lambda} = -5c_1\lambda^{-6}(\mathrm{e}^{c_2/\lambda T})^{-1} + c_1\lambda^{-5}\mathrm{e}^{c_2/\lambda T}\left(-\frac{c_2}{T\lambda^2}\right)(-1)(\mathrm{e}^{c_2/\lambda T}-1)^{-2} =$$

$$c_1\lambda^{-6}(\mathrm{e}^{c_2/\lambda T}-1)\left[-5(\mathrm{e}^{c_2/\lambda T}-1)+\frac{c_2}{\lambda T}\mathrm{e}^{c_2/\lambda T}\right]$$

令 $\dfrac{\mathrm{d}M_{b\lambda}}{\mathrm{d}\lambda}=0$，并令 $c_2/\lambda T=x$，则有

$$5 + x\mathrm{e}^x = 5\mathrm{e}^x$$

整理后可得

$$\frac{1}{\mathrm{e}^x} + \frac{x}{5} = 1$$

式中含超越函数，可用图解法或逐次逼近法求解，解得

$$x = c_2/\lambda_m T = 4.965$$

由此得到维恩位移定律的表达式为

$$\lambda_m T = b = 2.898 \times 10^{-3}\ \mathrm{m \cdot K} \tag{3-27}$$

维恩位移定律表明，黑体光谱辐出度峰值对应的波长 λ_m 与黑体的绝对温度成反比。

若将维恩位移定律的 $\lambda_m T$ 值代入普朗克公式（3-24），则可得到黑体光谱辐出度的峰值，即

$$M_{b\lambda_m} = \frac{c_1}{\lambda_m^5}\frac{1}{\mathrm{e}^{c_2/\lambda_m T}-1} = c_1\left(\frac{b}{T}\right)^{-5}\frac{1}{\mathrm{e}^{c_2/b}-1} = BT^5 \tag{3-28}$$

式中：B 为常数，值为 $1.286\ 7 \times 10^{-11}\ \mathrm{W \cdot m^{-2} \cdot \mu m^{-1} \cdot K^{-5}}$。式（3-28）也被称为维恩最大辐射定律，它表明，黑体的光谱辐射出射度与其热力学温度的五次方成正比。

4）斯蒂芬-玻尔兹曼定律。1879 年，斯蒂芬（Stefan）通过实验得出结论：黑体辐射的总能量与波长无关，仅与绝对温度的四次方成正比。1884 年，玻尔兹曼（Boltzmann）把热力学和麦克斯韦电磁理论综合起来，从理论上证明了斯蒂芬的结论是正确的，从而建立了斯蒂芬-玻尔兹曼定律，其具体推导过程如下。

将普朗克公式（3-24）对波长 λ 从 $0 \sim \infty$ 积分，便得到黑体的全辐射出射度与温度的关系，即

$$M_b = \int_0^\infty M_{b\lambda}\,\mathrm{d}\lambda = \int_0^\infty \frac{c_1}{\lambda^5}\frac{\mathrm{d}\lambda}{\mathrm{e}^{c_2/\lambda T}-1}$$

经过积分运算可得

$$M_b = \frac{\pi^4}{15}\frac{c_1}{c_2^4}T^4 = \frac{2\pi^5 k^4}{15c^2 h^3}T^4$$

令

$$\sigma = \frac{2\pi^5 k^4}{15c^2 h^3}$$

可得

$$M_b = \sigma T^4 \tag{3-29}$$

式中：斯蒂芬-玻尔兹曼常数 $\sigma = (5.670\ 51 \pm 0.000\ 19) \times 10^{-8}\ \mathrm{W \cdot m^{-2} \cdot K^{-4}}$。

该定律表明:黑体的全辐射的辐出度与其温度的四次方成正比。因此,只要当黑体温度发生一个很小的变化时,就会引起较大的辐出度的变化。

3.红外辐射源及其特性

一切温度高于绝对零度的物体都可以发射热辐射,对于红外和像增强技术具有实际意义的辐射源主要包括三类:一是作为辐射标准或主动红外装置中的人工辐射源;二是干扰红外系统探测的背景辐射;三是红外系统探测的目标。

(1)黑体的辐射特性。能够在任何温度下全部吸收所有波长的辐射的物体叫绝对黑体。绝对黑体只是一个理想的概念,自然界中并不存在。但是用人工方法可以制成尽可能接近绝对黑体的辐射源。腔型黑体辐射源就是一种黑体模型器,其辐射发射率非常地接近1。

典型的腔型黑体辐射源的结构如图3-10所示,其主要由包容腔体的黑体芯子、加热绕组、测量与控制腔体温度的温度计和温度控制器等组成。

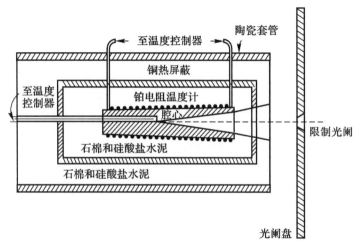

图3-10　典型腔型黑体辐射源

腔体的形状一般有圆锥形、圆柱形、球形三种。图3-11为三种腔体结构断面图。其中 L 为腔体长度,$2R$ 为腔的圆形开口直径。

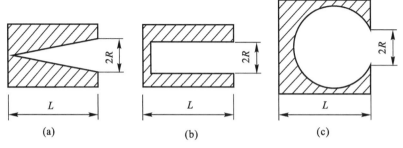

图3-11　典型墙体结构断面示意图
(a)圆锥形;　(b)圆柱形;　(c)球形

腔体结构的选择,主要考虑腔口有效发射率、腔体加工和等温加热的难易。为使腔壁有高的热导率、好的抗氧化能力和大的辐射发射率值,芯子材料的选择很重要。通常对于 1 400 K 以上的黑体腔,选用石墨或陶瓷;在 1 400 K 以下时选用铬镍不锈钢;低于 600 K 的腔体芯子可用铜制成。

(2)目标的辐射特性。红外热成像系统能否发现和识别目标,不仅取决于系统自身的性能,还与目标和背景的辐射特性密切相关。下面针对机载红外热像仪介绍几种常见的目标以及它们各自的辐射特性。

1)飞机。飞机的热辐射主要来自被加热的金属尾喷管热辐射、发动机排出的高温尾喷焰辐射、飞机飞行时气动加热形成的蒙皮热辐射,以及对环境辐射(太阳、地面和天空)的反射,其具体特性随发动机的不同而有所不同。

典型的涡轮喷气发动机主要由压缩机、燃烧室、涡轮、排气喷嘴等部分构成,某些情况下还有后燃烧室(加力燃烧室),其原理图如图 3-12 所示。到发动机去的空气,经过气流扩散器进气道进行压缩,压缩之后的空气和燃料混合后进入燃烧室,在压力基本恒定的环境下燃烧。然后,热的燃烧物将通过涡轮,最后气体由尾喷管端部的喷嘴喷出,向外膨胀的压力产生高速排出的气流推动飞机前进。由此可知,尾喷管和尾焰所产生的热辐射是涡轮喷气发动机的两个主要热源。从无加力燃烧室发动机的后部来看,尾喷管的辐射远大于尾焰辐射。但有加力燃烧室后,尾焰就成为主要辐射源了。

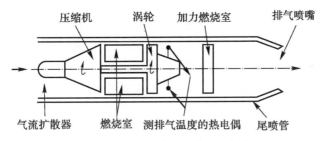

图 3-12　涡轮喷气发动机示意图

在工程计算时,往往把尾喷管看作是一个发射率 ε 为 0.9 的灰体,其温度等于排出气体的温度,而面积等于排气喷嘴的面积。据此可以较方便地计算出飞机尾喷管的辐射特性,即正交于单发动机的尾喷管端面的辐射强度为

$$I = \frac{\varepsilon \sigma T^4}{\pi} A (\text{W} \cdot \text{sr}^{-1}) \tag{3-30}$$

式中:T 为尾喷管温度;A 为尾喷管端面面积。飞机的辐射具有很强的方向性,因为主要辐射源都集中于机身的后部,所以飞机后部辐射能量较多。就现在的发动机而言,只能在短时间内(如起飞时)经受高达 700 ℃ 的排出气体温度;在长时间飞行时,能经受的最大值为 500 ~ 600 ℃;低速飞行时,可降到 350 ℃ 或 400 ℃。

图 3-13 给出了实测的波音 707、三叉戟和伊尔 62 飞机喷口辐射强度的角分布。测试时用了 2.8 μm 起波的滤光片。

飞机尾焰的主要成分是二氧化碳和水蒸气,它们在 2.7 μm 和 4.3 μm 附近有较强的辐射。同时大气中也含有水蒸气和二氧化碳,辐射在大气中传输时,在 2.7 μm 和 4.3 μm 附近往往容易引起吸收衰减。但由于尾焰的温度比大气的温度高,在上述波长处,尾焰辐射的谱带宽度比大气吸收的谱带宽度宽,所以某些弱谱线辐射在大气的强吸收范围外,其传输衰减比大气吸收谱带内小得多,这个现象在 4.3 μm 处的二氧化碳吸收带内最为显著。因此,从探测的角度来看,4.3 μm 的发射带要比 2.7 μm 处的更有用(可以减少太阳光线干扰,同时具有较好的大气透射)。

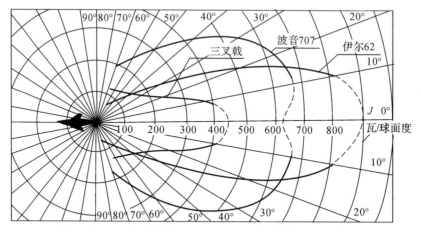

图 3 - 13   三种飞机喷口 2.8～5.2 μm 波段辐射强度角分布

涡轮风扇发动机就是在涡轮喷气发动机上装置风扇。风扇位于压缩机的前面叫前向风扇;风扇位于涡轮的后面叫后向风扇。涡轮风扇发动机将吸取更多的空气,以产生附加的推力。涡轮风扇发动机比涡轮喷气发动机的辐射要低一些。这是由于涡轮风扇发动机的排出气体温度较低所致。涡轮风扇发动机的尾焰形状和温度分布,与涡轮喷气发动机大不相同。具有前向风扇时,过量的空气相对于发动机以轴线同心地被排出,在羽状气柱周围形成了一个冷套,其发动机的尾焰比一般涡轮喷气发动机的尾焰要小得多。在后向风扇发动机中,一些过量的空气与尾喷管中排出的热气流相混合,其发动机的尾焰和尾喷管的温度都降低了。图 3 - 14 给出了波音 707 的涡轮发动机和涡轮风扇发动机的排出气流的等温线。

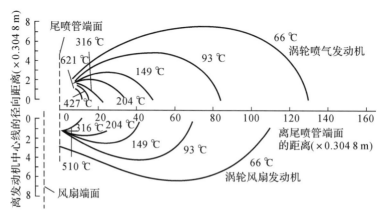

图 3 - 14   波音 707 排出气流等温线

飞机在空中飞行时,当速度接近或大于声速时,气动加热产生的飞机蒙皮热辐射不能忽视,尤其在飞机的前向和侧向。

因为太阳光是近似 6 000 K 的黑体辐射,所以飞机反射的太阳光谱类似于大气衰减后的 6 000 K 黑体辐射光谱。飞机反射的太阳光辐射主要在近红外 1～3 μm 和中红外 3～5 μm 波段内。而飞机对地面和天空热辐射的反射主要在远红外 8～14 μm 和中红外 3～5 μm 波段内。

飞机红外辐射包含有尾喷管和蒙皮的近似为灰体连续谱的热辐射,以及有选择性的带状谱的喷焰气体辐射。其红外辐射光谱随飞机工作状态(加力与非加力)和目标的方位角而变化。在非加力状态下,飞机尾向的辐射光谱是峰值波长位于 4 μm 左右的连续谱。但在实际应用中,由于大气中二氧化碳和水蒸气分子的吸收,在 2.7 μm 和 4.3 μm 附近形成凹陷,因此,图 3-15 给出了通过 200 ft 大气观察并用三个不同的光谱分辨率测量飞机喷气尾焰的光谱。

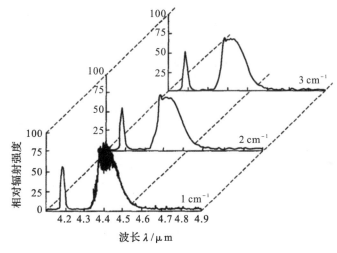

图 3-15 飞机喷气尾焰的光谱

2)海上目标。军舰和运输船的烟囱是较强的红外辐射源。从烟囱冒出来的燃烧产物具有很高的温度,舰船越大,烟的温度越高。小吨位军舰,烟的温度约 200 ℃,烟囱外壳经废气加热后,温度升高,一般具有水冷设备的烟囱外壳温度为 40 ℃。由烟和烟囱外壳辐射的能量大部分集中于 2～20 μm 波段内,峰值波长位于 8 μm 附近。舰体的温度虽然与海水温度相近,但二者的辐射发射率差异很大,海水的辐射发射率随海浪大小不断变化。这种辐射差异增加了目标与背景的对比度,正好为热成像系统所利用。

3)地面车辆。地面车辆包括坦克、装甲运输车、汽车等,它们可以辐射出足够的能量,是一类值得重视的军事目标。通常,这些车辆涂漆表面的辐射发射率大约为 0.9。由于日晒、雨淋和夜露的作用,表面有腐蚀,辐射发射率值可能有变化,灰尘和污垢的堆积更加剧了这种变化。此外,车辆的不同部位有不同的温度,排气管最热,其次是发动机外壳,这些部分的辐射能量比其他部分多得多。近年来,设计师们已开始认识到将这些部分隐蔽起来的重要性,以防止被对方红外系统探测到。

4)炮口闪光。炮口喷出的热燃气,除了一些气体杂质外,还含有大量可燃成分,如 CO、CH_4、H_2 和温度相当高的水蒸气,使伴随的微粒物质在高温条件下发出可见光辐射,同时包含大量的红外辐射,称为初次闪光。可燃气体与大气混合而点燃,产生亮的火焰,称为二次闪光。为了抑制二次闪光,往往在炮口上套一装置,以阻挠冲击波的形成。在某些情况下,推进剂中加入某种化学抑制剂,以防止炮口处可燃气体点火。炮口闪光中,包含大量的红外辐射。在 60 m 的距离上,对 155 mm 口径的火炮进行测量,得到的炮口闪光的相对光谱曲线如图 3-16 所示。

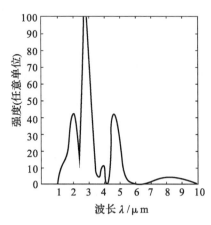

图 3-16 距火炮 60 m 处炮口闪光的光谱分布

5)人体。人的皮肤的发射率是很高的,波长大于 4 μm 以上的平均值为 0.99,而与肤色无关。皮肤温度是皮肤和周围环境之间辐射交换的复杂函数,并且与血液循环和新陈代谢有关。当人的皮肤剧烈受冷时,其温度可降低到 0 ℃。在正常温室环境下,当空气温度为 21 ℃时,裸露在外部的脸部和手的皮肤温度大约是 32 ℃。假定皮肤是一个漫辐射体,有效辐射面积等于人体的投影面积(对于男子,其平均值可取作 0.6 m²)。当皮肤温度为 32 ℃时,裸露男子的平均辐射强度为 93.5 W/sr。如果忽略大气的吸收,在 305 m 的距离上,他所产生的辐照度为 10^{-3} W/m²,其中大约有 32% 的能量处在 8~13 μm 波段,仅有 1% 的能量处在 3.2~4.8 μm 波段。

(3)背景的辐射特性。环境热辐射可来自地物、海面、大气、气溶胶和星体的自身发射,也可来自这些环境的反射辐射或散射辐射。下面就简要介绍几种常见背景目标及其辐射特性。

1)太阳。太阳是距地球最近的球形炽热恒星天体。大气以外的太阳辐射的光谱分布大致与 5 900 K 绝对黑体的光谱分布相似。图 3-17 为平均地-日距离上,太阳辐射的光谱分布曲线。图中还给出了 5 900 K 黑体辐射曲线,以便比较。

太阳辐射在通过大气时,受大气组分的吸收和散射,射至地球表面的多是 0.3~3 μm 的辐射,而大部分集中于 0.38~0.76 μm 的可见光波段。射至地球表面的太阳辐射的功率、光谱分布和太阳高度、大气状态的关系很大。随季节、昼夜时间、辐照地球的地理坐标、天空云量及大气状态的不同,太阳对地球表面形成的照度变化范围很宽。当天空晴朗,太阳位于天顶时,对地面形成的照度高达 $1.24×10^5$ lx。

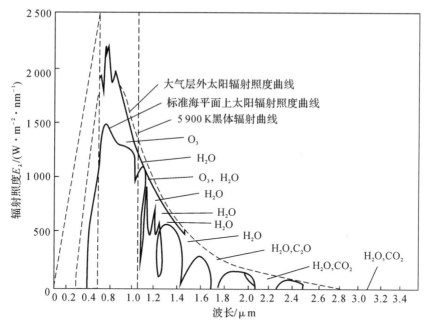

图 3 - 17 在平均地-日距离上太阳的光谱分布

2)地球。白昼,地球表面的辐射由反射、散射的太阳光和自身的热辐射组成。辐射的光谱特性有两个峰值,一是位于 0.5 μm 处由太阳辐射产生,一是位于 10 μm 处由自身的热辐射产生。天黑以后和夜间,太阳的反射辐射就观察不到了,地球辐射的光谱分布就是地球本身热辐射的光谱分布。图 3 - 18 为地面某些物体的光谱辐亮度,并与 35 ℃黑体辐射作比较。

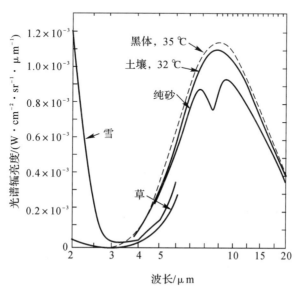

图 3 - 18 典型地物的光谱辐亮度

地球自身的热辐射对波长 $8 \sim 14~\mu m$ 的远红外辐射有很大贡献。这一波段正处于大气窗口,大气吸收很小,是红外热成像系统的工作波段。地球表面的热辐射取决于它的温度和辐射发射率。地球表面的温度根据不同自然条件而变化,大致范围是 $-40 \sim 40~℃$。另外,地球表面还有相当广阔的水面,水面辐射取决于温度和表面状态。无波浪时的水面,反射良好,辐射很小,只有当出现波浪时,海面才成为良好的辐射体。

3)月球。月球的辐射包括两部分:一是反射的太阳辐射,一是月球自身的辐射。月球的辐射近似于 $400~K$ 的绝对黑体,峰值波长为 $7.24~\mu m$。月球的反射和自身辐射的光谱分布如图 3-19 所示。

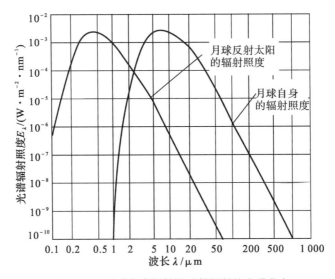

图 3-19 月球自身辐射及反射辐射的光谱分布

月球对地面形成的照度,在很大范围内变化。这种变化受月球的位相(月相)、地-月距离、月球表面反射率、月球在地平线上的高度角以及大气层的影响。所谓距角就是月球、太阳对地球的角距离,用来表示月相。以地球为观察点,新月时 $\Phi_e = 0°$,上弦月时 $\Phi_e = 90°$,满月时 $\Phi_e = 180°$,下弦月时 $\Phi_e = 270°$,如图 3-20 所示。显然,不同月相下,月光形成的地面照度就不同。

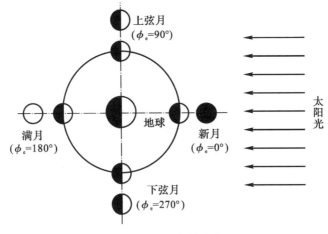

图 3-20 月相的变化

4）星球。星球的辐射随时间和在天空的位置两个因素变化。但在任何时刻它对地球表面的辐射量都是很小的，在晴朗的夜晚，星对地面的照度约为 2.2×10^{-4} lx。这个照度相当于无月夜空实际光量的 1/4 左右。

星亮不亮的程度用星等来表示，以在地球大气层外所接收到的星光辐射产生的照度来衡量，并且规定星等相差五等的照度比刚好为 100 倍，因此相邻的两星等的照度比为 2.512 倍。

星等的数值越大，照度越弱。零等星的照度规定为 2.65×10^{-6} lx，作为计算各星等照度的基准。比零等星还亮的星，星等是负的，且星等不一定是整数。

若有一颗 m 等星和一颗 n 等星，且 $n > m$，两颗星的照度比为

$$\frac{E_m}{E_n} = (2.512)^{n-m} \tag{3-31}$$

或

$$\lg E_m - \lg E_n = 0.4(n-m) \tag{3-32}$$

根据规定的零等星的照度值，用式（3-31）和式（3-32）即可求出其他星等的照度值。

5）大气辉光。大气辉光产生在 70 km 以上的大气层中，是夜天辐射的重要组成部分。不能达到地球表面的太阳紫外辐射，在高层大气中激发原子并与分子发生低概率碰撞，是大气辉光产生的主要原因。大气辉光的光谱分布如图 3-21 所示。

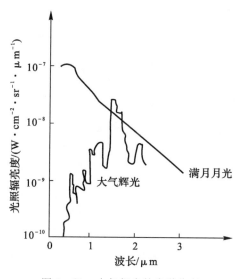

图 3-21　大气辉光的光谱分布

大气辉光是由原子钠、原子氧、分子氧、氢氧根离子以及其他连续发射组成的。0.75～2.5 μm 的红外辐射，主要是氢氧根的辐射。大气辉光的强度变化，受纬度、地磁场情况和太阳骚动的影响。

3.2.2　红外辐射的大气传输

大气是辐射的传输媒介，了解红外辐射在大气中的传输特性是红外热成像技术研究的

重要环节。

1. 大气的构成

由于大气对红外辐射的传输特性主要受其自身组成特性影响,所以下面首先对地球大气的构成进行介绍。

(1)大气层结构。大气是按层分布的,可以根据温度、成分、电离状态及其他物理性质在垂直方向将大气划分成若干层次。由于温度垂直分布的特征最能反应大气状态,所以一般以其作为划分层次的标准。常见的分法是把大气分为五层:对流层、平流层、中间层、热成层和逸散层,如图 3-22 所示。图中:横坐标为温度 T(K);纵坐标为海拔高度 z(km);带箭头的横线表示赤道至极地范围内任何地点最低和最高月平均温度;实线为美国标准大气(1976)北纬 45°(45°N)的标准状态,大致与我国江淮流域(30°~35°N)的平均状态相近。

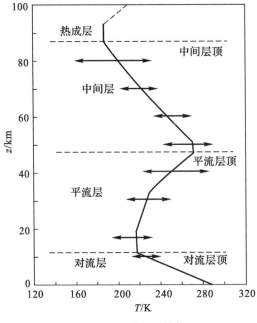

图 3-22 大气层结构

对流层是对人类活动影响最大的一层,天气过程主要发生在这一层,其厚度不到地球半径的 2%,却集中了约 80% 的大气质量和 90% 以上的水汽。对流层温度变化较大,在自地面至 2 m 高的范围内称为贴地层,昼夜温度变化可达 10 ℃ 以上,贴地层以上至 1~2 km 高度的边界层内常出现逆温。就整个对流层而言,温度随高度的增加而递减,平均递减率为 6.5 ℃/km。温度递减率变为零或负之处称为对流层顶,对流层的高度在中纬度区平均为 10~12 km。

平流层位于 10~50 km 范围内,集中了 20% 左右的大气质量,水汽已相当少,而臭氧含量最为丰富。平流层的温度变化与对流层相反,温度递减率变为零或正之处为平流层顶。这种温度结构的空气十分稳定,气溶胶比较丰富。

中间层为平流层顶至 80~85 km 范围,其间温度随高度增加而迅速下降,80 km 以上则保持不变或递增。由于中间层的温度结构与对流层相似,所以有第二对流层之称。

热成层又称为电离层或暖层。其范围自中间层顶至 $200\sim500$ km,空气非常稀薄,在强烈的太阳紫外辐射和宇宙射线作用下,空气形成电离状态。

逸散层为 $500\sim750$ km 以上至星际空间的边界范围,近代人造卫星的探测结果表明,大气的上界可以扩展到 $2\,000\sim3\,000$ km 处。

一般军用光电成像器件大多工作在对流层或平流层下部($20\sim25$ km 以下),因此,后面的讨论将主要集中在平流层以下。

(2)大气的组成。包围着地球的大气层,每单位体积中大约有 78% 的氮气和 21% 的氧气,另外还有不到 1% 的氩(Ar)、二氧化碳(CO_2)、一氧化碳(CO)、一氧化二氮(N_2O)、甲烷(CH_4)、臭氧(O_3)、水汽(H_2O)等成分。除氮气、氧气外的其他气体统称为微量气体。

除了上述气体成分外,大气中还含有悬浮的尘埃、液滴、冰晶等固体或液体微粒,这些微粒通称为气溶胶。如果把大气中的水汽和气溶胶粒子除去,这样的大气称为干燥洁净大气。

有些气体成分相对含量变化很小,称为均匀混合的气体,如氧气、氮气、二氧化碳、一氧化二氮等。有些气体含量变化很大,如水汽和臭氧。大气的气体成分在 60 km 以下大都是中性分子,自 60 km 开始的大气,白天在太阳辐射作用下开始电离,在 90 km 之上,则日夜都存在一定的离子和自由电子。

氮、氧、氩三种气体成分在大气中含量最多。由于它们都是由相同原子组成的双原子分子,没有固有电偶极矩,都不吸收红外线,但它们的含量最大,是构成大气压强的主要因素,所以它们是影响其他组分红外吸收谱线宽度的主要因素,而且也是使可见光产生瑞利散射的主要散射源。

2.大气对红外辐射的吸收和散射

红外热成像系统在大气中应用,不可避免地受到大气的种种影响,其中大气衰减是制约成像系统作用距离的因素之一。大气衰减是辐射通过大气传输时,由于气体分子和大气气溶胶的吸收和散射作用所引起的能量损失。大气衰减量与辐射波长、光程长度及大气物理特性等因素有关。

(1)衰减定律。对于均匀大气层,例如组成均匀的水平路程中的大气,辐射能的衰减符合指数衰减定律,又称布格尔-朗伯特(Bouguer-Lambert)定律:

$$\Phi_\lambda = \Phi_{i\lambda}\mathrm{e}^{-K_\lambda l} \qquad (3-33)$$

式中:$\Phi_{i\lambda}$ 为入射的单色辐射通量;Φ_λ 为通过厚度为 l 的大气层后的单色辐射通量;K_λ 为大气对波长为 λ 的辐射的衰减系数。

辐射在大气中的衰减主要由大气的吸收和散射造成,因此,式中的衰减系数可分为两部分:

$$K = a + P \qquad (3-34)$$

式中:a 为吸收系数;P 为散射系数,两者都随辐射波长而变,即为波长的函数。

(2)透明度与能见距离。由于存在大气衰减,所以大气对各波长的辐射不是完全透明的,而是有一定的透过性能,这种透过性能通常用大气透射比来表示。透射比也是波长的函数。在气象学上,把白光通过 1 km 水平路程的大气透射比称为大气透明度。在一定大气透明度下,人眼能发现以地平天空为背景的黑色目标物(视角大于 30′)的最大距离称为能见度或能见距离 R_V,R_V 与大气透明度之间有如下关系:

$$R_V = \frac{\ln(C_R/C_o)}{\ln\tau} \qquad (3-35)$$

式中:C_R/C_o 为大气对比传输,C_o 是以地平天空为背景的目标物固有对比度,C_R 是距离 R 处的表观对比度。

随着观察距离的增大,大气散射光对目标物亮度贡献逐渐加大,致使目标的表现对比度下降,一直下降到观察者无法分出目标。对人眼来说,对比度下降到 2% 左右(人眼对比度阈值)时即产生这种情况。这样,能见距离 R_V 又可被定义为:当目标的表观对比度下降为 2% 时,人眼能发现以地平天空为背景的黑色目标物的最大距离。

目标物在距离 R_V 处的表观对比度为

$$C_R = e^{-KR_V} \qquad (3-36)$$

由于规定目标物为黑色,其固有对比度 $C_o = 1$,所以大气的对比传输 $C_R/C_o = e^{-KR_V}$,取对数:

$$\ln(C_R/C_o) = -KR_V \qquad (3-37)$$

由大气透射($\tau = e^{-Kl}$)及大气透明度的定义 $\ln\tau = -K$,可得

$$R_V = \frac{\ln(C_R/C_o)}{\ln\tau} \text{(km)} \qquad (3-38)$$

又根据 R_V 处人眼的对比度阈值,C_R 应为 0.02,则有

$$K = 3.912/R_V \qquad (3-39)$$

衰减系数 K 的单位由 R_V 的单位确定,当 R_V 的单位为 km 时,K 的单位为 km^{-1},能见距离由当地气象台给出。

3.2.3 选择红外成像波段的基本原则

红外探测器技术的发展,极大地推动了红外成像技术的进步和应用。与 20 世纪 50 年代不同的是,现在人们不仅能在长波红外波段获得高画质的热成像,而且在短波和中波红外波段都能获得很高画质的红外图像。

不同波段红外图像的特点与目标的温度、表面状况、背景等多种因素有关。只有在特定条件下,才能确定哪一个波段的红外图像更满足应用的要求,而不能简单地说哪一个波段的红外图像更好。从热成像技术的发展历程看,最先是发现短波红外辐射,之后逐步向长波红外波段扩展。

一般来讲,选择红外成像波段时需要考虑以下 5 个基本问题。

1. 光谱匹配

目标红外辐射的光谱范围应落在红外成像系统的光谱范围之内,或者说,红外成像系统的光谱范围应包含目标红外辐射最有效的光谱辐射范围。因此,研究目标的红外辐射特性是红外技术应用中一个很重要的内容。

2. 传输匹配

目标红外辐射能最有效地通过大气传输。因各种气体成份的吸收,大气有三个好的透

射窗口:1～2.5 μm 的短波红外、3～5 μm 的中波红外、8～14 μm 的长波红外。红外成像系统应最有效地利用大气的红外透射窗口。要选择与不同武器平台、不同应用环境、不同作战对象相适应的红外辐射波段。实际上,任何一个红外波段都不能完全满足所有条件下红外应用的需要,近年来红外系统开始向双波段或多波段方向发展,如荷兰新研制的"天狼星"舰载红外搜索跟踪系统,该系统同时工作在 3～5 μm 和 8～14 μm 的两个红外波段,通过数据处理,可以获得比单一波段更多的目标信息。

3. 能量匹配

红外成像系统应尽可能多地接收目标指定波段的红外辐射能量。对室温目标,目标自身红外辐射在 8～14 μm 的长波红外最多,3～5 μm 的中波红外次之,1～2.5 μm 的短波红外则可忽略不计。但实际上,目标也能反射环境的夜天光、大气辉光等短波红外辐射,接收这些短波红外辐射也能实现红外成像。微光夜视技术发展的一个趋势,就是如何更有效地利用夜天光、大气辉光及 1～2.5 μm 之间的短波红外辐射。

4. 应用领域

在不同的应用领域,应选择不同的红外波段进行成像。地面、海面、空中、航天航空遥感、气象、预警、红外天文学应用等领域,都各自有其特殊性。因此,红外波段的选择也不能一概而论。例如:在地面观察应选择在大气中透射率尽可能高的红外波段;在航天器上进行红外天文学的观察,就不需要考虑大气吸收的问题;对预警应用,就要选择大气吸收大的红外波段,使大气层成为一个滤波器,将地面背景的红外辐射吸收,以便突出弹道导弹尾焰的红外辐射等。

5. 技术基础

发展红外成像系统除必须考虑上述基础条件和技术上的可行性外,还必须充分考虑其现实性。技术基础制约着人们对成像应用红外波段的选择。

3.2.4　不同波段红外成像的差异

不同波段的红外成像在成像机理、图像特征方面存在着差异。从历史上看,热成像是利用室温目标自身发射的红外辐射实现的。理论和实践都表明,室温目标发射的红外辐射能量首先分布于长波红外,其次是中波红外,在短波红外的分布太少,不足以利用其实现成像。因此,在概念上热成像有两大特征:长波或中波红外成像,利用目标自身发射成像。

与反射可见光一样,室温目标也能反射广泛存在于环境中的短波红外辐射,这些红外辐射白天来自太阳,夜间来自夜天光、大气辉光等。夜天光、大气辉光在 1.3～2.5 μm 之间有相当强的短波红外辐射,显然接收这些短波红外辐射也能实现红外成像。因此,在概念上短波段的红外成像也有两大特征:短波红外成像,利用目标的反射背景光成像。

成像机理上的差异必然带来红外图像上的差异,这种差异也当然地造成了应用上的差异。于是,应用的差异必然带来红外成像技术,特别是红外焦平面探测器技术发展的多样性。

根据普朗克定律,黑体的光谱辐出度 $M(\lambda, T)$ 与波长 λ、温度 T 之间有如下关系:

$$M(\lambda,T)=\frac{c_1}{\lambda^5\left[\exp(c_2/\lambda T)-1\right]} \qquad (3-40)$$

式中：c_1 为第一辐射常数，$c_1=3.7418\times10^{-16}$ W·m²；c_2 为第二辐射常数，$c_2=1.44\times10^{-2}$ m·K；峰值波长 λ_m 与温度 T 之间有如下关系：

$$\lambda_m=2898/T\,(\mu m) \qquad (3-41)$$

在无选择型辐射的情况下，强辐射体 50% 以上的辐射集中在峰值波长附近。例如，2 000 K 以上的灼热金属体的辐射能大部分集中在 3 μm 以下的近红外区或可见光区，而温度低于 300 K 的室温物体，有 75% 的辐射能集中在 10 μm 以上的红外区域。将 $M(\lambda,T)$ 在波段 $\lambda_1\sim\lambda_2$ 内的光谱积分：

$$M(\Delta\lambda,T)=\int_{\lambda_1}^{\lambda_2}M(\lambda,T)\mathrm{d}\lambda \qquad (3-42)$$

用式（3-42）计算长波、中波和短波红外的黑体波段辐射出射度曲线，如图 3-23 所示。图 3-24 为相同温度下长波红外的黑体辐射出射度与中波红外辐射出射度的比值曲线。由图 3-23 可以看出，对 300 K 的室温目标，长波红外的辐射出射度比中波的高约 30 倍，长波红外的辐射的光子数比中波的高约 70 倍。由此不难理解为什么人们首先在长波红外实现热成像。从 250 K 到 400 K，黑体的短波红外辐射出射度为一条几乎接近于零的直线。这一特点决定了短波红外成像只能利用目标反射的背景红外光。

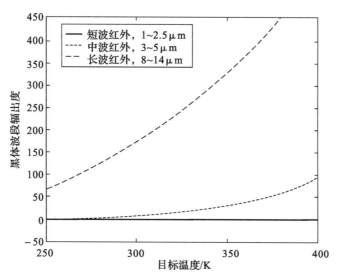

图 3-23　不同波段范围内的黑体波段辐射出射度曲线

在探测点热源的红外系统中，系统设计时要求能接收最多的能量，即只有热灵敏度问题。在实现热成像后，增加了图像分辨率的要求，即将温度变化产生的热辐射变化区别出来。为此，将 $M(\lambda,T)$ 对温度 T 求导数得热导数表达式：

$$\frac{\partial M}{\partial T}=\frac{c_1c_2}{\lambda^6T^2}\frac{\exp(c_2/\lambda T)}{\left[\exp(c_2/\lambda T)-1\right]^2} \qquad (3-43)$$

热导数对应的峰值波长为 λ_c，可推导出 λ_c 与温度 T 的关系为

$$\lambda_c=2410/T \qquad (3-44)$$

λ_c 与 λ_m 之间满足如下关系:

$$\lambda_c = \frac{2\,410}{2\,898}\lambda_m = 0.832\lambda_m \tag{3-45}$$

由式(3-45)可知,当将温度 300 K 的室温目标作为点热源探测时,红外系统的最佳峰值波长为 9.6 μm。当进行成像探测时,最佳峰值波长为 8 μm。为获得尽可能远的探测距离,此时目标成点热源状,因此一般将长波热像仪的峰值波长取得靠长波方向,例如取为 9.6 μm。

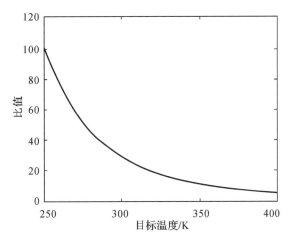

图 3-24 相同温度长波与中波红外辐射出射度的比值曲线

红外成像系统的噪声等效温差 NETD 与背景温度热导数的光谱积分成反比,即

$$\text{NETD} \propto \frac{1}{\int_{\lambda_1}^{\lambda_2} \partial M / \partial T_B \, d\lambda} \tag{3-46}$$

式中:T_B 为背景温度。利用式(3-46)计算出三个不同波段的热导数随背景温度的变化曲线,如图 3-25 所示。由图 3-25 可以看出,短波红外的热导数光谱积分曲线也是一条几乎接近于零的直线,因此红外成像系统的 NETD 将极大。换言之,因物体自身发射的短波红外能量极低,导致系统的热灵敏度极差。随波长增大时,热导数的光谱积分值随之增大,因此,工作在长波的成像系统具有更小的 NETD。这也是在同等条件下,长波热成像系统具有比中波热成像系统更好的 NETD 的原因。

将辐射出射对比度定义如下:

$$C = \frac{M_T(\Delta\lambda, T_T) - M_B(\Delta\lambda, T_B)}{M_T(\Delta\lambda, T_T) + M_B(\Delta\lambda, T_B)} \tag{3-47}$$

式中,M_T 为目标辐射出射度;M_B 为背景辐射出射度;T_T 为目标温度。图 3-26 为根据式(3-18)算出的 300 K 背景温度下,不同红外波段的辐射出射对比度与目标温度之间的关系曲线。为获得清晰的热图像,要求有良好的对比度。对热成像来说,正、负均可。由图 3-19 还可以看出,随目标温度变化时,短波红外具有更大辐射出射对比度,中波红外其次,长波红外最小。换言之,短波红外图像可以有更好的图像细节,中波红外次之,长波红外最差。

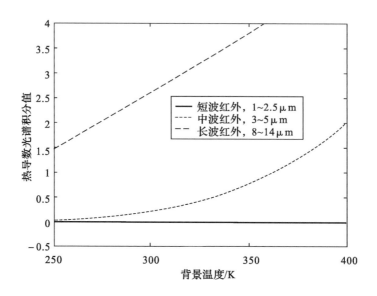

图 3 - 25　不同红外波段的热导数光谱积分值与背景温度的关系

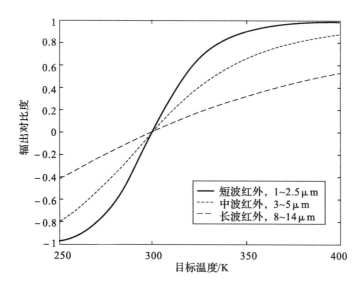

图 3 - 26　背景温度 300 K 时,三个波段的辐射出射对比度曲线

　　不同红外波段红外成像的特点与差异,决定了三者不是互相取代的关系,而是互相补充、共同发展的关系。就每一个波段的红外成像来说,在考虑技术基础、市场、价格等综合因素的条件下,短波、中波和长波红外成像技术有其各自的发展与应用空间。

3.3　机载红外热像仪的组成及工作原理

3.3.1　热像仪的组成和工作原理

红外系统涉及红外物理学、红外光学、红外探测器、信号检测与处理技术领域,从整体角度考虑,可以说红外系统学是以光学、机械学、电子学为基础的综合性科学。

热像仪一般由光学镜头、红外探测器、信号处理电路、伺服控制组件以及连接结构等组成。光学镜头主要用于汇聚红外辐射能量,把红外辐射能量聚焦到红外探测器的焦平面上,完成光学成像。伺服控制组件通过驱动光学系统中不同的镜片,来实现不同视场的转换和调焦。红外探测器完成红外光电信号的转换,提供原始场景红外辐射的电学信息。信号处理电路主要完成探测器的驱动时序和实现探测器的高速高精度 AD 采样,完成信号放大、变换处理,完成非均匀校正、盲元替换、极性转换等功能,同时也要为制冷机供电和滤波,最终形成并输出标准视频信号。

目前用得较多的红外系统有热成像系统(热像仪)、搜索跟踪系统、导引及报警系统等,其核心是热像仪。图 3-27 为一个典型的热像仪示意图。下面简述典型热像仪中各个部分的工作原理或作用。

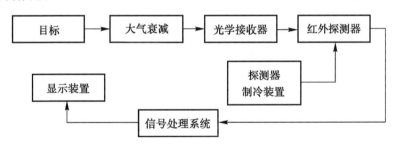

图 3-27　典型红外系统的构成

1. 目标

它是我们要测量和研究的对象。热像仪就是根据各种目标的红外辐射特性和用户使用要求而设计制造的。

2. 大气衰减

当目标的红外辐射通过地球大气时,由于大气中的气体分子和各种气溶胶粒子的散射和吸收,将使红外源发出的红外辐射发生衰减。

3. 光学接收器

光学接收器通常就是物镜,它类似于雷达天线,接收目标部分的红外辐射并传输给红外探测器。

4. 红外探测器

红外探测器是热像仪的心脏。红外探测器是利用红外辐射与物质相互作用所呈现的物理效应探测红外辐射的传感器件,多数情况下是利用这种相互作用呈现的电学效应。根据作用的机理和特点来区分,红外辐射探测器可以分为光敏探测器和热敏探测器两大类型。光敏探测器接收到的辐射光子与响应原材料中束缚态载流子(电子或空穴)发生相互作用,束缚载流子在入射辐射光子的作用下能量发生变化,测量电学量的变化便可以知道入射红外辐射功率的大小。热敏探测器所接收到的辐射光子首先与响应元吸收层材料作用,引起其晶格振动状态变化,晶格振动又能通过热扩散过程传导到响应元温度敏感部分并引起其温度变化,测量这一部分材料与温度有关的某种物理量的变化便可探测红外辐射。

5. 探测器制冷装置

由于某些探测器必须在低温下工作,所以相应的系统要有制冷装置。对于某些探测器,由于室温下晶格振动中固有的热扰动足以激发出大量载流子,入射光子激发出的载流子几乎很少或根本没有产生影响,所以无法探测出入射辐射。但当晶格作适当冷却时,受热作用激发的载流子数大量减少,而入射辐射的影响就会大大增加。探测器经制冷后,响应时间缩短,灵敏度提高。

6. 信号处理系统

热像仪的信号处理是将探测器所接收到的低电平信号进行放大、滤波,并从这些信号中提取所需要的信息,然后将这种信号转换成所要求的形式,最后输送到控制设备和显示器中去。

由于红外探测器所接收到的信号一般很微弱,而且探测器的暗阻范围极大,所以必须首先经前置放大器来放大探测器的输出信号。前置放大器是信号处理系统中的关键部分。对它的主要要求是噪声指数要足够低,使整个系统的噪声仅由探测器的噪声所限定。

7. 显示装置

显示装置是红外系统的终端设备。常用的显示器有各种类型的监视器、示波管、显像管、红外感光材料、指示仪表和记录仪等。

3.3.2 机载热像仪的主要性能参数

一般地,热像仪的主要性能参数包括功能参数、性能参数和环境适应性参数。功能参数包括极性转换、亮度调节、对比度调节、焦距调节、图像边缘增强、分划线加载/消隐、移动和位置记忆、自检、输出记忆设置参数、非均匀性校正、启动和关闭电子变倍、上报工作总时间、上报并存储履历等;性能参数包括作用距离、工作波段、视场、噪声等效温差(NETD)、最小可分辨温差(MRTD)、探测器(阵列和像元尺寸)、盲元、调焦范围、启动时间、功耗、体积、质量等;环境适应性参数包括电磁兼容性、电源特性、可靠性(MTBF)、高温、低温、温度-高度、振动、冲击、湿热、霉菌、盐雾等。

下面介绍热像仪的两个重要的参数:噪声等效温差(NETD)、最小可分辨温差(MRTD)。

1. 噪声等效温差(NETD)

当定义和测试噪声等效温差时,采用如图3-28所示的标准测试图。角尺寸为$W \times W$,

温度为 T_T 的均匀方形黑体目标,处在温度为 $T_B(T_T > T_B)$ 的均匀黑体背景中构成测试图案。热像仪对这个测度图案进行观察,当系统的基准电子滤波器输出的信号电压峰值和噪声电压的均方根值之比为 1 时,黑体目标和黑体背景的温差称为噪声等效温差(NETD)。

　　实际测量时,为了取得良好的结果,通常要求目标尺寸 W 超过系统瞬时视场若干倍,目标和背景的温差 ΔT 超过 NETD 数十倍,使信号峰值电压 V_s 远大于均方根噪声电压 V_n,然后接下式计算 NETD:

$$\text{NETD} = \frac{\Delta T}{V_s/V_n} \tag{3-48}$$

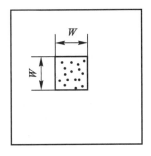

图 3 - 28　NETD 的标准测试图案

2. 最小可分辨温差(MRTD)

　　对热像仪而言,MRTD 是综合评价系统温度分辨力和空间分辨力的重要参数,它不仅包括了热像仪整机特性,也包括了观察者的主观因素。MRTD 的定义是具有不同空间频率、高宽比为 7∶1 的四条带目标图案(见图 3 - 29)处于均匀的背景中,目标与背景的温差从零逐渐增大。在确定的空间频率下,当观察者刚好能分辨(50% 概率)出四条带图案时,目标与背景之间的温差称为该空间频率的最小可分辨温差 MRTD(f)。

　　MRTD 的表达式有很多形式,但其基本思想都是一致的,只是考虑因素及处理方法不同。由于 MRTD 的推导过程比较烦琐,所以这里不再详述。

图 3 - 29　MRTD 的标准测试图案

3.4 红外探测器

3.4.1 红外探测器技术的发展

人类探索未知世界的道路,衡量其进程,物理上可以以尺度和维度作为其标尺。如果我们把光电探测器的灵敏度极限视为尺度,空间光谱的响应视为维度,则两者相关的参数可表征为探测器空间光谱的分辨率。由此可见,探测器的灵敏度决定了整个光电成像系统极限性能的表征。进一步可将光电成像系统表述为:通过把光学波段内的电磁辐射转化为用于辐射源探测或模拟显示的电信号,在波长、信号灵敏度、距离和环境条件方面扩展了人类视觉,即位于焦平面上的探测器把光电信号转换成视频信号,显示焦平面上产生的所选波段内的景物图像。因此,探测器也是光电成像系统的基础部件和核心部件。

100 多年来,随着从经典物理到 20 世纪开创的近代物理,特别是量子力学、半导体物理等学科的创立,再到现代的介观物理、低维结构物理等,科学家们发现了许多而且越来越多可用于红外探测的物理现象和效应。现代科学技术的进展为红外探测器的研制提供了广阔天地,高性能新型探测器层出不穷。今天的红外探测器制备已成为涉及物理、材料等基础科学,以及光、机、微电子、信号处理和计算机等多领域的综合科学技术。近年来,红外探测器受益于整个光电子行业技术的快速进步,也取得了日新月异的的发展,但追根溯源,其发展方向追求的仍然是传统的三个核心性能指标:灵敏度(更小的像元尺寸、更小的积分时间、更高的 NETD)、空间分辨率(更高的面阵规格、更小的中心距)和红外光谱的延展(多色、高光谱的探测器),当然也包括低温器件高(常)温运用、更高的均匀性(更低的盲元率)、更高的集成度(与读出电路或图像处理芯片)或更普适工艺兼容(更低的成本或硅基 SOI 制备红外探测器)等方面。关于红外探测器技术的现况和发展的具体情况,综述如下。

西方发达国家于 20 世纪 70 年代末开始进行第二代红外焦平面探测器技术研究,80 年代中期取得突破,90 年代末进入批量生产阶段,现已大量装备。其各种武器平台配备的高端红外系统,主要采用了以长波 288×4、480×6、320×256、384×288、640×512,中波 320×256、640×512、1 280×1 024 为代表的标准二代红外探测器。目前,美国、法国、英国、德国、加拿大、瑞典、以色列等国拥有这类产品,不同国家和公司选择的技术路线和产品各不相同,波长包括长、中、短波,阵列规格涵盖大、中、小。

21 世纪以来,以美国为代表的西方发达国家提出了第三代红外焦平面探测器的概念,并投入巨资大力推进三代红外探测器和前视红外系统(FLIR)的发展。三代红外探测器通常以 1k×1k 以上规模的高性能大面阵、1k 以上规模的长线列、双/多色响应,以及智能数字化、抗辐射及其他特种功能为特征。探测器的响应波长包括短波、中波、长波、甚长波、中/短波、中/长波、中/中波等;制作探测器的材料包括碲镉汞、量子阱、超晶格、锑化铟、铟镓砷、氧化钒、非晶硅、石墨烯等。迄今为止,用于第三代热成像的各种红外焦平面探测器关键技术取得了众多突破,并获得实际应用,目前已开始新一代红外材料及探测器的探索。尽管种类繁多,但除非制冷探测器外,其技术发展依然紧紧围绕以下两大主流红外探测器技术。

1. 高性能制冷型探测器

此类探测器主要采用碲镉汞（HgCdTe）、锑化铟（InSb）两种材料。碲镉汞（也常称为MCT）探测器因其固有的优势一直占据着高性能红外探测器的主导地位，几十年来受到各国军方的极高重视，获得了持续迅猛发展。碲镉汞探测器的产品十分丰富，以 SPRITE、32元为代表的一代通用组件和以中波 320×256、长波 288×4、SADA 组件等为代表的二代红外探测器，在不同国家的各种武器装备中获得了极为广泛的应用。以高温工作、双色、大面阵（百万像素以上）为特征的第三代碲镉汞探测器已成功研制并应用。高水平探测器不断更新，如长波 1 280×1 024、长波 768×8、中波 2 048×2 048、短波 4 096×4 096、长波双色640×480、中/长波双色 1 280×720，以及长波 3 000 元、短波和中波 6 000 元线列等。

2. Ⅲ-Ⅴ族低维结构探测器

此类器件包括Ⅰ型量子阱、Ⅱ类超晶格、量子点、量子线等。

量子阱焦平面探测器由于材料和器件工艺成熟、均匀性好、产量高、成本低，发展最为成熟。目前，美国和英、法、德、瑞典等欧洲发达国家已研制出全电视制式的 1 024×1 024 长波焦平面器件和 640×512 双色器件产品。美国 JPL 研制的大面阵 1 024×1 024 中/长波双色量子阱和 NASA/JPL 研制的 640×512 四色焦平面，代表了当前 GaAs/AlGaAs 量子阱红外探测器的最高研究水平。

Ⅱ类超晶格在国际上被认为是下一代红外焦平面探测器的首选材料，与量子阱相比，它具有量子效率高（吸收正入射）、工作温度高（暗电流小）、响应波长更长等优点，在制备非低温工作的红外探测器方面具有巨大的潜力。十几年来，超晶格探测器取得了飞速发展，美国西北大学、德国 AIM 已研制出长波 1 024×1 024、中波双色 384×288、长波双色 640×512等焦平面器件。

无论在红外探测器的研制、产业化还是在应用开发方面，国外都处于优势领先地位，并主导着未来的技术发展方向。国外红外探测器技术的总体发展趋势是：向更大面阵、更高性能（如 3 000 元以上超长线列、2k×2k 以上超大面阵）、双/多色响应（覆盖短波、中波、长波、双色或三色，甚至四色）、低成本（包括小像素、提高工作温度）、信息处理高速智能化（包括高帧频读出、片上 A/D、非均匀性校正、盲元替代、图像处理等功能）、光机电集成一体化（微透镜、光栅、光子晶体、微机电、片上封装等）等方向发展；并以Ⅱ-Ⅵ族高性能制冷型、Ⅲ-Ⅴ族低维结构、非制冷三大类型探测器为主流发展方向。

国内从事红外焦平面探测器研制的单位主要有兵器 211 所、上海技物所、中电集团 11所等单位。十几年来，以长波 288×4、中波 640×512 为典型代表的二代红外探测器取得了快速发展，部分探测器的基本性能达到或接近国外的产品水平，具备了小批量生产能力，相关热像仪产品的装备应用越来越多，实现了对进口产品的替代。同时，还开展了高端二代、三代以及新型、特种探测器产品的研发，如 2 000～6 000 元长线列、576×4～1 152×4 长波、640×512～1 280×1 024 中波、128×128～640×512 双色、256×256 抗核碲镉汞探测器、640×512 长波、384×288 双色量子阱、640×512～1 280×1 024VOx 非制冷探测器等。由于国内开展红外焦平面探测器组件研究的时间较晚，基础相对薄弱，所以整体水平较国外落后 10 年左右，特别是三代红外器件的一些基础工艺、关键技术尚未完全突破及掌握。

3.4.2 红外探测器的分类

红外探测器有多种分类方法,通常依据探测器工作材料的工作机理(热探测器、光电探测器)、工作温度(制冷型和非制冷型)、光谱响应特征(短波 $1\sim3~\mu m$、中波 $3\sim5~\mu m$、长波 $8\sim14~\mu m$、多色)和列阵规模(单元、线列、面阵)等特征进行分类。下面以最为常规的分类方法,即上述第一种分类方法(探测器工作材料的工作机理)对探测进行分类。

1. 热探测器

热探测器:热辐射引起材料温度变化产生可度量的输出。有多种热效应可用于红外探测器。

(1)热胀冷缩效应的液态的水银温度计、气态的高莱池(Golay cell),如图 3-30(a)所示。

(2)温差电(Seebeck)效应。可做成热电偶和热电堆,主要用于测量仪器,如图 3-30(b)所示。

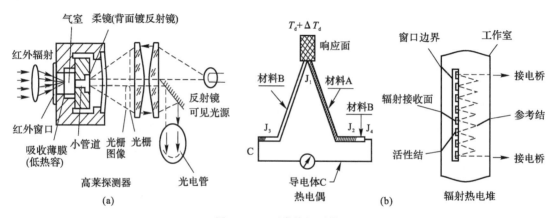

图 3-30　两类热探测器

(3)共振频率对温度的敏感可制作石英共振器非制冷红外成像列阵。

(4)材料的电阻或介电常数的热敏效应——辐射引起温升改变材料电阻用以探测热辐射——测辐射热计(Bolometer)。半导体有高的温度系数而应用最多,常称为"热敏电阻"。这类探测器包括电阻式和电容式。电容式利用材料的介电常数的温度关系来探测热辐射,由于温度系数不够大、制备和使用方面都不如电阻式方便,所以测辐射热计以电阻式为主。

电阻式测辐射热计吸收红外辐射引起温度改变,它的电阻发生变化,在电路中就有电信号输出。它们大体有三种类型:金属、半导体和超导体。随着小的温度变化,金属电阻线性改变。半导体电阻随温度升高而下降呈指数关系,变化更明显。高温超导材料的出现,转变温度 T_c 高过 77 K,利用转变温度附近电阻巨变的超导探测器引起重视,超导探测器可有两类:一种是利用转变温度附近电阻巨变做测辐射热计;另一种是用薄绝缘层隔开的的两个超导体构成 Josephson 结,红外辐射使其温度变化导致超导带隙改变,最终引起温度-电流关系的变化。如果室温超导成为现实,将是 21 世纪最引人瞩目的探测器。

高灵敏度要求高的温度系数,不同材料有不同电阻温度系数,而且不一定是线性关系;

另外,一般都要通电流产生焦尔热影响性能,要特别注意。20 世纪 80 年代后期以美国为主,开发出一种用氧化钒(VOx)作热敏电阻材料,以氮化硅(Si_3N_4)作绝热支撑材料在 Si 片上形成微桥面阵,利用大规模集成电路技术,Si 片直接制造读出电路,所形成的微测辐射热计焦平面探测器。由于阵列规模大,所以噪声等效温差小于 0.1 K。特别是室温工作无须制冷,使得冷落多年的测辐射热计在红外非制冷探测器领域成为新的热点。

(5)热释电效应:快速温度变化使晶体极化强度自发改变,表面电荷发生变化,可作成热释电探测器(见图 3 - 31)。

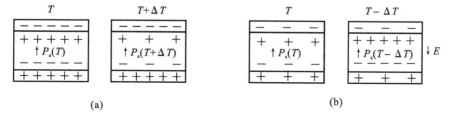

图 3 - 31　热释电探测器工作原理

(a)晶体加热后；　(b)晶体冷却后

具有优异热释电性能并已获得应用的材料中大部分是铁电体晶体,如钽酸锂($LiTiO_3$)、铌酸锶钡(SBN)、硫酸三甘肽(TGS)和聚合物(PVDF)材料。随后又发展了更为优越、容易制备和控制的铁电氧化物陶瓷材料,如改性锆酸铅陶瓷(PZ)、钛酸锶钡(BST)和更新的 $PbSc_{1/2}Ta_{1/2}O_3$(PST)等。

热释电探测器响应速度比其他热探测器快(见图 3 - 32),因此在红外探测器中占有重要地位。

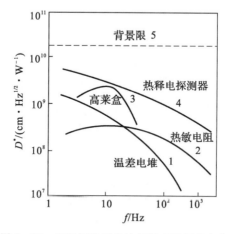

图 3 - 32　室温探测器的比探测率随频率变化

热探测器一般无须制冷(超导除外)而易于使用、维护,可靠性好;光谱响应与波长无关,为无选择性探测器;制备工艺相对简易,成本较低;但灵敏度低,响应速度慢。热探测器性能限制的主要因素是热绝缘的设计问题。

2.光电探测器

光电探测器的工作原理是红外辐射光子在半导体材料中激发非平衡载流子(电子或空穴),引起电学性能变化。因为载流子不逸出体外,所以称内光电效应。量子光电效应的灵敏度很高,响应速度比热探测器快得多,是选择性探测器。为了达到最佳性能,一般都需要在低温下工作。光电探测器可分为以下几种类型。

(1)光导型:又称光敏电阻。入射光子激发均匀半导体中价带电子越过禁带进入导带并在价带留下空穴,引起电导增加,为本征光电导。禁带中的杂质能级也可激发光生载流子进入导带或价带,为杂质光电导。截止波长由杂质电离能决定。量子效率低于本征光导,而且要求更低的工作温度。

(2)光伏型:主要是 p-n 结的光生伏特效应。能量大于禁带宽度的红外光子在结区及其附近激发电子-空穴对。存在的结电场使空穴进入 p 区,电子进入 n 区,两部分出现电位差。外电路就有电压或电流信号。与光导型探测器相比,光伏型探测器的背景限探测率大40%;不需要外加偏置电场和负载电阻,不消耗功率;有高的阻抗。这些特性给制备和使用焦平面列阵带来很大好处。除了 p-n 结,Schottky 势垒和 MIS 结构探测器也都属于光伏型。

(3)光发射-Schottky 势垒探测器:金属和半导体接触由于功函数不同,半导体表面能带发生弯曲,在界面形成高为 ϕ 的所谓 Schottky 势垒。作为探测器的 Schottky 势垒,典型的有 PtSi/Si 结构,通常以 Si 为衬底淀积一薄层金属化的硅化物而成结。红外光子(其能量小于硅禁带宽度 E_g)透过 Si 为硅化物吸收,低能态的电子获得能量跃过 Fermi 能级并留下空穴。这些“热”空穴只要能量超过势垒高度,进入硅衬底,即产生内光电发射,截止波长取决于势垒高度 ϕ;聚集在硅化物电极上的电子被收集转移到 CCD 读出电路,完成对红外信号的探测,其工作原理如图 3-33 所示。

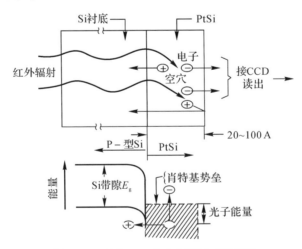

图 3-33　Schottky 势垒探测器工作原理

此类探测器一般都要与 Si 读出电路(CCD)联合做成红外焦平面,正好利用成熟的 Si 大规模集成技术。这也正是选用硅和硅化物的原因。研制较多的有 PtSi/Si($\lambda_c \sim 6~\mu m$, 77 K)、

IrSi/Si($\lambda_c \sim 9.5\ \mu m$, 62 K)和 GexSi$_1$ - x/Si($\lambda_c \sim 9.3\ \mu m$, 53 K)等几种类型。括号中是截止波长和工作温度。

但是量子效率低,例如 PtSi/Si 在 3 μm,η 仅有 1%,而且随波长增加而减小,到 5 μm,η 只有 0.1%,即使采用衬底后镀抗反膜形成光学谐振腔也不超过 2%。因此只有做成大的二维列阵,提高灵敏度和分辨率,才有实用价值。充分利用 Si 集成技术,便于制作,成本低,而且均匀性好是它的优势。可做成大规模(1 024×1 024 甚至更大)焦平面列阵来弥补量子效率低的缺陷。要求在 77 K 甚至更低温度工作使其应用受到限制。

可用于半导体光子红外探测器的还有光磁电效应和 MIS 光电容结构等。但因结构复杂(要有磁场)或因一些技术障碍而很少研制和运用,至少目前是这样的。

(4)量子探测器-量子阱(QWIP)、量子线和量子点探测器:随着凝聚态物理和低维材料生长技术的进展,器件尺寸不断缩小,量子效应明显,出现了一批新原理红外探测器。

将两种半导体材料 A 和 B 用人工的办法薄层交替生长形成超晶格结构,在其界面能带有突变(见图 3 - 34)。电子和空穴被限制在 A 层内,好像落入陷阱,而且能量量子化,称为量子阱。利用量子阱中能级电子的跃迁原理可以做红外探测器。现代晶体生长技术[如分子束外延(MBE)和金属有机化学气相淀积(MOCVD)生长薄膜]可以精密控制其组分、掺杂和厚度,多层交替淀积便可形成量子阱和超晶格(量子阱和超晶格区别在于前者周期大后者小),促进了这类探测器的迅速发展。

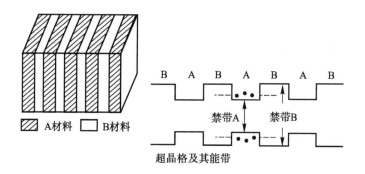

图 3 - 34　超晶格及其能带

有三种方法可以用来制备红外探测器:第一种方法是改变两种合金的组分(如 InSb 和 TlSb),从而产生不同的禁带宽度,组成三元系 InTlSb,电子在价带和导带间跃迁(本征),它们的光谱范围受限制,有人称它为超晶格探测器;第二种方法是电子或空穴在相邻层之间带内跃迁,如 InAs/InGaSb 应变层超晶格;第三种方法也是在带内[在导带(n 型)或价带(p 型)内]跃迁,但限制在同一层内,最早也是目前最成功的 GaAs/AlGaAs 量子阱光导型(n 型)光子探测器(QWIP)就属于这一类。处于量子阱内基态的电子受光激发进入连续的扩展态,在有外电场时便有光电流产生(见图 3 - 35)。为了增加吸收,通常作多个量子阱周期(如 50 个),改变层的宽度(即势阱宽度)和掺杂浓度可调节阱深和基态位置,以适应不同响应波段,目前此类探测器的截止波长已超过 10 μm。

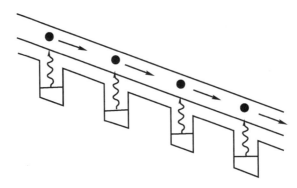

图 3-35　有外电场时 QWIP 探测器能带图

　　采用 MBE 技术可以重复、精密生长大面积、高度均匀的超晶格优质材料（例如已制成直径大于 6 in 的材料片），工艺过程简单、成品率高、成本低，特别适用于制备高灵敏的焦平面列阵，已有 640×480 的 QWIP 焦平面（FPA）。

　　QWIP 也有它的缺点：

　　(1)入射电磁波辐射到 n 型多量子阱表面，只有垂直于超晶格生长面的电场分量起作用，这是由量子力学的选择定则所决定的，可见并非所有辐射都有用。为提高利用率，要求入射辐射有一定的入射角（斜入射或光栅结构），增加结构和制备的复杂性。

　　(2)属于非本征激发，需要掺杂以增加阱中基态电子的浓度而受外延生长技术的限制。需在液氮或更低温度工作。

　　上述两个因素限制了量子效率，当前最好的器件仅为 10% 左右。

　　(3)阱内能带窄，响应光谱较窄，对热目标探测不利。人们正深入研究，努力加以改进，可望与碲镉汞探测器一争高低。

　　图 3-36 列举了几类典型红外探测器的比探测率 D^* 与光谱响应关系的曲线，光电系统应用开发者可根据探测的光谱窗口和灵敏度需求选择相应的红外探测器。

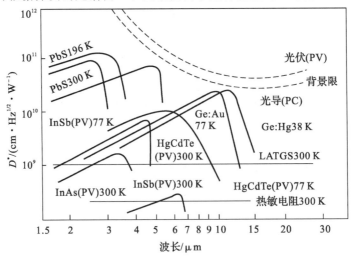

图 3-36　各种探测器 D^* 比较，热探测器 $f=10$ Hz，其余 $f=1\,000$ Hz，视场 180°

表 3-1 进一步列举了几类典型红外探测器的半导体工作特性和分类,以供使用者作为参考。

表 3-1　光电探测器工作特性

类　型	跃　迁	电学输出	实　例
本征	带间	光电导	PbS、PbSe、InSb、HgCdTe
		光生伏特	InSb、InAs、HgCdTe、PbTe、PbSnTe
		电容	InSb、HgCdTe
		光电磁	InSb、HgCdTe
非本征	杂质到能带	光电导	Si:In、Si:Ga、Ge:Cu、Ge:Hg
自由载流子	带内	光电发射	PtSi、Pt_2Si、IrSi、Schottky 势垒、GaAs/CsO
		光电导	InSb 电子测辐射热计
量子阱	到或来自局域量子能级	光电导	HgTe/CdTe、GaAs/GaAlAs、InSb nipi
		光生伏特	InSb/InAsSb 应变层超晶格

3. 三种典型的红外探测器

在上述分类介绍的红外探测器中,有几种典型的红外探测器:制冷的碲镉汞(HgCdTe)光伏探测器、锑化铟(InSb)光伏探测器,非制冷的铟镓砷(InGaAs)短波、VOx 和 α-Si 非制冷探测器,近年来取得了长足的发展,是一定程度上市场中相对主流的红外探测器。

(1)HgCdTe 探测器。1959 年,Lawson 及其同事首先制成可变带隙 HgCdTe 合金,为红外探测器设计提供了空前的自由度。现在世界上主要工业国的 HgCdTe 探测器营业额达数十亿美元。HgCdTe 是 Si 和 GaAs 以外研究最透彻的半导体。利用 HgCdTe 材料带隙可调的原理,可制备短波、中波、长波、甚长波或双色、多色等多种红外探测器。作为红外探测器材料,HgCdTe 有以下三大优势:

1)光生载流子本征激发,导带底与满带顶在 k 空间同一位置,属于直接跃迁,有较高的吸收系数和量子效率(可超过 80%),从而有较高的探测率。

2)最吸引人的特性是改变 Hg、Cd 配比调节响应波段,可以工作在各个红外光谱区段并获得最佳性能。而且晶格参数几乎恒定不变,这对制备复合禁带异质结构新器件特别重要。

3)同样的响应波段,工作温度较高,可工作的温度范围也较宽。

HgCdTe 中,弱 Hg-Te 键(比 Cd-Te 键约弱 30%)可通过热处理或特定途径方便地形成 P 或 N 型,并可完成转型。其电学性质如下:

1)载流子浓度低;

2)少数载流子寿命长;

3)电子迁移率高,电子空穴有效质量比大(~100);

4)介电常数小。

上述材料的特征均有利于探测器性能。此外能够很好地控制外延生长和良好的表面特性,为制备大规模 FPA 所需的大面积薄膜材料提供坚实基础。所有这些特别有利于制备高性能红外探测器而成为最优选材料。

然而,HgCdTe 材料也有以下鲜明的弱势:

1)相图液线和固线分离大,分凝引起径向、纵向组分不均匀;

2)高 Hg 压使大直径晶体生长困难,晶格结构完整性差;

3)重复生产成品率低。

薄膜材料的困难在于理想的 CdZnTe 衬底材料难于获得,因此人们致力于替代衬底[如 PACE(Producible Alternative to CdTe for Epitaxy)- Ⅰ (HgCdTe/CdTe/宝石)、PACE - Ⅱ (HgCdTe/CdTe/GaAs)和 PACE - Ⅲ (HgCdTe/CdTe/Si)]的研究,日本和法国还报道过 Ge 衬底,其目标是与 HgCdTe 的晶格进行匹配以及有利于和 Si 读出线路的耦合。

优质 HgCdTe 材料制备困难、均匀性差、器件工艺特殊、成品率低,因此成本高一直是困扰碲镉汞 IRFPA 的主要障碍。人们始终没有放弃寻找替代材料的努力,但迄今还没有一种新材料能超过 HgCdTe 的基本优点。为满足军事应用更高的性能要求,碲镉汞 FPA 仍然是首选。

(2)InSb 探测器。较 HgCdTe 材料,InSb 材料制备相对容易,同等规模和像元尺寸的焦平面探测器更容易获得更好的均匀性和盲元率,通常表现在制备更大面阵焦平面探测器更容易,图像观感更细腻,在中波($3\sim5~\mu m$)具有一定竞争优势,但在长波或考虑到对灵敏度要求更高的应用场景,HgCdTe 材料仍然具有优势。

(3)VOx 和 α - Si 非制冷探测器。在对灵敏度(或视距)性能要求不高的情况下,宽光谱的热探测,以其低廉的价格更具竞争优势,其中 VOx 和 α - Si 非制冷探测器的进步最为迅速,像元间距不断缩小,器件性能不断提高,多种规格的货架产品大量销售。美国、英国、以色列的 VOx 和法国 α - Si 非制冷型探测器产品的规模已达到 $1~280\times1~024$,像元间距已经达到 $14~\mu m$,最高水平已达到 $2~048\times1~536$ 规模,像元间距达到 $12~\mu m$ 和 $10~\mu m$。

另外值得关注的是,近年来非制冷的铟镓砷(InGaAs)短波红外探测器异军突起,成本大幅下降,大有与光电倍增管一争微光市场份额之势。

3.4.3　红外探测器的性能及应用领域

探测器的好坏,必须有定量评价和比较标准。红外探测器是探测红外辐射的传感器。在探测器的发展历程中,表征其特性的参数是随着认识深度而逐步完善的。随着探测器的不断推陈出新,必定有相应的新参数出现。例如性能参数从响应率、噪声、噪声等效功率,到 1959 年才找到理想参数——比探测率 D^{*} 。

随着焦平面列阵(FPA)的出现,由于存在空间响应不均匀性的困难,1992 年 D. L. Perry 提出二维 $D^{*}(2 - D^{*})$作为评价指标,但它需要同时提供背景辐照度、探测器面积和积分时间。目前还没有一个被大家普遍接受的两维探测器列阵的等效优值指标。

一个红外系统经常是围绕红外探测器的特性来设计的,探测器参数是设计人员不可或缺的重要依据。探测器的制备者更是从分析参数着手,选择材料、进行探测器的设计和确定制备工艺方案,力求探测器性能参数达到它的最佳值。探测器的参数分为性能参数和特征参数两类,前者表征探测器的优、劣程度,后者描述具体探测器的结构和其他特征。下面给出这些参数的定义并作简要说明。

1. 红外探测器的主要性能参数

（1）响应率。传感器是可将一种信号转换为另一种信号的器件，作为一种传感器的红外探测器的基本功能是将输入的红外辐射转换为电信号，电信号可以是电压 V_s 或电流 I_s。信号不是探测器的本征特性，只要提高入射水平就可获得更大的信号。给定红外入射功率所得的信号才是重要的，定义单位入射功率的输出电信号为响应率，即响应率 $\Re$ 是均方根（rms）信号电压 V_s 或电流 I_s 与均方根入射功率 P 之比：

$$\Re_v = \frac{V_s}{P} = \frac{V_s}{JA_d} \qquad (3-49)$$

$$\Re_i = \frac{I_s}{P} = \frac{I_s}{JA_d} \qquad (3-50)$$

式中：J 为接收辐射功率密度（辐照度）；A_d 是探测器光敏面积（下面凡提及有关信号、噪声和功率等参量时均指其均方根值，不再专门说明）。

响应率是探测器的重要参数，它告诉户用如何设计测量电路灵敏度以得到预期的输出或确定放大器增益以得到满意的信号电平。已知响应率，测定输出信号就可知道入射辐射的大小。

除了理想热探测器，多数探测器的响应率因接收辐射波长不同而不同。常用有连续波谱的 500 K 的黑体作辐射源测量响应率，称黑体响应率，记作 $\Re(500\text{ K})$ 或 $\Re_{bb}$，如果入射的是单色辐射则为单色响应率 $\Re(\lambda)$，最常用的是所谓峰值响应率 $\Re(\lambda_p)$，λ_p 是峰值波长，一个探测器的峰值响应率与黑体响应率之比是恒定的，在光谱响应一节再作进一步讨论。

（2）噪声及高/低频拐角频率。在没有目标辐射输入时探测器依然会有信号输出，这就是噪声，它不可避免地要进入输出信号，就可能模糊甚至完全掩盖信号。电信号噪声由大量带电粒子及其特性的统计起伏产生，须专门研究。通常噪声表现为平均信号输出的随机偏差，其统计平均恒为零，故多用均方根表示它的大小。噪声来源于物理量的随机起伏，形成噪声的物理机构常称为噪声源。探测器中有一些不可避免的噪声源，如光子到达率不是绝对恒定、原子的热运动、带电粒子的随机运动等。另外还有一些外部噪声源，如果仔细处理可以减小或消除，常见的有电学干扰（如马达、交流输电线等）、温度起伏和引起电学分量漂移的振动等。探测器中各种噪声源产生的噪声电压（或电流）有热噪声 V_t、产生-复合噪声 V_{g-r}、低频（$1/f$）噪声 $V_{1/f}$、散粒噪声 V_{sh} 和温度噪声 V_{te} 等，总噪声电压 V_n 为各个噪声的二次方和再开二次方根：

$$V_n = \sqrt{V_n^2} = \sqrt{V_t^2 + V_{g-r}^2 + V_{1/f}^2 + V_{sh}^2 + V_{te}^2 + \cdots} \qquad (3-51)$$

通常仅有一两种噪声起主要作用而忽略其他。噪声是限制探测器灵敏度的重要因素。

噪声是电学频率的函数并依赖于测量系统的噪声等效带宽 Δf（注意不同于通常的 3 dB 信号带宽）。总的噪声电压或噪声电流比例于噪声等效带宽：$V_n \propto (\Delta f)^{1/2}$。当分析噪声时，通常定义一噪声的功率频谱密度 $S_n(f)$，简称噪声频谱密度。涉及噪声的教科书对噪声频谱密度有详细讨论。其物理意义是在频率 f 附近单位噪声等效带宽内噪声的均方值，当噪声带宽很窄时，有

$$S_n(f) = \overline{V_n^2}/\Delta f \tag{3-52}$$

噪声频谱密度与频率的关系曲线便是噪声频谱。如果不同频率噪声频谱密度相同，则此类噪声为白噪声。典型半导体光子探测器的噪声频谱如图 3-37 所示，低频段主要是 $1/f$ 噪声，中频区噪声几乎是平的（白噪声），如产生-复合噪声，频率再升高噪声下降，再后就以热噪声为主与频率无关。在低频段某一频率 f_1 处，$1/f$ 噪声等于产生-复合噪声，称 f_1 为低频拐角频率；频率升高到 f_c，平坦区的噪声下降 3 dB，该频率即为高频拐角频率。f_1 和 f_c 是探测器的两个性能参数，前者更受到关注。

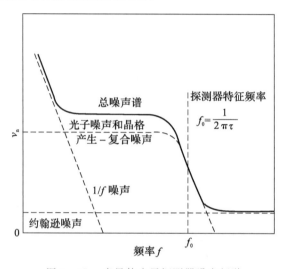

图 3-37　半导体光子探测器噪声频谱

（3）噪声等效功率（NEP）。正因为有噪声存在，目标辐射产生的输出信号起码要等于探测器噪声才有效，也就是说，探测器能够感知探测目标，对入射辐射功率有一最低要求，这个最低功率产生的探测器输出信号恰好等于其噪声输出，即所得信噪比为 1，这个最低功率便是噪声等效功率（NEP），它直接指示探测器的最终灵敏度。它的定义式可由信号、噪声和接收入射功率给出：

$$NEP = \frac{P}{V_s/V_n} = \frac{入射功率}{信噪比} = \frac{V_n}{\Re} = \frac{噪声}{响应率} \tag{3-53}$$

表征探测器灵敏度，NEP 是十分重要的参数，并且有明确的物理意义。信号因而响应率和噪声都与偏置电场有关，一般信噪比便与偏置电场无关，但是在十分低和很高的偏置电场下，情况就变得复杂化。如果知道入射功率，根据 NEP 可方便地估计信噪比。虽然人们更多采用随后定义的探测率来评价探测器的灵敏度，但是许多红外系统设计人员仍喜欢用 NEP 作为设计依据。

（4）比探测率（D^*）。用噪声等效功率仍然有不尽人意的地方，首先 NEP 越小灵敏度越高，这不符合人们的思维定式；此外，仔细分析，多数探测器的响应率通常与光敏面积成反比，而噪声反比于光敏面积的二次方根，正比于噪声带宽的二次方根，因此 NEP 与探测器光敏面积 A_d 和噪声等效带宽 Δf 有关，即比例于（$\sqrt{\Delta f}\,\sqrt{A_d}$）。因此，噪声等效功率一般还不能比较探测器的好坏,除非限定探测器尺寸和测量噪声等效带宽。综合考虑到这两个因素,1959 年 Jones 建议用 NEP 的倒数并归一化面积和带宽定义参数探测率:

$$D^* = \frac{\sqrt{A_d}\sqrt{\Delta f}}{\text{NEP}} = \frac{\Re\sqrt{A_d}\sqrt{\Delta f}}{V_n} = \frac{(v_s/v_n)\sqrt{A_d}\sqrt{\Delta f}}{P} \qquad (3-54)$$

式中:D^* 的单位是 cm·$Hz^{1/2}$/W,有人称它为"Jones"。D^* 消除了前面提到的两个缺憾,D^* 越大越好,好的探测器应当有较高的 D^*,而与探测器的面积、带宽不再有关。因早期曾把 NEP 的倒数称探测率,记作 D,为和它区别,新定义的参数称为"比探测率",因为比 D 更为广泛地被采纳,所以也有人直接叫它探测率或"D 星"。根据式(3-54)的最后表达方式,比探测率可理解为:当归一化到单位光敏面、单位噪声等效带宽时,单位入射功率产生的探测器输出信噪比。

探测率常记作 $D^*(500\text{ K},f,1)$,表示以 500 K 黑体作辐射源,调制频率 f、噪声等效带宽 1 Hz 的黑体探测率,也简写为 D_{bb}^*;如果记为 $D^*(\lambda,f,1)$,则表示波长为 λ 时的单色探测率,简作 $D^*(\lambda)$ 或 D_λ^*,如果 $\lambda=\lambda_p$(峰值波长),便是峰值 D^*。峰值与黑体探测率的比就是前面提到的响应率相应的比值。

黑体是典型的红外辐射源,有严格的理论计算公式,探测器接收的入射功率(或光子流密度)可准确计算,因此测量 D^* 常用 500 K 的黑体作辐射源,已成为红外技术的一个规范。取温度为 500 K 是因为辐射功率和波长与常见特别是军用探测器比较匹配。选用其他温度也是可以的,关键是要求有高标准的接近理想黑体的辐射源。

(5)光谱响应。在探测器有响应的红外波段,响应率随辐射波长的变化称为光谱响应。对于热探测器,响应率仅与入射功率有关,只要入射功率相同,如果吸收系数不随波长变化则不管其波长如何,响应率都一样,光谱响应曲线(称响应光谱)应为一平直线,实际热探测器会有偏差。对光子探测器,因为是量子(光子)效应,所以尽管入射功率 P 相同,但因波长不同而光子到达速率不同,为

$$\phi_n = \frac{P}{h\nu} = \frac{\lambda P}{hc} \qquad (3-55)$$

响应率与波长成正比,且随波长增大而线性增加,直到截止波长 λ_c 下降为零(假设小于 λ_c 所有波长量子效率 η 相同,大于 λ_c 为零),这是理想的探测器光谱响应,$\lambda_p=\lambda_c$,如图 3-38(a)所示。

这里讨论的是等能量光谱响应,即设定接受能量相同时比较响应。事实上,光子探测器应以接受光子数相同进行比较(等量子谱),那么其响应光谱应为一平直线。出于历史原因,人们习惯于等能量谱,沿用至今。

实际光子探测器的响应光谱随波长增大达到最大后并不立即降为零,而是渐变下降,尽管陡度较大(出于种种原因光谱形状往往比较复杂)。为此,定义对应最大响应率(峰值响应率)的波长为峰值波长 λ_p,大于 λ_p,下降至峰值响应率的一半时对应的波长为截止波长 λ_c。对于 MCT 探测器,一般 $\lambda_c \approx 1.1\lambda_p$。$\lambda_c$ 满足以下关系:

$$\lambda_c = \frac{1.24}{E_c}\ (\mu m) \qquad (3-56)$$

E_c 是光激载流子必须跃过的能隙,也就是激发载流子所需最小光子能量($h\nu_{min}=$

hc/λ_c,其中 h 是 Planck 常数,c 是光速,ν 是光频),单位是电子伏 eV。对于本征激发,为材料的禁带宽度 E_g;对于非本征激发,为相应杂质电离能 E_i;对于量子阱探测器,则为阱深 E_w。式(3-56)是选择探测器材料的重要依据之一。基于 MCT 和 InSb 的特殊能带结构,要注意伯斯坦-莫斯(Burstein-Moss)效应对响应光谱的影响。

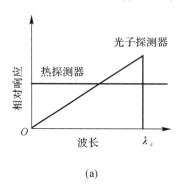

(a)

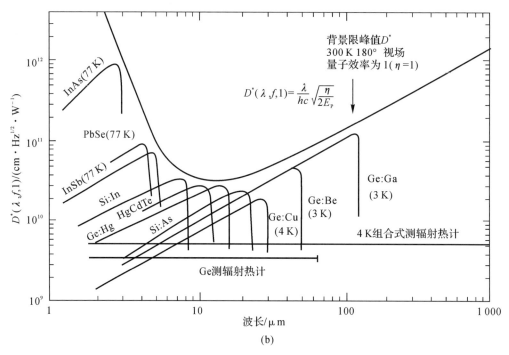

(b)

图 3-38　探测器光谱响应

(a)理想;　(b)各类探测器 D^* 的波长关系

最常用并测量的是相对光谱响应。通常将峰值响应率取为 1,其余波长响应率均小于 1。相对光谱响应指示不同波长响应率的相对大小。这样做有两个原因:首先,每一个探测器的绝对光谱响应都会有差别,而对同一类型(如 InSb)的所有探测器通常有基本相同的相对光谱响应(因工艺技术不同,光谱形状会略有变化);其次,直接测量绝对光谱有一定难度,主要是难以得到并准确测定辐射源各个波长的辐射能量,而相对测量则比较方便。用有平坦响应光谱的标准热探测器(如真空热电偶)测量给定红外源的相对辐射光谱,同时测定被测器件响应,再除以光源相对光谱就得到探测器的相对光谱响应。关键是要有一台单色仪(分光仪)将有连续谱的辐射源进行分色。

(6)G 因子。一个探测器的黑体响应率和峰值响应率之比是常数,因为噪声与波长无关,所以它也就是黑体探测率与峰值探测率之比:

$$\frac{D_{bb}^*}{D^*(\lambda_p)} = \frac{\mathfrak{R}_{bb}}{\mathfrak{R}(\lambda_p)} = G \tag{3-57}$$

Hudson 称为有效度因子,通称为 G 因子。如果辐射源非黑体,即适配因子,则还有以下关系:

$$D^*(\lambda_p) = \frac{1}{G} D_{bb}^* = \gamma D_{bb}^* \tag{3-58}$$

G 因子的倒数 γ 为黑体-峰值转换因子。对于理想光谱响应,500 K 黑体源,γ 仅仅是截止波长 λ_c 的函数,例如当 $\lambda_c = 12\ \mu m$ 时,$\gamma = 2.2$。对于实际光谱响应,常用数值计算近似,γ 会有所变化。这样,测定探测器黑体 D_{bb}^* 和相对响应光谱,就能计算峰值 $D^*(\lambda_p)$,也就得到绝对光谱响应。

通常测定的是黑体响应率 $\mathfrak{R}_{bb}$ 和黑体 D_{bb}^*,以及相对光谱响应 $\mathfrak{R}'(\lambda) = \mathfrak{R}(\lambda)/\mathfrak{R}(\lambda_p)$。由它们可以计算 G,就可得到峰值响应率 $\mathfrak{R}(\lambda_p)$ 和峰值探测率 $D^*(\lambda_p)$。下面来说明如何计算 G。

因为黑体辐射有连续波谱且各波长的发射率不同,所以探测器产生的信号应是各个波长辐射产生的信号总和:

$$V_{sbb} = \int_0^\infty v V(\lambda)\mathrm{d}\lambda = \int_0^\infty r(\lambda)\mathfrak{R}(\lambda)\mathrm{d}\lambda \tag{3-59}$$

式中:$r(\lambda)$ 是黑体光谱发射率;$V_s(\lambda)$ 为单色辐射产生的信号,则黑体响应率为

$$\mathfrak{R}_{bb} = \frac{V_{sbb}}{P_b} = \frac{\int_0^\infty r(\lambda)\mathfrak{R}(\lambda)\mathrm{d}\lambda}{\int_0^\infty r(\lambda)\mathrm{d}\lambda} = \mathfrak{R}(\lambda_p)\frac{\int_0^\infty r(\lambda)\mathfrak{R}(\lambda)/\mathfrak{R}(\lambda_p)\mathrm{d}\lambda}{\int_0^\infty r(\lambda)\mathrm{d}\lambda} =$$

$$\mathfrak{R}(\lambda_p)\frac{\int_0^\infty r(\lambda)\mathfrak{R}'(\lambda)\mathrm{d}\lambda}{\int_0^\infty r(\lambda)\mathrm{d}\lambda} \tag{3-60}$$

得

$$G = \frac{\mathfrak{R}_{bb}}{\mathfrak{R}(\lambda_p)} = \frac{D_{bb}^*}{D^*(\lambda_p)} = \frac{\int_0^\infty r(\lambda)\mathfrak{R}'(\lambda)\mathrm{d}\lambda}{\int_0^\infty r(\lambda)\mathrm{d}\lambda} \tag{3-61}$$

式中:分母是黑体总发射率,对温度为 T 的黑体是常值 σT^4,而分子积分通常用数值积分计算。实际上相对光谱多数是离散测量。将式(3-61)作适当变换:

$$G = \int_0^\infty \frac{r(\lambda)}{\sigma T^4}\mathfrak{R}'(\lambda)\mathrm{d}\lambda \approx \sum_i g_i \mathfrak{R}'(\lambda_i) \tag{3-62}$$

其中

$$g_i = \frac{r(\lambda_i)\Delta\lambda}{\sigma T^4} \tag{3-63}$$

$$r(\lambda_i)\Delta\lambda = \int_{\lambda_i-\Delta\lambda/2}^{\lambda_i+\Delta\lambda/2} r(\lambda)\mathrm{d}\lambda = \int_0^{\lambda_i+\Delta\lambda/2} r(\lambda)\mathrm{d}\lambda - \int_0^{\lambda_i-\Delta\lambda/2} r(\lambda)\mathrm{d}\lambda \tag{3-64}$$

g_i 是波长间隔 $\Delta\lambda$ 内黑体辐发射率与总发射率之比。利用普朗克黑体辐射公式,式 (3-64) 容易计算而且有足够高精度的数值表可查。近似数值计算中,将光谱区分成许多间隔为 $\Delta\lambda$ 的小区,脚标 i 表示第 i 个小区。于是只要测定相对光谱响应 $\mathfrak{R}'(\lambda_i) = \mathfrak{R}(\lambda_i)/\mathfrak{R}(\lambda_p)$,利用式(3-62)~式(3-64)就可计算 G。测定黑体 D_{bb}^* 乘 $r=1/G$ 便得峰值 $D^*(\lambda_p)$。

直接从黑辐射假定理想光谱响应,也可计算 G 因子。由入射的单色信号功率 P_ν(如探测器峰值波长)激发的载流子数为

$$n_\nu = \frac{\eta P_\nu}{h\nu_\nu} \tag{3-65}$$

而温度为 T 的黑体激发的载流子数为

$$n_b = \int_0^\infty \eta(\nu) \frac{r(\nu,T)}{h\nu}\mathrm{d}\nu = \frac{\frac{1}{h}\int_0^\infty \eta(\nu)\frac{r(\nu,T)}{\nu}\mathrm{d}\nu}{\sigma T^4} P_b \tag{3-66}$$

$P_b = \sigma T^4$ 是黑体总辐射率,令 $\dfrac{n_b}{n_\nu} = G\dfrac{P_b}{P_\nu} = \dfrac{V_{sbb}}{V_{s\nu}}$,可知 G 与式(3-61)定义一致。假定量子效率 $\eta(\nu)$ 与频率无关,意味着探测器有理想响应光谱。设与截止波长相应的频率为 ν_c,可得

$$G = \frac{\nu}{\sigma T^4 \eta}\int_0^\infty \frac{\eta r(\nu,T)}{\nu}\mathrm{d}\nu = \frac{2\pi\nu_c k^3}{c^2 \sigma T h^2}\sum_{m=1}^\infty \exp\left(\frac{-mh\nu_c}{kT}\right)\left[\frac{1}{m}\left(\frac{h\nu_c}{kT}\right)^2 + \frac{2h\nu_c}{m^2 kT} + \frac{2}{m^3}\right] \approx$$
$$\frac{2\pi\nu_c^3 k}{\sigma T^3 c^3}\exp\left(-\frac{h\nu_c}{kT}\right)\left[1 + \frac{2kT}{h\nu_c} + 2\left(\frac{kT}{h\nu_c}\right)^2\right] \tag{3-67}$$

计算结果如图 3-39 所示,G 仅与截止波长(频率)和黑体温度有关。实际探测器光谱响应都不一样,因此 G 也不同。

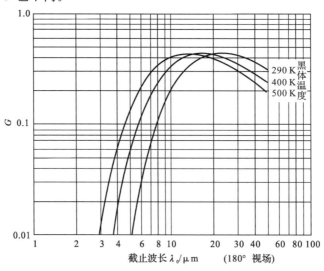

图 3-39　背景限探测器 G 因子与截止波长关系图

（7）黑体波段响应率、波段探测率和波段 G 因子。红外探测器的有些应用往往限制在特定波段 $\Delta\lambda = \lambda_2 - \lambda_1$，黑体波段响应率为当探测器受波段 $\Delta\lambda$ 内黑体辐射时，输出信号 $V_{s\Delta\lambda}$ 与该波段黑体入射功率 $P_{b\Delta\lambda}$ 之比：

$$\Re_{b\Delta\lambda} = \frac{V_{s\Delta\lambda}}{P_{b\Delta\lambda}} = \frac{\int_{\lambda_1}^{\lambda_2} r(\lambda)\Re(\lambda)\mathrm{d}\lambda}{\int_{\lambda_1}^{\lambda_2} r(\lambda)\mathrm{d}\lambda} = \Re(\lambda_p)\frac{\int_{\lambda_1}^{\lambda_2} r(\lambda)\Re(\lambda)/\Re(\lambda_p)\mathrm{d}\lambda}{\int_{\lambda_1}^{\lambda_2} r(\lambda)\mathrm{d}\lambda} =$$

$$\Re(\lambda_p)\frac{\int_{\lambda_1}^{\lambda_2} r(\lambda)\Re'(\lambda)\mathrm{d}\lambda}{\int_{\lambda_1}^{\lambda_2} r(\lambda)\mathrm{d}\lambda} \tag{3-68}$$

得波段 G 因子为

$$G_{\Delta\lambda} = \frac{\Re_{b\Delta\lambda}}{\Re(\lambda_p)} = \frac{D_{b\Delta\lambda}^*}{D^*(\lambda_p)} = \frac{\int_{\lambda_1}^{\lambda_2} r(\lambda)\Re'(\lambda)\mathrm{d}\lambda}{\int_{\lambda_1}^{\lambda_2} r(\lambda)\mathrm{d}\lambda} \tag{3-69}$$

等式右边分母 $\int_{\lambda_1}^{\lambda_2} r(\lambda)\mathrm{d}\lambda = P_{b\Delta\lambda}$ 容易计算或查表得到。与式（3-62）类似，有

$$G_{\Delta\lambda} = \int_{\lambda_1}^{\lambda_2} \frac{r(\lambda)}{P_{b\Delta\lambda}}\Re'(\lambda)\mathrm{d}\lambda \approx \sum_i g_{i\Delta\lambda}\Re'(\lambda_i) \tag{3-70}$$

$$g_{i\Delta\lambda} = \frac{r(\lambda_i)\Delta\lambda'}{P_{b\Delta\lambda}} \tag{3-71}$$

注意：式（3-71）中的 $\Delta\lambda'$ 是前面定义的波段中的分段小区，不是波段本身。式（3-70）中求和也是对波段分区进行的。$P_{b\Delta\lambda}$ 可查表，$g_{i\Delta\lambda}$ 可计算。与波段响应率相应可得黑体波段探测率 $D_{b\Delta\lambda}^*$，它与峰值探测率和黑体探测率的关系为

$$D_{b\Delta\lambda}^* = D^*(\lambda_p)G_{\Delta\lambda} = D_{bb}^* G^{-1} G_{\Delta\lambda} = D_{bb}^* g \tag{3-72}$$

下面讨论 G 与 $G_{\Delta\lambda}$ 的关系。比较式（3-61）和式（3-69）右边分式的分子，差别在于积分限，对于波段探测器，波段以外响应率为零，因此实际上两式分子部分相等（意味着面对黑体，探测器信号不变）。因此有

$$\frac{G_{\Delta\lambda}}{G} = \frac{\int_0^\infty r(\lambda)\mathrm{d}\lambda}{\int_{\lambda_1}^{\lambda_2} r(\lambda)\mathrm{d}\lambda} = \frac{\sigma T^4}{\int_{\lambda_1}^{\lambda_2} r(\lambda)\mathrm{d}\lambda} = g \geqslant 1 \tag{3-73}$$

G 容易从普朗克黑体辐射公式计算或直接查表，由式（3-72）即可由黑体探测率求得黑体波段探测率，甚至不必测量相对光谱响应。很明显有 $D^*(\lambda_p) > D_{b\Delta\lambda}^* > D_{bb}^*$。

（8）频率响应。入射辐射经常是随时间变化的调制辐射。如果是频率为 f 的正弦调制辐射（非正弦调制是各种频率正弦调制的组合），则探测器响应是调制频率 f 的函数：

$$\Re(f) = \frac{\Re(f=0)}{[1+(2\pi f\tau)^2]^{1/2}} = \frac{\Re(f=0)}{[1+(f/f_c)^2]^{1/2}} \tag{3-74}$$

低频范围响应几乎不变，当 $f = f_c$ 时，响应率下降 3 dB，f_c 为高频拐角频率。在讨论噪声时也有一高频拐角频率 f_c，高于低频拐角频率 f_1 时噪声与响应率相同的频率关系式（3-74）。从响应率确定 f_c 需要高速、频率可调的调制辐射，这不容易实现，通过噪声频谱测量确定 f_c 则要方便得多。有了 f_c 就可得探测器的时间常数（响应时间）为

$$\tau = \frac{1}{2\pi f_{c}} \tag{3-75}$$

响应时间和高频拐角频率反映探测器的响应速度和信息容量。应用时总希望有快的反应和大的信息容量(即小的 τ 和大的 f_c),但这往往是要以牺牲探测器的灵敏度为代价的。

(9)串音。一个多元或列阵探测器含有很多探测元,如果像点落在某一探测元上,按例别的元不应有信号输出,实际上却存在输出,尽管很小。某一元因邻近元的大信号引发而产生信号输出,这就是串音。本质上可认为是一种不希望的噪声,它还损害探测器的分辨率和传函。串音包括光串音和电串音:光串音由入射辐射的反射、散射和衍射等原因引起;电串音则因耦合电容、电感和电阻产生。电串音较易测量,测定光串音需有小光点光学系统。串音通常以百分比(或分贝 dB)表示:

$$串音 = \frac{\sqrt{S_k^2 - N_k^2}}{\sqrt{S_j^2 - N_j^2}} \tag{3-76}$$

式中:j 表示辐照元,S_j 和 N_j 是该元的输出信号和噪声;S_k 和 N_k 是认定元(无辐照元)的信号和噪声。

(10)调制传递函数(MTF)。调制传递函数是反映探测器响应空间特性,即空间分辨率的参数。比如,当目标愈来愈小时,响应变化的情况。由于光敏面上各处入射功率不一样以及探测器本身的不均匀性,探测器上响应在各处是不一样的,即响应率是位置的函数:$\Re = \Re(x)$。设想,目标辐射在空间变化呈周期性,空间频率为 k,其单位取每毫米周数($\sim /mm$)。入射功率随位置正弦变化:$E(x) = E_0 \cos(2\pi k x)$,如图 3-40 所示。MTF 是当探测器扫描空间频率为 k 的目标时,输出信号如何变化的度量,如图 3-41 所示。

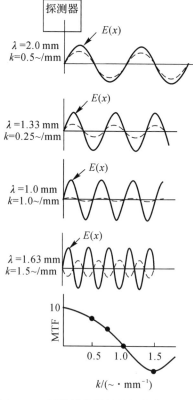

图 3-40　探测器信号随目标大小的变化图

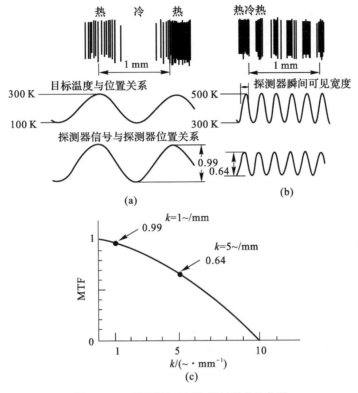

图 3-41 探测器扫过 IR 源时激发的信号

(a)$k = 1$；(b)$k = 5$；(c)MTF

对于空间正弦分布辐射,探测器信号为

$$V_{s0} = \int_{-\infty}^{\infty} \Re(x) E_0 \cos(2\pi k x) \, \mathrm{d}x \qquad (3-77)$$

对准峰值入射功率时得最大信号幅度为

$$V_{s0,\max} = E_0 \int_{-\infty}^{\infty} \Re(x) \, \mathrm{d}x \qquad (3-78)$$

定义调制传递函数为空间频率 k 时信号幅度与零空间频率时信号幅度之比:

$$\mathrm{MTF} = \frac{\int_{-\infty}^{\infty} \Re(x) \cos(2\pi k x) \, \mathrm{d}x}{\int_{-\infty}^{\infty} \Re(x) \, \mathrm{d}x} \qquad (3-79)$$

当 $k-0$ 或 $kw \ll 1$(w 是探测器在扫描方向的宽度)时,光敏上入射率变化很小,各处响应率几乎一样,现在很多探测器列阵光敏面越做越小,对一宽为 w 的矩形探测器,在 w 以内响应率接近为常数 $\Re_0$,在 w 以外为 0,可求得调制传递函数为

$$\mathrm{MTF} = \frac{\sin(\pi k w)}{\pi k w} \qquad (3-80)$$

MTF 仅与空间频率和几何参数有关。一些特殊类型的探测器(如 SPRITE)的 MTF 要比矩形探测器复杂,和材料的载流子寿命、迁移率及外加电场均密切相关。MTF 是探测器

扫描空间频率为 k 的目标时输出信号如何改变的度量,有人称之为探测器的空间频率响应,它指出探测器对目标细节变化的灵敏度(分辨率)。响应均匀的小探测器的 MTF 比大的或边缘响应差的探测器好。kw 越小,MTF 越大,目前列阵探测器光敏元可以做到 $7.5~\mu\mathrm{m}$ 甚至更小。图 3-42 给出了形象化说明。

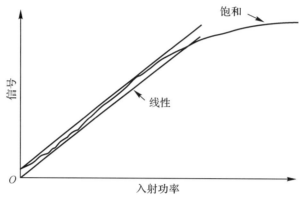

图 3-42   信号与入射率关系,线性和饱和区

(11)线性度和动态范围。在一定的入射功率范围内,探测器输出信号随输入线性增长,更大的入射功率就非线性了,即信号随输入的变化开始偏离直线最后趋平 —— 饱和(见图3-42)。线性度说明描述客体的精确性。线性度的要求并不总是用同一方法规定,其中之一是以测量信号与入射率的关系图偏离最佳拟合直线的程度来表示。

动态范围是最高有用信号与最低可测信号之比,最高有用信号可定义在超过线性度指标的某点,最低可测信号由噪声确定,也可有其他标准。

(12)等效优值。为了比较截止波长不同对远处来的辐射的探测能力,定义:

$$M^{*}(T_{\mathrm{t}},L)=\int_{0}^{\infty}D^{*}(\lambda)t(L,\lambda)\left(\frac{\partial r_{\lambda}}{\partial T}\right)_{T_{\mathrm{t}}}\mathrm{d}\lambda \tag{3-81}$$

式中:T_{t} 为黑体目标温度;L 是大气路程长;$t(L,\lambda)$ 为大气透射比;r_{λ} 为黑体辐射出射度。

(13)噪声等效温差(NETD)。噪声等效温差 NETD 是红外焦平面列阵探测器的重要性能指标。

像元噪声:FPA 在一定帧周期或行周期条件下,均匀恒定辐照(如面源黑体)光敏元不同帧(或行),输出信号(包括探测元固有噪声、背景和辐射响应信号)不同,该元各帧信号与所有帧信号平均值之差的均方根即为该像元噪声:

$$V_{\mathrm{N}}(i,j)=\sqrt{\frac{1}{F-1}\sum_{f=1}^{F}\{V_{\mathrm{S}}[(i,j),f]-\overline{V_{\mathrm{S}}}(i,j)\}^{2}} \tag{3-82}$$

式中:$V_{\mathrm{S}}[(i,j),f]$ 为第 i 行第 j 列像元第 f 帧的信号电压;

$$\overline{V}_{\mathrm{S}}(i,j)=\frac{1}{F}\sum_{f=1}^{F}V_{\mathrm{S}}[(i,j),f] \tag{3-83}$$

为第 i 行第 j 列像元第 f 帧输出电压的平均值;f 为采集数据的次数,即帧数或行数。如果 $f=1$,则 $V_{\mathrm{N}}(i,j)=V_{\mathrm{S}}(i,j)$。所有像元噪声电压的平均值 V_{N} 为 FPA 平均噪声电压,既考虑时间平均(帧平均)又涉及 FPA 的空间平均(像素平均)：

$$V_N = \frac{1}{MN-(d+h)} \sum_{j=1}^{M} \sum_{i=1}^{N} V_N(i,j) \qquad (3-84)$$

式中：M、N 分别为垂直与水平方向的总像元数，无效像元(non-effective pixel)包括死像元数 d 和过热像元数 h。

此处定义的 FPA 噪声与单元噪声不一样，它包括了探测元固有噪声、背景噪声，特别是各像元响应的不均匀性引起的起伏(噪声)，涉及像元之间的相互关系。

FPA 的像元探测率定义不变，取此处的噪声定义：

$$D^*(i,j) = \sqrt{\frac{A_D}{2\tau}} \frac{R(i,j)}{V_N(i,j)} \qquad (3-85)$$

式中：$R(i,j)$ 为像元响应率；$V_N(i,j)$ 为像元噪声；A_D 为像元面积；τ 为帧周期或行周期。

噪声等效温差 NETD：视场中两个温度的目标使像元产生的信号之差等于像元噪声，则此两温度之差即为该像元的 NETD。定义式为

$$\text{NETD}(i,j) = \frac{V_N(i,j)}{[\overline{V_S}(i,j,T_2) - \overline{V_S}(i,j,T_1)]/(T_2-T_1)} \qquad (3-86)$$

考虑 FPA 元与元的不均匀性，式(3-86)中分子常改用式(3-84)取代。$\overline{V_S}(i,j,T) = \frac{1}{F} \sum_{f=1}^{F} V_S[(i,j),f,T]$ 是温度为 T 的目标产生的像元信号，对帧数或行数进行平均，见式(3-83)。

FPA 每个像元的 NETD 不同，通常取最大者标为该 FPA 的 NETD。它还与器件的 F 数有关，因此在给出 NETD 时需给出 F 数。

式(3-86)一般可写为

$$\text{NETD}(i,j) = \frac{V_N(i,j)}{\dfrac{\partial}{\partial T} \overline{V_S}(i,j,T)} \qquad (3-87)$$

因为辐射能量与温度非线性相关，所以信号与温度非线性相关。式(3-87)分母随温度而变，因此对应不同的目标温度 NETD 是不同的，通常在室温背景标定。

(14)极限探测率(背景限探测器)。探测器的极限灵敏度由噪声决定。探测器本身有多种类型的噪声，可以有多种途径去抑制与减小。但是有一类噪声是由探测器所处的客观环境引发的，不取决于探测器本身。我们知道视场中除了目标还存在背景，背景是辐射源，辐射源发射的光子是随机的，发射的光子数在它的平均值上下起伏，相应的辐射功率也是起伏的，由此引起探测器输出的起伏，即光子噪声(背景噪声)。如果探测器内部噪声远小于来自背景辐射的光子噪声，则探测器达到极限灵敏度，称为背景限探测器。减小视场当然可以减小背景噪声，但红外系统对视场有限定，是不能随意改变的，用滤光片也可挡住部分背景，但不可能全部挡住。

对于热和光子效应两大类探测器有各自的背景限探测率。为讨论简便，可把背景看作近似于背景温度 T_2 的黑体，这和实际情况差别不大。讨论中取视场平面角为 $180°$。

1) 热探测器的背景限探测率。热探测器对接收的辐射功率灵敏,功率起伏由到达光子数的起伏引起。假定探测器和环境交换能量只有辐射这一途径。利用普朗克辐射公式和噪声频谱的 Wiener - Khintchine 定理,考虑到探测器在接收辐射的同时也发射功率,同样有起伏,得均方根噪声功率:

$$\sqrt{\overline{\Delta P^2}} = \sqrt{8A_d \varepsilon \sigma k (T_1^5 + T_2^5) \Delta f} = \sqrt{16A_d \varepsilon \sigma k T^5 \Delta f} \qquad (3-88)$$

这就是噪声等效功率 NEP。A_d 是探测器面积,ε 为响应器件发射率,σ 是 Stefan - Boltzmann 常数,T_1、T_2 分别是探测器和背景温度,常见热探测器和环境处于热平衡状态,因此有 $T_1 = T_2 = T$,Δf 是噪声等效带宽。得探测率:

$$D^* = \sqrt{\frac{\varepsilon}{16\sigma k T^5}} = \frac{2.83 \times 10^{16}\sqrt{\varepsilon}}{\sqrt{T^5}} \qquad (3-89)$$

取 $\varepsilon = 1$,$T = 300$ K,得 $D^* = 1.8 \times 10^{10}$ cm·$Hz^{\frac{1}{2}}$/W,这就是室温热探测器的极限探测率。热探测器接收辐射功率发生温度变化,因此这个结果也可由探测器的温度噪声推导。探测器和环境热交换具有统计特性,如果与辐射相比热传导的热交换可忽略不计,则通过能量和温差的等效关系,解温差 ΔT 的微分方程,利用热传输系数 $K = 4\varepsilon \sigma A T^3$,也可得到式(3-89),都是基于辐能量起伏射这一基本事实,结果是一样的。

上述讨论是理想的,实际热探测器除了辐射热交换还有热传导以及对流引起的热损耗和温度噪声,由于热探测器阻抗一般较大,热噪声、介质损耗噪声也较大,种种因素限制了灵敏度。减小热传导可提高灵敏度,但为了提高响应速度又需增加热导。因此,热探测器设计应当权衡考虑各因子,良好的热绝缘结构设计是关键。现有常用热探测器的探测率 D^* 在 10^8 量级,好的探测器接近 10^9,比极限值小一个量级以上。

2) 背景限光子探测器(BLIP)探测率。与热探测器是功率效应不同,光子探测器因光子激发载流子产生响应,是量子效应。背景限探测率受入射光子数速率起伏限制。设波长为 λ_s 的信号光子流的功率为 P_s,则载流子的激发率为

$$n_s = \frac{\eta(\lambda_s)\lambda_s P_s}{hc} \qquad (3-90)$$

背景激发载流子均方起伏(即噪声)为

$$\overline{\Delta n^2} = 2A_d \Delta f \int_0^\infty \eta(\lambda)\phi_B(\lambda)d\lambda \qquad (3-91)$$

式中:$\phi_B(\lambda)$ 是背景光谱光子流密度。联合式(3-90)和式(3-91)可得 NEP 为

$$\text{NEP} = \frac{hc}{\lambda_s \eta(\lambda_s)}\left[\int_0^\infty 2A_d \Delta f \eta(\lambda)\phi_B(\lambda)d\lambda\right]^{1/2} \qquad (3-92)$$

就可得探测率为

$$D^*(\lambda_s) = \frac{\lambda_s}{hc}\eta(\lambda_s)\left[2\int_0^\infty \eta(\lambda)\phi_B(\lambda)d\lambda\right]^{-1/2} \qquad (3-93)$$

对许多探测器来说,量子效率 $\eta(\lambda)$ 是常数,大于 λ_c 为 0,并有

$$\phi_B = \int_0^{\lambda_c}\phi_B(\lambda)d\lambda \qquad (3-94)$$

于是峰值探测率为

$$D^*(\lambda_p) = \frac{\lambda_c}{\sqrt{2}\,hc}\left(\frac{\eta}{\phi_B}\right)^{1/2} \tag{3-95}$$

如果把背景看作黑体，ϕ_B 容易计算得到。式（3-95）就是常见的光子探测器背景限（极限）探测率，记作 D^*_{BLIP}，它随截止波长的变化如图 3-36 或图 3-38 所示。室温背景，极限探测率约为 4.5×10^{10} cm · $Hz^{1/2}/W$。

上面的讨论只涉及光生载流子的产生过程，对于光伏型探测器，电子和空穴少有机会相遇，没有复合。但光导探测器的背景限探测率 D^*_{BLIP} 比式（3-95）小 $\sqrt{2}$ 倍，VanVliet 指出这是因为载流子有产生还有复合，都是统计过程。总噪声功率增加一倍，噪声涨 $\sqrt{2}$ 倍。

3）探测率与视场的关系。上述都是在 180° 视场下所进行的讨论，ϕ_B 与视场有关。对于低温探测器常常用冷屏来限制视场，当然不能把目标挡在视场之外。用滤光片限制透过波长也可减小 ϕ_B，提高 D^*。如果辐射源是 Lambert 源，定义黑体的辐射度 R，它是射向 2π 角（半球）的辐射总量。现在再定义一个量：单位辐射面在其法线方向的单位立体角内的辐射度 B，称为辐射亮度。假设单位辐射面向方位角为 i，立体角 $d\Omega$ 内的辐射度为 dR：

$$d\Omega = \sin i\,di\,d\varphi \tag{3-96}$$

对朗伯（Lambert）辐射源，有

$$dR = B\cos i\,d\Omega = B\cos i \sin i\,di\,d\varphi \tag{3-97}$$

向整个半球的辐射度为

$$R = \int_\pi dR = B\int_0^{2\pi} d\varphi \int_0^{\frac{\pi}{2}} \cos i \sin i\,di = \pi B \tag{3-98}$$

如果有开圆孔张角为 θ 的冷屏，则其中的辐射度为

$$R(\theta) = B\int_0^{2\pi} d\varphi \int_0^{\frac{\theta}{2}} \cos i \sin i\,di = \pi B \sin^2 \frac{\theta}{2} \tag{3-99}$$

由于对称性，某表面元发射到另一表面的辐射通量等于它自另一元表面获得的辐射通量。对于发射光子数 ϕ_B 有关系：

$$\frac{\phi_B(\theta)}{\phi} = \frac{R(\theta)}{R} = \sin^2 \frac{\theta}{2} \tag{3-100}$$

已知背景限探测率 D^*_λ 比例于 $\sqrt{\phi_B}$，因此探测率与视场有关系：

$$D^*(\theta) = \frac{D^*(180)}{\sin(\theta/2)} = D^{**} \tag{3-101}$$

这就是探测率与视场的关系，其中 $D^*(180)$ 是 180° 视场下探测率，θ 是视场立体角的平面角。在忽略背景激发载流子及其寿命改变的影响的条件下，由式（3-101）可知，视场立体角愈小，探测率愈高。视场与视场角关系如图 3-43 所示。

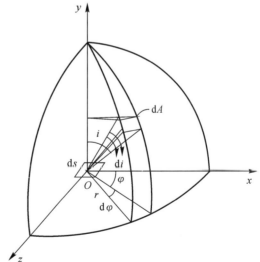

图 3-43　视场与视场角关系

由于比探测率是随背景温度变化的参数,所以截止波长也随比探测率的变化而移动,其变化的情况如图 3-44 所示。而图 3-45 则进一步显示了探测率随视场变化的情况。

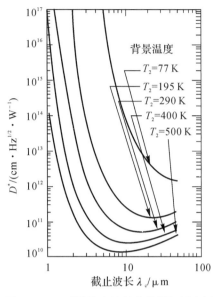

图 3-44 不同截止波长背景限探测率图

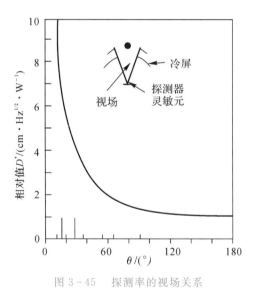

图 3-45 探测率的视场关系

2. 红外探测器的主要特征参数

(1) 光敏面积 A_d(有效光敏面 A_e)。探测器的面积 A_d 根据设计要求规定的几何尺寸限定,实际上因为面内各点的响应不均匀和探测器边缘效应(例如光伏器件的光敏面扩大),起作用的光敏面与 A_d 往往不一致,为此定义有效光敏面为

$$A_e = \int_{-\infty}^{\infty} \int_{-\infty}^{\infty} \frac{\Re(x,y)}{\Re_{max}} \mathrm{d}x\,\mathrm{d}y \tag{3-102}$$

$\Re_{max}$ 是响应率 $\Re(x,y)$ 的最大值。对于理想的均匀探测器来说，$A_e = A_d$。

（2）阻抗（交流）Z_d。探测器的 $V\text{-}I$ 特性曲线的斜率即为其阻抗：

$$Z_d = \frac{\mathrm{d}V}{\mathrm{d}I}\bigg|_{V_b} \tag{3-103}$$

式中：V_b 是偏置电压。对光伏器件阻抗主要呈电阻性，它的大小直接影响探测率。

（3）视场、背景。探测器面对的接受辐射的立体角为视场。对大的不规则探测器和多元列阵，视场内除了要探测的目标，其余辐射源均构成背景。视场与背景对探测器性能都有较大的影响。

（4）工作温度、偏置和功耗。大部分光子探测器，只有在低温下才有好的性能。对于军用红外系统，常用的 MCT 探测器为了达到最佳性能，必须在 77 K 的温度下进行工作。不同的工作温度，探测器性能不同。有时候为使用方便，可以适当提高工作温度，但这是要以降低探测率为代价的。多数探测器需要有外加偏置电场才能工作，偏置电场大小直接关系到探测器的工作状态和性能，不同类型的探测器要求不同的偏置电场和工作电路(包括与前置放大器的匹配)，应选取最佳偏置或最佳工作点。探测器尤其是大列阵的功耗是另一重要参数，其直接影响能源消耗和增加制冷器的热负载。

（5）杜瓦瓶与制冷器。为了获得高灵敏度，多数光子探测器都需要在低温［如液氮(77 K)］下工作。为此需要保温的封装——杜瓦瓶和获取低温的制冷器。一个探测器必须由光敏感的芯片、杜瓦瓶和制冷器三部分组合在一起才可使用。复杂性、使用和维护难度、成本都大大增加。可靠性和使用寿命减小。低温探测器组件如图 3-46 所示。

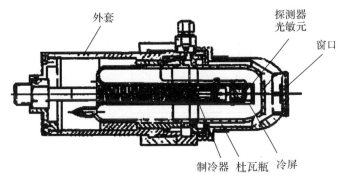

图 3-46　低温探测器组件

1)红外探测器杜瓦瓶要求如下。

A.真空度：为保持隔热减小热负载，保证探测器在低温正常工作，真空保持时间将直接影响探测器保存寿命。

B.光学性能：为在探测波段具有高透过率，波段以外尽可能低的透过率，透红外窗口通常镀抗反射膜和滤光镀层。同时冷屏的使用是为了限制视场,限制背景提高探测率又要满足整机系统要求。

C. 电学性能:要求器件引线数(穿过真空壁的导线)、电阻、分布电容电感满足器件要求;电磁兼容及电磁屏蔽要求。

D. 机械性能:要求结构坚实牢固,满足可靠性要求;体积小、质量轻;保证接口界面的特殊要求。

E. 热学要求:要求低热负载,满足指标。

2)制冷器(机)主要指标:制冷量、功(能)耗、降温速度、使用寿命、体积和质量等。

3.4.4　红外探测器的应用

自 1800 年英国天文学家 Herschel 发现太阳光谱中的红外辐射以来,1900 年开创量子论,现在,红外科学技术已成为一大科技分支,渗入社会的方方面面。红外科学技术大体上可分为红外科学和红外技术两大领域,如图 3-47 所示。

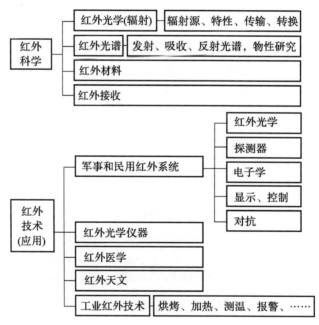

图 3-47　红外科学技术分支

红外探测器的军事、民用优势如下:

(1)"被动"工作方式,隐蔽性好;

(2)全天候工作,优质的夜视本领;

(3)非接触式、远距离工作。

红外在整个科技领域似乎较窄,但涉及的知识面很宽:宏观、微观物理、化学基础;光、机、电工程。历史上,红外探测器的发展在客观上得益于战争尤其是第二次世界大战的刺激。随后的冷战时期,到现今的局部战争,人们不断加深对红外探测器重要性的认识。至今,军事应用仍占整个红外敏感器市场的 75%,民用需求也急剧增长。更高的性能指标和更低的成本对红外探测器技术提出了愈来愈高的要求。

3.5　红外光学系统

红外光学系统用于收集和聚集来自景物的红外辐射,并将其送入探测器上。由于热像仪对景物的自身辐射成像,所以它可以反映景物的细节和特性。因此对热像仪的像质要求较高,它的光学系统设计来说较复杂些。红外光学系统设计的好坏直接关系到热像仪各种技术指标的实现。

3.5.1　红外光学系统的作用和特点

1.红外光学系统的作用

一般红外光学系统包括物镜和其他一些辅助光学元件,它的主要作用有以下几个方面。

(1)收集并接收目标的红外辐射能量。红外光学系统最主要的作用在于收集红外辐射能量。它是通过物镜来实现的。一般目标发出的红外辐射都很弱。例如,30 km 以外的波音 707 飞机发动机发出的辐射通量密度只有 8×10^{-14} W/m²,比太阳辐射到地球表面的辐照度 1×10^{-5} W/m² 要少得多。另外,红外探测器的光敏面积都很小,其线度一般在十分之几毫米到几毫米,只能直接接收很小立体角内的红外辐射。因此必须采用其线度远大于探测器线度的物镜来会聚红外辐射,以提高红外系统的灵敏度。

(2)确定目标的方位。目标通过光学系统成像在像平面上。通过在像平面上,或在其附近放置辐射调制盘。由于像点位置与目标偏离光轴的方位有关,所以可以用调制盘将目标的辐射量编码成目标的方位信息。

(3)实现大视场搜寻目标与成像。某些红外系统要求对一个大的搜索视场来搜寻目标或成像,而单个探测器件相应的视场范围又很小,因此常采用光机扫描的方法来扩大视场。扫描方法与形成电视图像方法相似,从一个小的瞬时视场着手,利用某种扫描方式,按照一定的运动规律来对整个搜索视场进行扫描取样。所谓瞬时视场,一般是指光学系统本身静止不动,所能观察到的空域角的范围,它由光学系统设计确定。

(4)观测或瞄准目标。有些红外系统除了用物镜对目标进行探测记录以外,还附加目镜或另一望远镜系统以供人眼观测和瞄准被测目标。

在红外光学系统中常要应用场镜、浸没透镜和光锥等场光学元件,有时亦须用中继光学透镜等光学元件。

2.红外光学系统的特点

红外光学系统工作在红外波段,因此具有以下的特点:

（1）红外光学系统通常是大相对孔径系统。由于红外系统作用的目标一般较远，距离大，接收的能量微弱，所以要求其光学系统的接收孔径要大。同时，光学系统要将收集到的辐射能会聚到探测器上，为了在探测器的光敏面上获得更大的照度，希望系统的焦距要短，这样系统的相对孔径 D/f' 就会大。

由于探测器的信号输出电压与光敏面的照度成正比，而光敏面上的照度又与物镜相对孔径的二次方成正比，所以为了提高系统的探测能力，就要使光学系统的相对孔径加大。

（2）红外光学系统元件必须选用能透红外波段的锗、硅等材料，或者采用反射式系统。可见，光学系统中使用的普通光学玻璃透红外性能很差，最高也只能透过 $3~\mu m$ 以下的辐射，对于中远红外区域，必须采用某些特殊玻璃[如含有（ZrO）和（La_2O_3）的锗酸盐玻璃]、晶体[如蓝宝石（Al_2O_3）和石英（SiO_2）]、热压多晶、红外透明陶瓷和光学塑料（如 TPX 塑料）等。必须要根据使用波段的要求和材料的物理化学性能确定所用的材料。

随着红外技术的发展，目前已能制造上百种能透过一定红外波段的光学材料，但是真正满足一定使用要求、物理化学性能又好的材料也只有二三十种。因此很多红外光学系统仍然采用反射元件。反射系统没有色差，工作波段不受限制，对材料的要求不高，镜面反射率可以很高，系统通光口径可以做得较大，焦距可以很长，因此许多红外光学系统采用反射式的结构。但反射式结构视场小，有中心遮挡，在有些场合也不太适合。

（3）光学系统的接收器是红外探测器。红外光学系统的接收器是红外探测器，不同于一般的光学仪器以人的眼睛和感光胶片来做接收器。为了得到探测器输出的电信号，那么经过红外物镜收集的辐射能，首先经过光学调制器的调制，把直流的光信号变成交变的光信号，再经探测器接收并转换成交变的输出电信号。另外，为了能使红外系统在较大的视场范围进行探测，通常将光学扫描器安置在成像系统之前或将扫描系统放置于会聚光路之中，以达到对较大空间的目标进行扫描成像的目的。

红外系统属于光电子系统，它的接收器是光电器件。因此，相应光学系统的性能、像质，应以它和探测器匹配的灵敏度、信噪比作为主要评定依据，而不是以光学系统的分辨率为主。这是因为分辨率往往要受到光电器件本身的尺寸的限制，因此相应地对光学系统的要求有所降低。

3.5.2　常用红外光学材料及加工

在整个红外波段中，由于大气的吸收，有三个大气"窗口"，即 $1\sim3~\mu m$、$3\sim5~\mu m$ 和 $8\sim12~\mu m$。这三个波段对红外线有极高的透过率。能透过这几个波段红外线的材料才具有实际应用价值。

表 3-2 列举了几种半导体材料的光学、力学及热学性能。

表 3 - 2　几种半导体材料的光学、力学、热学性能

材　料	光学特性				力学特性				热学特性			
	波段/μm	$n_{10.6\,\mu m}$	$\dfrac{\mathrm{d}n/\mathrm{d}T}{10^{-6}\,^{\circ}\mathrm{C}^{-1}}$	$\alpha_{10\mu}$	$\dfrac{K_{\text{noop}}}{\mathrm{kg}\cdot\mathrm{mm}^{-2}}$	$\dfrac{\text{断裂韧性}}{\mathrm{MPa}\cdot\mathrm{m}^{1/2}}$	$\dfrac{\text{断裂模量}}{\mathrm{MPa}}$	$\dfrac{\text{杨氏模量}}{\mathrm{GPa}}$	$\dfrac{\text{密度}}{\mathrm{g}\cdot\mathrm{cm}^{-3}}$	$\dfrac{\text{膨胀系数}}{10^{-6}\mathrm{K}^{-1}}$	$\dfrac{\text{热导率}}{\mathrm{W}\cdot\mathrm{m}^{-1}\cdot\mathrm{K}}$	熔点/℃
Ge	1.8～25	4.0	400	2.0×10^{-2}	850	0.7	90	103	5.32	6.0	60	937
Si	1.1～5.8	3.4	150	3.5×10^{-1}	1 150	0.9	120	130	2.33	2.6	140	1 417
GaAs	0.9～18	3.2	147	5×10^{-3}	700	0.4	60	85.5	5.32	5.73	53	1 238
GaP	0.55～14	2.9	100	1.92×10^{-1}	845	0.8	100	103	4.14	5.3	97	1 467
ZnS(m)	0.4～12	2.2	46.3	2.54×10^{-1}	160	1.0	70	87.6	4.09	6.8	27	1 830
ZnS(s)	0.6～12	2.2	45	2.54×10^{-1}	250	1.0	100	74.5	4.08	6.8	17	1 830
ZnSe	0.5～22	2.4	75	5×10^{-4}	105	0.5	50	70.9	5.27	7.0	19	1 520
金刚石	0.25～3,5～100	2.38	10	—	9 000	7	294.0	1 050	3.52	1.0	2 000	3 770

对红外光学材料而言,除了要具有优良的光学性能外,还应具备良好的力学、热学性能。

硬度、断裂模量等都是描述材料力学性能的参数。在半导体材料中,硅和 GaP 力学性能较好,GaAs、锗次之,ZnS 和 ZnSe 等 II-VI 族半导体材料较差。

热膨胀系数、热导率等是描述材料热学性能的重要参数。热导率越高,热膨胀系数越低,材料在高温下的热传导快,变形小,说明材料的性能好。

在半导体材料中,硅的热学性能好,GaP、Ge、GaAs 居中,ZnS 较差。

在红外热成像系统中,作为窗口和透镜、棱镜及滤光片,锗的应用最广泛。在前述几种半导体材料中,锗是不可取代的材料。它的折射率最高而易加工成透镜,在 8～14 μm 波段具有良好的透过率(镀膜后可达 95% 以上),耐腐蚀,不易潮解,机械性能好。目前,锗的单晶或多晶的制造和加工工艺相当成熟。但锗在温度升高时,其红外透过率大幅下降,最高使用温度为 100 ℃,这对它的应用来说是不利的。

硅因为其在 8～12 μm 波段有较高的红外吸收,所以仅适用于 3～5 μm 波段,但其他红外材料又优于它而使其在红外光学上的应用很有限。

GaAs 虽然在光学、力学和热学性能上优于锗,但其制造工艺复杂,不易制成大尺寸,以及环境污染、价格高等因素使其应用受到限制,远不如锗那样广泛。

3.5.3 常用机载红外光学系统

一般地,载机在昼夜飞行时,红外热成像系统可以为飞行员或地面人员提供外界景物图像,飞行员或地面人员可据此图像判别载机周围的地貌、建筑等对飞行安全有影响的实体目标和有关信息,以保证飞行员或地面人员能够正确选择航路,完成低空贴地飞行等任务。因此,设置用于导航的红外热成像系统尤为必要。此外,红外热成像系统也应用在夜间或不良气象条件下,对外界景物目标观察、探测、识别和瞄准,此时需要具有多个视场或连续变焦功能的红外热成像系统来完成不同的任务。红外热成像系统大视场用于飞机或无人机的夜间辅助导航,中视场用于对目标的探测、搜索,小视场用于对目标的探测、识别、瞄准。

以下将介绍四种专门用于机载热像仪的红外光学系统。

1. 光学被动消热红外光学系统

光学被动消热红外光学系统主要通过匹配光学材料的 dn/dt、膨胀系数和光学机械材料的膨胀系数,使各影响因素产生的温度焦移互相抵消或者补偿,以及光学系统的成像质量在工作温度范围内始终保持较好水平。这种方式具有机构相对简单、尺寸小、质量轻、不需供电、系统可靠性好的优点,其综合效率最高。

用于导航的红外光学系统是光学被动消热的红外单视场光学系统,其具有焦距小、视场大、无须调焦、结构简单、光轴稳定、系统可靠性高的优点。图 3-48 为一个消热的红外光学系统图。

图 3-48　消热的红外光学系统图

2. 三视场切入式红外光学系统

三视场切入式红外光学系统包括窄视场物镜组、中继透镜组、宽视场透镜组和中视场透镜组,窄视场物镜组和中继透镜组组成了窄视场红外光学系统,在窄视场红外光学系统的基础上切入一组镜片(宽视场透镜组)就成为宽视场红外光学系统。在窄视场红外光学系统的基础上切入另一组镜片(中视场透镜组)就成为中视场红外光学系统,实现了三视场红外光学系统。这种切入式三视场红外光学系统的特点是窄视场红外光学系统光路中无运动光学元件、光轴稳定、镜片数最少、透过率最高。图 3-49 为一个三视场切入式红外光学系统图。

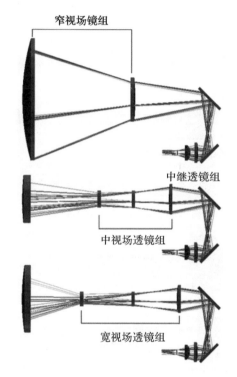

图 3-49　三视场切入式红外光学系统图

3. 光学补偿的连续变焦红外光学系统

光学补偿的连续变焦红外光学系统的特点是:采用线性移动变焦方式,只需用机械的方法把两个透镜固连在一起做同方向等速度移动就行了,达到既变倍而像面位置又稳定的要求,而且在移动过程中还可以微量调焦。但这种光学补偿的连续变焦红外光学系统只能四个视场清晰成像,其他视场都不能清晰成像。图 3-50 为一个光学补偿的连续变焦红外光学系统图。

4. 机械补偿的连续变焦红外光学系统

如图 3-51 所示,机械补偿的连续变焦红外光学系统由前固定组、变倍组、补偿组和后固定组、中继组组成。前固定组由一片透镜组成,变倍组和补偿组各采用一片透镜,后固定组也由一片透镜组成。变倍组和补偿组的轴向移动实现焦距的连续变化,同时变倍组和补偿组的轴向移动还可用于调焦和温度补偿。采用中继组实现二次成像,可以保证100%冷光阑效率。

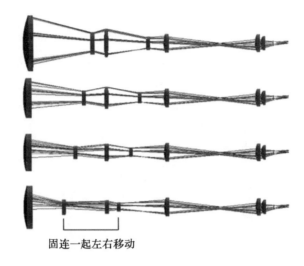

固连一起左右移动

图 3-50　光学补偿的连续变焦红外光学系统图

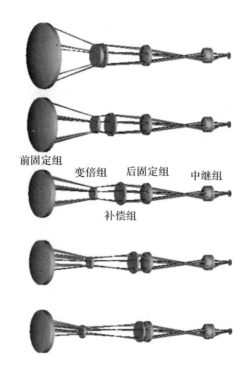

前固定组　变倍组　后固定组　中继组

补偿组

图 3-51　机械补偿的连续变焦红外光学系统图

3.6　红外成像电子学

3.6.1　成像电路原理

红外光学系统搜集的目标场景辐射能量人眼不可见,信号处理电路通过使用高集成度、高速混合嵌入式设计技术,光学系统通过精确伺服控制系统驱动下使场景目标投射到探测器焦面上,红外目标场景辐射能量按照探测器规定工作时序,依次进行光电信号转换并读出,此读出信号通过 14 b 及以上的高精度模数转换和高速实时图像处理才能显示在人眼可见的监视器上,上述设计必须在有限空间尺寸下实现并满足电磁兼容性要求。

成像电路通常由多个子电路构成,可主要描述为探测器近贴电路、预处理电路、图像处理电路和视频显示电路,其基本构成如图 3-52 所示。每个子电路均对输入信号进行不同方式的处理,最后输出清晰的图像。

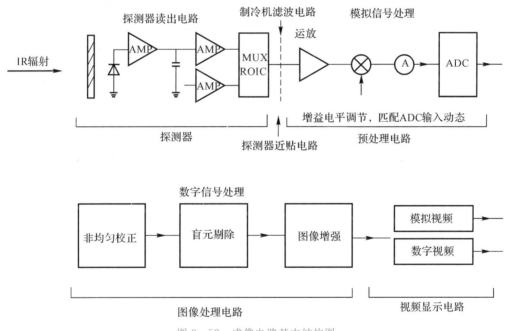

图 3-52　成像电路基本结构图

近贴电路与红外焦平面探测器引脚直接互扣在一起,为探测器提供所需的偏压和驱动脉冲,同时将探测器输出信号传递到预处理电路。

制冷机滤波电路主要是抑制制冷机固有的电磁辐射干扰,降低对探测器信号和成像电路的影响。目前制冷型焦平面探测器的制冷机都与探测器集成在一起,斯特林制冷机固有的电磁辐射干扰,对探测器的模拟信号和成像电路的影响非常明显,因此对电磁干扰的抑制好坏直接影响到最终红外图像质量,必须有针对性地对此干扰进行特定的电子学处理抑制。

图像处理电路主要是提供焦平面探测器所需要的高精度和超低噪声的电源;完成探测器的驱动时序和探测器输出信号接收;完成图像数字域的非均匀校正、盲元剔除、图像增强等图像处理工作及视频显示。图像处理电路采用现场可编程阵列和静态存储器配合的平台设计以满足处理速度和容量的要求,采用表面组装器件及先进的多层电路板设计以压缩电路板尺寸。

视频显示分为模拟视频和数字视频。模拟视频通常使用的格式有 PAL 电视标准和 NTSC 电视标准。PAL 电视标准,每秒 25 帧,电视扫描线为 625 线,奇场在前,偶场在后,标准的数字化 PAL 电视标准分辨率为 720×576,24 b 的色彩位深,画面的宽高比为 4∶3。NTSC 电视标准,每秒 29.97 帧(简化为 30 帧),电视扫描线为 525 线,偶场在前,奇场在后,标准的数字化 NTSC 电视标准分辨率为 720×486,24 b 的色彩位深,画面的宽高比为 4∶3。

数字视频通常使用的格式有 Camera Link 数字视频和 3G/HD – SDI 数字视频。Camera Link 是专门为数字摄像机的数据传输提出的接口标准,专为数字相机制定的一种图像数据、视频数据控制信号及相机控制信号传输的总线接口,数据传输速率最高可达 2.38 Gb/s。该标准规定了接口模式、相机信号、端口配置、图像数据位配置、连接器引脚定义及连接线、标准接收器芯片组。在采用这种标准后,数字摄像机的数据接口输出采用更少的线数,连接电缆更容易制造,更具有通用性,而且数据的传输距离比普通传输方式更远。Camera Link 是一种基于物理层的 LVDS 的平面显示解决方案。总线发送端,将 28 位并行数据转换为 4 对 LVDS 串行差分数据传送出去,还有 1 对 LVDS 串行差分数据线用来传输图像数据输出同步时钟;而总线接收端,将串行差分数据转换成 28 位并行数据,同时转换出同步时钟。这样不但减少了传输线的使用量,而且由于采用串行差分传输方式,还减少了传输过程中的电磁干扰。

3.6.2　非均匀校正

红外图像的非均匀性是制约红外成像系统成像质量的重要因素。采用焦平面探测器的红外成像系统由于探测器各个单元的响应度不一致,导致红外图像的非均匀性,严重影响了红外传感器的成像质量,因此必须对红外图像的非均匀性进行校正。补偿焦平面探测器非均匀性的方法有很多种,如两点温度定标法(TPC)、多点温度定标法(ETPC)、恒定统计平均法(CSC)、时域高通滤波法(THPFC)和人工神经网络法(ANNC)等。目前应用最广的校正方法是两点温度定标法和多点温度定标法。以上方法可以被分为两大类:线性校正和非线性校正。其中前三种属于线性校正,后面两种属于非线性校正。相对于非线性校正方法而言,线性校正方法技术更为成熟。

线性校正假设探测器单元的响应呈线性:

$$y = ax + b \tag{3-104}$$

式中:x 为某一探测器单元的输入信号;y 为可测的输出信号。若能求出增益因子 a 和偏移因子 b,就可求得无畸变的输入信号 x。

1. 两点校正

从红外图像非均匀性的来源和表现形式可以看出,如果各阵列元的响应特性在所感兴趣的温度范围内为线性的,在时间上是稳定的,并假定 $1/f$ 噪声的影响较小,则非均匀性引入固定模式的乘性和加性噪声,在此条件下焦平面阵列元在均匀辐射背景条件下的输出为

$$x_{ij}(\phi) = u_{ij}\phi + v_{ij} \tag{3-105}$$

式中：ϕ 为辐射通量；u_{ij} 和 v_{ij} 是坐标为 (i,j) 阵列元的增益和偏移量，对于每一个阵列元，u_{ij} 和 v_{ij} 的值都是固定的，并且不随时间变化。因此采用两点校正法即可实现红外焦平面阵列图像的非均匀校正，即

$$y_{ij} = G_{ij}x_{ij}(\phi) + O_{ij} \tag{3-106}$$

式中：G_{ij} 和 O_{ij} 分别为两点校正法的校正增益和校正偏移量；y_{ij} 为校正后的输出。

两点校正法是在光路中插入一个均匀辐射的黑体，通过各阵列元对高温 T_H 和低温 T_L 下的均匀黑体辐射的响应计算出 G_{ij} 和 O_{ij}，从而实现非均匀校正。通过实验测量可以计算得到所有阵列元在高温 T_H 和低温 T_L 下的归一化响应 V_H 和 V_L，且有

$$V_H = G_{ij}x_{ij}(\phi_H) + O_{ij} \tag{3-107}$$

$$V_L = G_{ij}x_{ij}(\phi_L) + O_{ij} \tag{3-108}$$

因此，校正增益 G_{ij} 和校正偏移量 O_{ij} 可以通过下式计算得到：

$$G_{ij} = \frac{V_H - V_L}{x_{ij}(\phi_H) - x_{ij}(\phi_L)} \tag{3-109}$$

$$O_{ij} = \frac{V_H x_{ij}(\phi_L) - V_L x_{ij}(\phi_H)}{x_{ij}(\phi_L) - x_{ij}(\phi_H)} \tag{3-110}$$

将计算得到的 G_{ij} 和 O_{ij} 存储起来，在成像的过程中就可以对探测器响应值按照式 (3-105) 不断进行校正。

两点校正法假定各阵列元的响应特性在所感兴趣的温度范围内为线性的，然而实际情况并非如此。为了弥补两点校正法的不足，可以引入多个温度区间的多点进行校正。

2. 恒定统计平均法

恒定统计平均法建立在如下假设之上：

(1) 每个探测器单元的输出信号的统计平均值是恒定的；

(2) 输入每个探测器单元的输入信号的统计方差都相等。

因此，式 (3-104) 可以写为

$$m_y = E[y] = E[ax + b] = aE[x] + b = am_x + b \tag{3-111}$$

$$\delta_y^2 = a^2 \delta_x^2 \tag{3-112}$$

不失一般性，假设 $m_x = 0, \delta_x^2 = 1$，则有

$$b = m_y \tag{3-113}$$

$$a = \delta_y \tag{3-114}$$

$$x = (y - m_y)/\delta_y \tag{3-115}$$

在实际计算时，均方根可用平均绝对误差代替；平均值和平均绝对误差可用迭代方式计算。

3. 时域高通滤波器法

阵列元的响应特性随时间缓慢的变化和阵列元内部的 $1/f$ 噪声集中在低频部分。目标相对于杂波背景在像平面上具有较大的运动速度，因此目标信号具有相当的高频能量；而背景杂波，如云层等因素在像平面上的移动速度很小或相对静止，因此表现为低频分量。因此

采用高通滤波器方法可以在实现非均匀性校正的同时达到突出目标的目的。其原理如图 3-53 所示。

图 3-53　时域高通滤波器法原理示意图

其中：

$$y(n) = x(n) - f(n) \tag{3-116}$$

低通采样输出为

$$f(n) = x(n)/N + (1 - 1/N)f(n-1) \tag{3-117}$$

式中：N 为设置的帧数。可以先假设某像素在第 n 帧经增益校正后得到一个滤波器输入量 $x(n)$，经过无限冲击响应滤波器（IIR-DF）低通处理后得到了低通输出 $f(n)$，再通过减法运算得到一个高通输出 $y(n)$。经 z 变换得到传递函数为

$$H(z) = Y(z)/X(z) = (N-1)(z-1)/[Nz - (N-1)] \tag{3-118}$$

这种方法抑制了 $1/f$ 噪声对图像和 NUC 的影响，克服了基于参照元校正存储量大的问题，但要求探测器响应率有较好的线性。

4. 人工神经网络法

该方法可以完全不对 FPA 进行标定（或自动标定），是红外成像系统的理想境界，依赖于神经网络方法自适应地进行校正系数的更新是目前实验室研究的热点之一。具体办法是让每一个神经元连接一个阵列元，再设计一个隐含层，它的每一个神经元就像水平细胞元那样与邻近的几个阵列元连接起来，得到它们的平均输出值反馈到它的上层神经元去计算非均匀性，采用最速下降法依据实际景象逐帧迭代，直至达到最佳状态。过程如下：

（1）计算领域平均值：

$$f_{ij} = (x_{i,j-1} + x_{i,j+1} + x_{i-1,j} + x_{i+1,j})/4 \tag{3-119}$$

（2）令 $y = Gx + O$，其中 G 为增益校正因子，O 为偏移量校正因子。误差函数为

$$F(G,O) = (Gx + O - f)^2 \tag{3-120}$$

利用此函数的梯度函数和最速下降法，可以得到计算 G 和 O 的迭代公式：

$$G_{n+1} = G_n - 2ax(y - f) \tag{3-121}$$

$$O_{n+1} = O_n - 2a(y - f) \tag{3-122}$$

式中：a 为下降步长；n 为帧数。

（3）利用线性校正算法，计算：

$$y_{n+1} = G_{n+1}x_{n+a} + O_{n+1} \tag{3-123}$$

可见，神经网络方法在理论上完全不须对 FPA 进行标定，校正系数可以通过学习连续更新，对探测器参数的线性和稳定性要求不高，但研究工作量大，应用时计算量大，需要特殊并行计算机结构来实现。

红外探测器是红外成像系统的关键部件,但红外图像的非均匀性直接影响系统质量,因此对非均匀性进行校正非常重要。尽管世界范围内的非均匀校正的研究工作和技术途径多种多样,但目前在商业上具有推广价值、在军事上具有实用性的还是两点校正法和多点校正法,专家和工程师们的着眼点依然是修正和完善两点法——提高精度和算法处理速度。同时在实验室还在大力研究其他非线性校正方法,如时域高通滤波器法、神经网络校正法。

3.6.3　图像增强

通常情况下,热成像系统在红外图像生成的一系列的操作和处理过程中会不可避免地使其图像质量有所降低和有一定程度的失真,如常见的由于探测器尺寸的限制造成的图像分辨率较低等。另外,由于传输距离较远和大气衰减等也造成了红外图像的视觉极不理想。有时会使图像中提取的信息量减少,有时甚至有可能造成错误的信息提取。为了有利于图像分析,目标检测、识别以及跟踪等后续处理,必须对降质和含有噪声的红外图像进行去噪和增强等预处理,从而提高红外图像的质量和整体视觉效果。

由于针对红外图像增强的算法研究较少,所以在研究红外图像的增强算法时,通常借鉴可见光图像的增强算法。结合红外图像的特点,改进可见光图像的增强算法,使处理后的红外图像具有更好的效果。但是,红外图像和可见光图像具有很大的差异,在改进可见光图像增强算法时,首先需要清楚红外图像的特点和两者之间的区别。

红外图像表征的是温度,是目标与背景之间的热辐射差异,场景之中,温度越高的部分红外辐射也就越强,图像中所对应的部分也就越亮。红外图像与可见光图像存在较大的不同,下面就红外图像特征进行说明。

(1)白天的红外图像由于太阳辐射和环境温度的作用,图像整体视觉能量要比夜间高。而夜间的红外图像主要呈现的是物体靠自身向外进行的红外辐射,环境强光、杂光的影响通常弱于白天。

(2)红外图像的整体灰度分布较为集中,有些灰度级分布很少甚至没有,主要是由于红外探测系统对温度敏感的温度范围较大,动态范围较高,而某个单一场景中温度分布较为集中,大多数场景中物体和背景之间的温度差异较小,所以整体显示灰度较为集中。

(3)红外图像的信噪比较低,主要是因为红外成像系统较为复杂,能造成影响的噪声很多且来源复杂。

(4)红外图像的对比度通常较低,主要是因为红外图像所表现的是物体温度的高低,而由于热交换,场景中较近位置的目标和背景之间的温度趋于一致。自然状态下的物体温度相差不大,像素都分布在相近的灰阶,造成了红外图像的整体对比度较低。

红外图像增强是一种基本的图像预处理手段,它是为了使图像中那些有用的信息或局部信息更加地突出和清晰,而按照预先制订的处理方案对图像做预处理,且在处理的过程中将图像中无用的信息或不相关的区域进行了削弱。图像增强的本质就是利用一些处理技术,使图像的某些特性更加突出、鲜明,从而提高图像的对比度和清晰度,使处理后的图像更适合于人眼或机器视觉的观察和研究分析,为后续分析研究和处理做好准备工作。总之,图像增强是提高图像的使用价值而不仅仅是提高图像的整体保真度,其本质就是利用一些处理手段进行选择性地使图像中一些或局部的信息更加突出或清晰。

红外图像增强主要关心以下三个方面：

(1)提高对比度；

(2)抑制图像噪声；

(3)对图像边缘和结构等细节信息的保护。

红外图像常常表现为低对比度、边缘模糊和细节不清晰,因此需要图像增强技术改善红外图像的质量。传统的图像增强算法可以分为空域图像增强算法、变换域图像增强算法和基于模型的图像增强算法。

1.空域图像增强算法

空域图像增强是针对图像的像素灰度进行直接处理的一种增强方法。算法中的典型代表是灰度变换和直方图均衡类红外图像增强算法。灰度变换通过特定变换函数将灰度级重新映射,包括线性变换、S形曲线变换、分段线性变换和分段非线性变换等。依据不同需求选取不同的变换函数,以实现红外图像选定区域的目标信息质量的提高和完善。

直方图处理是一种通过改变图像灰度的概率分布,以提高图像对比度的方法,包括直方图均衡与直方图匹配,其中应用最多的是直方图均衡。直方图均衡的作用是改变图像中的灰度概率分布,使其均匀化。其实质是使图像中灰度概率密度较大的像素向附近灰度级扩展,因而灰度层次拉开,而概率密度较小的像素的灰度级收缩,从而让出原来占有的部分灰度级,这样的处理使图像充分有效地利用各个灰度级,因此增强了图像对比度。

直方图均衡化的处理过程中出现相邻灰度级合并的现象,即原来直方图上频数较小的灰度级被归入很少几个或一个灰度级内,并且可能不在原来的灰度级上。因此,它有如下特点：

(1)直方图均衡克服了线性拉伸过程中存在的较少的像素占用了较大的灰度区间这样的问题。

(2)如果被合并掉的灰度级构成的是重要细节,则均衡后细节信息损失较大。此时可采用局部直方图均衡法来处理。

(3)均衡后的直方图并非完全平坦,这是因为在离散灰度下,直方图只是近似的概率密度。

(4)直方图均衡将直方图峰值区域的灰度级拉开,实际上提高了图像主要内容的对比度。灰度重组使得均衡后的直方图等间距分布,故相对于均衡而言,图像主要内容的对比度降低,次要内容的对比度提高。

(5)在对比度增强处理中,直方图均衡比灰度线性变换、指、对数变换的运算速度慢,但比空间域处理和变换域处理的速度快。因此,在实时处理中,直方图均衡是一种常用的方法。

(6)直方图均衡虽然增大了图像的对比度,但往往处理后的图像视觉效果生硬、不够柔和,有时甚至会造成图像质量的恶化。另外,均衡后的噪声比处理前明显,这是因为均衡没有区分有用信号和噪声,当原图像中噪声较多时,噪声被增强。

但是直方图均衡算法对红外图像增强效果并不理想,可能是由于红外图像的灰度分布较为集中,从而会过多地合并原始图像的灰度级,导致灰度值缺失,没有凸显目标的特征,产生失真,同时会造成图像的细节严重丢失,图像整体效果较差。而针对图像局部进行增强的方法［如自适应直方图均衡（AHE）、对比度受限的直方图均衡（CLAHE）］能根据像素领域的分布特性来增强图像，增强效果比起直方图有改进，但是整体计算量较大，且在计算过程中容易受噪声干扰。

根据遗传算法的计算模型，针对红外图像增强问题，能够设计出根据红外图像灰度性质的自适应增强计算模型。对于一幅给定的红外灰度图像，首先统计出该图像的灰度级分布范围及其分布情况，将输出图像与输入图像的灰度对应关系进行编码，产生一组随机的灰度对应关系（即第 1 代个体），然后根据一定的图像质量评价标准构造出遗传算法的适应度函数，利用遗传算法反复进行遗传操作（不断进化生成新的灰度对应关系组，即新一代个体），直到满足规定好的优化准则，在所有的进化代中找到一种最优或者近似最优的灰度变换关系，从而达到对红外图像的增强处理。适应度函数的计算是遗传算法计算中的瓶颈，如何克服种群数目大造成的计算耗时量大、运算效率低的问题，是值得研究的。

图像锐化处理的主要目的是突出图像中的细节或者增强被模糊了的细节。模糊可能是由于错误操作或图像获取方法的固有影响所导致的。例如，当图像的分辨率有限时，所获得的像素值不是一点的亮度，而是周围景物亮度的平均值。这种均值计算使图像变得模糊。因为均值处理和积分相类似，所以从逻辑角度可以断定，锐化处理可以用空间微分来完成。由于大多数景物的边缘和轮廓在一幅图像中常常具有任意的方向，所以各向同性的微分算子对任意方向的边缘和轮廓都具有相同的检测能力。另外，微分算子的模板尺寸是偶数，因此待处理像素不能放在模板的中心位置，这样处理的结果就会有半个像素的错位，处理效果不好。因此，只考虑各向同性而且模板尺寸为奇数的微分算子，常用的有 Sobel 微分算子、拉普拉斯（Laplacian）算子。

红外图像一般都因受到某种干扰而含有噪声。噪声使图像模糊，甚至淹没特征，如果不对噪声进行及时处理，就会对后续的处理过程乃至输出结果产生影响，甚至可能得到错误的结论。因此，图像噪声滤除成为红外图像预处理中的重要组成部分。空域或频域的平滑滤波可以抑制图像噪声，提高图像的信噪比。

（1）当采用邻域平均法时，大模板的运算量大，耗时长，模糊程度较重，处理后的图像效果差。随着模板的变大，运算量迅速增大，耗时加长，模糊程度变重，图像效果差。因此，若用此法处理图像，最好选用较小的模板。

（2）当采用中值滤波法时，用大窗口的运算量大，耗时长，但处理后的图像效果与用小窗口时基本相当。随着窗口的变大，运算量越大，耗时越长，但图像效果提高不明显。因此，若用此法处理图像，最好选用较小的窗口，采用快速算法。

（3）从处理后的图像看，邻域平均法滤波后的图像效果较差，噪声减少不明显，而且使图像的模糊度增加。中值滤波后的图像效果好，图像轮廓清晰，噪声大大降低，使后续的目标识别、跟踪等更加方便。中值滤波不仅较好地消除了强脉冲性噪声的影响，而且较好地保留了图像的边缘。

（4）梯度倒数平滑算法的滤波效果较好，但运算时间太长，在实时性要求不高的场合应用，效果是很好的。鉴于中值滤波的诸多优点，加上中值滤波易于硬件实现，能满足实时性的要求。

在红外图像中，主要是通过人眼直接对成像的图像进行观察判断的。对于一般观察者来说,由于人眼对灰度图像灰度级别的观察是不敏感的,但对有彩色差异的分辨能力却很高,所以对红外灰度图像进行伪彩色增强就成了一种关键处理技术。人眼可识别的灰度信息在 50 个灰度级左右,远远小于对彩色信息的辨识和敏感度,因此,将灰度变化范围非常窄的细节灰度信息以彩色化的形式进行表现,会大大增强人眼对图像细节的发现和理解。最简单和常用的方法便是图像的灰度伪彩色处理,即将每个灰度级分别对应到不同的颜色上,实现图像灰度的彩色映射。由于伪彩色处理的结果与人眼对场景的正常理解和感知具有较大的差异,不利于人眼的长时间观测,所以,基于自然场景感知的图像彩色化方法成为人们研究的重要方向。自然感彩色化的图像场景与人眼正常观察的真实场景具有相类似的认知程度,可增强对整体场景及其细节的理解,提高发现与识别的准确率。伪彩色增强的主要目的是把灰度图像的各个不同灰度等级按照线性或非线性映射函数变换成不同的彩色代码,图像以彩色方式显示。伪彩色处理方法主要有密度分层法、灰度级-彩色变换。

2. 变换域图像增强算法

变换域图像增强指的是首先从空间域中按特定的变换模型将红外图像变换到变换域中,再对变换后的图像做增强处理,然后再将增强处理后的图像反变换回空间域,最终得到增强后的图像。常见的变换有离散余弦变换、傅里叶变换和小波变换等。

离散余弦变换(DCT)有一个重要的性质就是图像信息的能量集中在离散余弦变换后的低频部分,可以通过调整低频系数和高频系数来调整整个图像的灰阶分布,从而达到图像增强的目的。

傅里叶变换空间也即频域空间,是最常用的变换空间,频域增强一般借助滤波器来实现,不同的滤波器滤除的频率和保留的频率不同,从而获得的增强效果也不同。常用的频域图像增强方法有巴特沃斯高通滤波法、高斯高通滤波法、同态滤波法等。

小波变换对于图像进行增强,是将一幅图像分解为大小、位置和方向均不相同的分量。在做逆变换之前,可以根据图像增强处理本身的需要,对不同位置、方向上的某些分量改变其系数的大小,从而使得某些感兴趣的分量被放大而使某些不需要的分量被减小。分解后的图像,其主要信息(即轮廓)由低频部分来表征,而其细节部分则由高频部分表征。实际应用中,通过对高频部分分量进行变换,经过处理达到增强图像的目的。基于小波变换理论的红外图像增强技术,即对低对比度的红外图像,通过进行小波变换,得到该图像的多尺度梯度分布,增强多尺度梯度模的大小,并扩大其在尺度空间的动态范围,就可以实现图像的对比度增强。这种方法有三个优点:①由于采用小波变换而带来的高计算效率;②图像的梯度提供了比直方图更直接、更多的空间信息;③由于是在多个尺度下进行的,所以可有选择性地增强某种尺度的图像特征,从而有效地控制噪声。

3. 基于模型的图像增强算法

当前主流的增强模型主要包括以下三种视觉模型:大气散射模型、Retinex 模型及视觉显著性模型。大气散射模型是机器视觉中描述光在大气传输的物理模型,是图像复原去雾增强中最常用到的模型,该模型分析了图像在大气传播过程中受影响的因素。Retinex 模型是基于色彩恒常的一种代表性计算理论,描述了人类视觉系统如何调节感知到的物体颜色和亮度,认为人类感知到的物体表面颜色主要取决于物体表面的反射性质。而红外图像也作为一种特殊的彩色图像,对有雾的红外图像也具有明显的效果。视觉显著性模型主要描述的是人眼视觉趋向于关注感兴趣区域,提取检测感兴趣的目标部分,实现感兴趣区域红外图像增强。

基于模型的图像复原是考虑成像过程中图像质量退化的主要原因,把退化过程建模分析,补偿退化过程中的失真,就能得到没有受到雾气干扰的图像。大气散射模型是图像复原最常用的模型,大气散射模型中含有较多的未知数,因此使用大气散射模型的去雾方法主要也就是求取这些未知变量的方式不一样,通过各种方法求取这些参数。

红外图像的成像机理与可见光图像不同,但类比可见光图像成像的机理可做出如下假设:认为物体发出的红外辐射是在红外光源照射下物体对红外光线的反射,而红外图像就是由物体反射的红外光线所形成的。

在分析对比了红外图像与低照度可见光图像的信号和直方图特点,可得出红外图像与低照度可见光图像特点相同的结论。同时,Retinex 算法在处理彩色图像时,它分别对每个颜色通道进行处理,然后再合成,对于红外灰度图像,可以认为只有一个颜色通道,因此 Retinex 算法也适于对灰度图像进行处理。Retinex 算法的物理意义是,在对数空间中,将原图像减去高斯函数与原图像的卷积的值,实际上原图像被减除去了平滑的部分,而且高斯函数中 R 越小,图像中慢变化的成分减去得越多,剩下的是图像中快变化的成分,从而突出了原图像中的细节。因此对于图像中存在严重暗的区域,通过 Retinex 算法增强后,突出了暗区域的细节。可用多尺度的中心/环绕 Retinex 算法来处理红外图像,即通过加权运算将多个不同尺度的 SSR 的输出结果进行相加,以融合各自的优点得到更好的处理效果。

视觉研究和心理学研究表明,人眼趋向于关注感兴趣区域。由于人类视觉系统注意机制的存在,在不同的场景下,人眼始终会定位到感兴趣区域,这种高级的视觉感知过程对人眼完成复杂视觉任务是极其重要的。例如在视野中找到特定目标任务,人眼在视觉注意机制作用下会从大量的目标中很快获取感兴趣目标。人眼视觉的这种特性又称为视觉显著性,在近期研究中广泛应用于目标检测、目标跟踪、图像分割等方面。视觉显著性使人类的视觉注意力集中在感兴趣区域,之后再实现显著性区域特征获取。

由于人眼视觉系统对目标与周边像素灰度级之间的差比目标本身绝对灰度级更为敏感,所以对比度增强可通过放大这些差值实现。因此可以通过放大出现频率高的灰度级差值实现对比度增强。

3.7　典型无人机载红外热像仪及主要技术介绍

3.7.1　热像仪在无人机载平台的作用与地位

热像仪是无人机(UAV)最常见的基本任务执行单元,是无人机的重要"眼睛"之一。借助热像仪,无人机可在昼夜和恶劣的天气条件下进行观察,操作人员通过数据链传递至地面图像,对无人机进行飞行或其他任务操控。

随着无人机技术的迅猛发展,对机载热像仪的要求越来越高,同时热像仪技术的进步又显著地提高了无人机的使用性能。通过热像仪,军用无人机可对战区进行侦察、监视、预警,对目标进行搜索、识别、测距、武器投放,并协助进行作战效果评估、战场障碍物探测,对核武器、生物和化学攻击的探测和取样等。作为无人机能昼夜工作的第一感官的"眼睛",热像仪无疑成为了无人机传感器的核心技术之一。

图 3-54 为美军的"死神"无人机载热像仪。

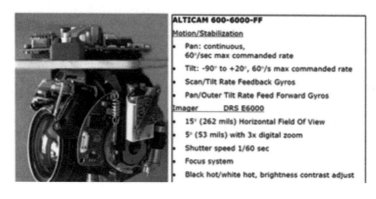

图 3-54　美军的"死神"无人机载热像仪

3.7.2　国内外无人机热像仪发展现状与趋势

未来的无人机热像仪技术,将向以下几个方向发展:

(1)热像仪小型化技术。例如,采用微机电部件和新型高强度轻质材料、低功耗成像电路组件、高集成度内部布局与共光路等设计,以降低体积、质量与功耗。

(2)大阵列规模的红外焦平面探测器技术。各类大中小型无人机的快速发展,对热像仪特别是红外探测器的像元数、像元大小、积分时间等的性能要求逐步提高。

(3)多光谱/超光谱成像(MSI/HIS)技术。多光谱(几十个波段)和超光谱(几百个波段)成像是利用全色传感器,对目标与景物进行原图像提取,从而获取更全面、准确的目标信息。

(4)多传感器的图像融合技术。可显著增加目标的特征信息。

(5)热像仪的智能化与信息化。高速图像信号处理和网络技术的协同发展,将推动热像仪的智能化信息处理水平。

1.国外发展现状和趋势

无人机技术的起源可以追溯至 1917 年,最早作为无人靶机使用,20 世纪 90 年代,其取得了迅速发展,广泛应用于战场侦察、通信中续、电子对抗和空中打击等诸多军事行动。目前,全世界已有 50 多个国家的军队装备了无人机。

美国是最早研制无人机的国家之一,同时也是在战争中使用无人机最多的国家,其凭借先进的军事科技和大量的资金投入,在无人机领域处于遥遥领先的地位。表 3-3 列举了美国典型无人机型号及装备的红外观瞄具,表 3-4 列举了英国、法国、以色列典型无人机型号及装备的红外观瞄具,图 3-55 为以色列康特罗普公司生产的光电/红外观瞄具。

表 3 - 3　美国典型无人机型号及装备的红外观瞄具

无人机序列	龙　眼	影子 200	捕食者	全球鹰	火力侦察兵
热像观瞄具主要性能	UL3 红外摄像机,采用 160×120 微测辐射热计探测器阵列,使用 F1.6 镜头,可以获得优于 80 mK 的灵敏度	640×480 锑化铟焦平面阵列,视场为 2°～20°	威斯汀豪斯公司的小型前视红外传感器和索尼公司的两个昼用光电摄像机,其中一个采用 10 倍的变焦镜头,另一个采用焦距不变的镜头	休斯公司的第三代 3～5 μm 热成像系统,采用一个锑化铟凝视焦平面阵列,具有 480×640 个探测器	flir 第二代中波红外前视,高分辨率 3～5 μm 锑化

表 3 - 4　英国、法国和以色列典型无人机型号及装备的红外观瞄具

无人机型号	英国的不死鸟	法国的红隼	以色列的云雀
热像观瞄具典型指标性能	英国热成像通用模块(TICM Ⅱ)基础上发展的热成像通用组件红外传感,能进行 360°扫描,在垂直剖面上能进行大于 70°的瞄准,变焦透镜能从×2.5 到×10 连续放大	SAT Cyclope 2000 红外线性扫描器工作在 8～12 μm 波段,扫描角为 120°,扫描速度为 300 线/s,使用闭合环路制冷	高分辨率非致冷长波(8～12 μm)前视红外摄像,其焦距固定,视场为 23°

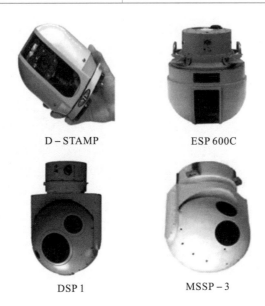

D－STAMP　　　　　　ESP 600C

DSP 1　　　　　　MSSP－3

图 3－55　以色列康特罗普公司生产的光电/红外观瞄具

2.国内发展现状和存在的差距

中国无人机的研究始于 20 世纪 50 年代后期,60 年代中后期投入无人机研制,形成了"长空"1 靶机、无侦 5 高空照相侦察机(长虹-1)和 D4 小型遥控飞机等系列。无侦 5 的研制成功,是我国在无人机技术领域里的一次飞跃,其首次装备了侦察用可见光相机,设计外形上停留有歼-6 飞机的影子,与当代无人机概念仍有较大的区别。80 年代后期和 90 年代初期,西安爱生技术集团公司(西安无人机研究发展中心)研制的 ASN-20 无人机中,已经可见我国当代无人机的雏形。

20 世纪 90 年代后期至今,我国的无人机取得了迅猛发展,一时"彩虹""蜂王""WZ2000""WJ600""毒蜂""翼龙""祥龙""暗箭"等各种系列的无人机如雨后春笋般地遍地开花。早期大多数无人机没有配装光电转塔,即使列装了光电转塔的一般仅配置彩色电视或非制冷热像仪,以满足导航需求。随我国国防发展需求的变化,能对陆域、海域实施空中侦察、警戒、威慑成为了军用无人机的一个重要发展方向,军用无人机的重点已从无人侦察机向无人攻击机倾斜。无人攻击机具备全天候的精确打击的能力,需要配套作用距离远、瞄准稳定的光电系统,对小型化高性能制冷型热像仪的研制需求迫切。

从近年来的各局部战争及近期的俄乌冲突来看,各类型无人机,特别是察打(侦察与打击)一体无人机的必要性和重要性都愈发凸显。国内众多的科研院所与企业都在积极地同步开展相关技术与产品研发工作,竞争当前及今后的无人机市场中的相关份额。当前国内无人机配套热像仪的研发单位,除具有传统行业技术优势的兵器 211 所、航空 613 所、电子 11 所等单位外,也不乏高德、大立等公司。目前使用的红外探测器多以长波制冷 640×512、中波制冷 640×512、非制冷 640×512 为主,红外光学系统设计多以连续变焦或多视场为主。图 3-56 和图 3-57 为兵器 211 所承担研制的某型无人机的热像仪及成像效果。

图 3-56 兵器 211 所某型无人机的热像仪实物

图 3－57　兵器 211 所某型无人机热像仪的热像成像效果

　　十几年来,国内无人机热像仪的快速发展已经改变了落后于欧美发达国家的局面。在热像仪技术层面与产品层面已接近国际先进水平,在红外探测器这一重要器件方面已实现自主国产化,覆盖中波制冷、长波制冷、双色制冷、非制冷等类型。

3.7.3　无人机热像仪的主要技术

　　小型化、高性能、耐环境适应性强的热像仪设计,是满足各类无人机平台应用的前提条件。无人机热像仪设计必须立足整体方案的统筹与分解,通过对每一个组件的优化设计达到热像仪的设计目标。无人机热像仪需要着重解决好以下五个方面的技术内容。

　　(1)大变倍比连续变焦红外光学系统设计。大变倍比连续变焦的红外光学设计难度体现于:连续变焦系统按补偿形式的不同分为光学补偿型和机械补偿型,前者适用于变倍范围和相对孔径较小的系统,后者无论是对机械加工工艺,还是对伺服调焦的方法都提出了苛刻的要求。高变倍比连续变焦光学系统只能选择机械补偿式的变焦系统,变倍组与补偿组按不同的运动规律做较复杂移动以实现变化焦距,理论上像面位置在变焦过程中保持稳定。但光学系统在不同使用温度环境条件下参数均会有一定的漂移,通常红外光学材料(如硅、锗)有较大折射率,受温度影响更大。

　　而对于机载平台应用,由于飞机的快速爬升,以及气动冷热的影响,可能会导致系统内温度变化率较大。这样在连续变焦的红外光学系统中,实际上,像面位置将会是变化的。虽然可以通过机械补偿像面移动,但补偿的空间是有限的。因此连续变焦红外光学系统的设计难度,超过可见光光学系统的设计。在设计前必须充分预估温度变化对整个光学系统的影响,在设计中留出余量,并满足有限空间的条件约束,无疑又增加了结构的复杂程度和系统的不稳定性。因此,光机设计之间的矛盾平衡,也是红外大变倍比连续变焦性光机系统的设计难度。

　　(2)可靠的小(轻)型化壳体结构系统设计。在有限空间内(小型化与轻型化的约束),连续变焦红外光学系统相对单视场光学系统而言,无疑将增加结构设计的复杂程度,而作为承载整个光学系统基座的结构壳体,其设计基本原则是简单、可靠和稳定。另外,无人机的环境适应性要求热像仪有较高的耐受冲击振动能力,并保持光轴稳定性,即系统结构刚性需要一定的余量,系统结构的小型化、轻型化,将与光学基座保持刚性的要求产生矛盾。因此,结构设计的合理布局难题是在有限的空间内,材料的选择、裁剪,与系统稳定性、刚性之间的平衡。

(3)快速自动对焦技术。通常红外传感器得到的景物能量与特性小于可见光传感器,红外探测器面阵尺寸大于可见光传感器相同 F 数的光学系统中,红外系统的聚焦光学口径远大于可见光系统,于是伺服调焦驱动的力矩自然也大于可见光成像系统;另外,大变倍比的红外光学系统变倍、调焦行程较长。这些原因导致成熟运用于可见光的相关自动对焦技术不适用于红外光学成像系统。在红外连续变焦的光学系统中,对焦清晰的高频分量判据将不会是一个单调函数,因此,高性能的红外快速自动对焦技术是一项重要的研究内容。

(4)成像电路小型化设计。热像仪的整机性能与成像电路性能优劣直接相关。无人机热像仪对成像电路组件的小型化要求很高,除需要满足有限尺寸空间内的高密度电路布板设计外,还需要解决大容量数据存储处理、低功耗、低噪声、快速散热等技术问题,相关问题又是互为矛盾的。这些问题具有难度,须统筹攻关解决,因此高性能小型化成像电路组件是无人机热像仪的一项关键技术。

(5)国产化探测器的可靠性加固技术。无人机要求的环境适应性高于普通热像仪,高低温和冲击振动首先将对国产探测器提出考验,研究国产化探测器的环境适应性和可靠性加固技术将是保证国产化探测器在无人机载应用的关键。

3.7.4 无人机热像仪技术发展趋势分析

为了提高无人机有效载荷能力和增加留空时间,针对基于无人机平台的热像观瞄具,在满足基本应用性能指标的前提下,尽量减小其体积和质量,无疑是对其首要的技术要求。随着无人机自身的发展趋势,世界各军事强国都积极推出了适用于不同战术和战略的各种系列无人机,军用无人机的广泛使用极大地拓展了其战场现场的复杂性,向红外传感器突出并具有一定的智能化和自主性(如自动对焦技术),以便无人机操控人员处理战场现场瞬息万变的情势。当代战争中发展的趋势,强调的是"快速打击"和"先发制人",在现代空战中,往往谁提前发现对方一两秒并做出了战术动作,谁就将决定最终战局的结果。而作为无人机"眼睛"的光电传感器,在无人机执行任务的过程以及其姿态和巡航高度不断变化的过程中,不受视场的调整影响而能清晰成像,将是无人机快速搜寻、瞄准目标或规避提防攻击的前提条件,因此,具有连续变倍能力的红外观瞄具将会是无人机传感器的另一个技术发展的重要方向。

当代的无人机技术竞争日趋白热化,世界各军事强国和发达国家为了保持自身军事和政治的优势,往往将涉及无人机传感器的关键部件和技术向我国封锁。考虑到国家安全,在无人机平台上使用国产化红外探测器,将会是我国在无人机技术领域保持长期和稳定发展的必由之路。因此,基于无人机平台的小(轻)型化、连续变焦的国产化高性能红外观瞄具的研制,将大幅提升无人机光电转塔的光电探测识别及其综合性能。而基于红外光学系统的大变倍比的连续变焦等新技术,将快速提升相关武器装备的性能。另外,以国产化红外探测器为核心的热像仪标准化组件的研制,将为无人机国产装备的做大做强提供有利保障。

第4章 激光测照器

4.1 概　述

提起武器,人们就会想到战争,想到战争,脑海中便浮现出各种机械的轰鸣、子弹刺耳的啸叫声和弹药的爆炸声,以及夺目的闪光和弥漫的硝烟等这些常规战争的场面。然而,火控问题导致的打击精确度直接影响了作战速度、人员伤亡、弹药消耗量及运输风险。人们自然期待能有一种特殊的武器,它可使导弹具有精确打击能力,从而减少所需的后勤保障支持。

战争威胁的存在使得每一种新技术的出现,都会让人们情不自禁地将其用于武器系统。激光,这个刚一诞生便荣膺"死光"之美誉的"怪物"自然更不例外,仅仅过了四五个春秋,激光在军事领域的首例应用——空前准确与快捷的激光测距系统便问世了。

从 1960 年第一台激光器诞生开始,人们就开始了对激光在军事领域应用的探索。早在1962 年,美国就率先开始了此类研究,并于 1965 年 4 月由德州仪器公司首次完成了激光制导炸弹实验。1968 年全世界第一款激光测照器(LTD)完成了战场鉴定。美军于次年装备了包含 LTD 在内的光电吊舱"铺路刀"挂载在 FG4 战机翼下,配合"宝石路"激光制导炸弹开始了激光制导武器在战场上的大规模应用。这一应用使炸弹命中率提升了约 100 倍,炮弹对移动目标的命中率提升了 2 500 倍。在轰炸目标时,这一作战方式不再要求飞机低空投放,大大降低了战机的战损率。激光制导武器的成功迅速引起关注并在世界范围内得到应用和发展。

1990 年,纪念世界上第一台激光器诞生 30 周年的庆典活动刚刚降下帷幕,举世瞩目的海湾战争即为激光武器大展奇才提供了绝好的舞台。携带"地狱之火"激光制导导弹的八架直升机一夜之间便将伊拉克西部的两个雷达站夷为平地,从而打开了一条无雷达监视的通道,使多国部队的飞机得以自由在地飞往巴格达地区进行轰炸。这对战争的进展无疑发挥了至关重要的作用。

如今的激光器在武器系统中的应用越来越广泛:既包括武器火控系统,也包括直接杀伤系统;既包括低能激光武器,也包括高能激光武器。这些应用为陆、海、空、天部队提供了强有力高效能的手段。有些机构或个人甚至认为,21 世纪的战争将是激光武器的战争。不管这种说法是否过分,可以肯定的是,激光武器必将在未来战争中发挥至关重要的作用。

(1)典型的激光测照器特点。

1)除浓雾天气外,均能为弹准确地指示目标;

2)具有很强的抗光、电干扰的能力;

3)可为不同类型的弹指示目标,具有很强的通用性;

4)可以编码发射和探测,不同指示器可同时指示不同目标;

5)在各种复杂的人为干扰及背景干扰中均能正确地识别和指示目标,并具有对选定目标进行精确跟踪的能力;

6)结构简单,成本低,维修使用方便。

(2)组成与技术关键。机载激光测照器主要由激光发射、激光接收、激光器电源、控制与信号处理单元及结构本体等部分组成。其中:激光发射部分由激光器、发射光学系统组成;激光接收部分由接收光学系统、放大器板及雪崩管组成;激光器电源由 LD 电源、储能电容组成;控制与信号处理单元由控制与信号处理板组成;结构本体用于安装激光器、光学系统及电子部件等。激光测照器组成图如图 4-1 所示。

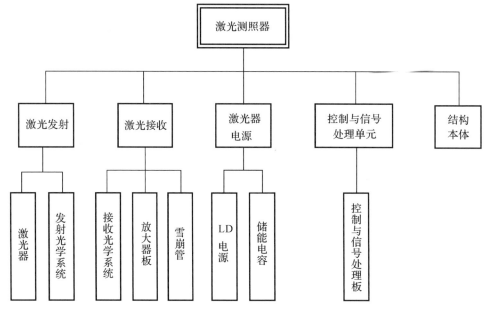

图 4-1　激光测照器组成图

除波长外,脉冲能量、脉冲宽度、束散角以及光斑的均匀性等激光束参数也是激光测照器的重要参数。

1)脉冲能量由系统总体要求确定,应能保证导引头中的探测器有响应。

2)脉冲宽度应满足探测器的响应时间和放大器带宽要求。使用最多的电光调 Q 的脉宽为 10 ns 左右。

3)束散角应尽可能小。主要是采用非稳腔技术、选模技术、利用发射光学系统来压缩束散角,可使其达到低于 0.1 mrad 的水平。

4)激光光斑的均匀性关系导弹的飞行误差,要求激光光斑应尽可能均匀。主要是利用非稳腔技术及选模技术等来保证照射光斑的均匀性。

机载激光测照器除激光测照器外,通常还配有瞄准系统和跟踪系统。

瞄准系统用于初始捕获目标;激光发射与瞄准系统在静态和动态情况下都始终同轴,是确保激光测照器照射精度的关键。

激光测照器中使用的跟踪手段很多,用得最普遍、技术最成熟的有电视自动跟踪、红外及前视红外自动跟踪等。

对机载的激光测照器而言,载机运动将造成目标相对瞄准线运动。因此,如何保持瞄准线稳定则是跟踪系统中必须解决的又一技术关键。

各种机载激光测照器多为吊舱式装置,挂在机翼或机腹外的挂架上,少数有安装在座舱内的;激光测照器发射编码激光脉冲,并与其他目标跟踪系统(如电视摄像机、前视红外装置等)一起装在陀螺稳定平台上。

迄今为止,国外公开报导的激光测照器已有百余个品种。在这些激光测照器中,较典型的有:美国国际激光系统公司研制的 AN/AVQ-26 型双座舱"宝石平头钉"(Pavetack)系统,其把精密前视红外系统与激光目标照射/跟踪功能融合为一体,置于机身下面的吊舱内,在全高度、全气候条件下提供精确的目标位置参数,以及单座舱"宝石平头钉"系统,其尺寸减小,指示精度提高,同时还具有精确自动跟踪目标的能力;美国诺思罗普公司电气-机械分部研制的 AN/AVQ-27 型机载激光测照器(LTDS)可为"宝石路"系列激光半主动寻的制导炸弹指示目标,其本身就是一个稳定的目标瞄准装置,且可提供速度和辅助速度两种跟踪方式,并具有记录攻击效果等多种功能,可安装在座舱内。此外,还有法、美公司联合研制的 TMY83 型激光测照器——测距机、国际激光系统公司研制的 AN/AVQ-25、西屋公司研制的 AN/AVQ-23 型"宝石矛"(Pave Spike)系统、澳大利亚防务研究中心研制的吊舱式目标指示器和电视跟踪器、法国汤姆逊公司与马丁·玛丽埃塔公司联合研制的机载自动跟踪激光照射系统(ATLIS)、福特宇航和通信公司研制的机载目标捕获和火控系统、英国费伦蒂公司研制的激光目标标识器/测距机、巴尔和斯特劳德公司研制的 LF6 型激光测照器、美国雷瑟恩公司研制的 1.06 μm 的激光测照器、马丁·玛丽埃塔公司研制的机载目标瞄准具/驾驶员夜视系统(TADS/PNVS)、休斯飞机公司研制的主旋翼轴安装瞄准具/"陶"式组合瞄准具(MMS/TOW)等。这里值得一提的是 LANTIRN 系统,其是目前最先进的几个系统之一,特别适用于飞机在夜间、低空、通过用激光制导或红外制导的武器攻击有着严密防空系统的目标。其中使用了改进型的 AN/AVQ 25 型激光测距机/目标指示器。当捕获目标、飞行员上仰拉起飞机时,系统即进入自动跟踪状态,用激光指示目标,以投放激光制导武器。

激光技术虽然只有 60 多年的历史,但由于它具有上述无与伦比的优点,所以已有多种方式应用于军事领域。目前,很多国家的陆军使用范围广泛的激光装置作为测距机和目标指示器,而一些军事大国则正从事范围更加广泛的海、空军种武器的应用研究。鉴于这种情况,我国也在大力开展机载激光测照器应用方面的研究。

4.2　激光测照的基本理论

激光测照器分为激光照射器和激光测距机两部分。两部分公用一个激光光源、发射镜头。激光测距机部分单独配有接收镜头和光电探测器。

4.2.1　激光照射器基本理论

战场上,激光测照器主要配合半主动激光制导系统使用。半主动激光制导系统由弹上设备(激光导引头和控制系统)和制导站的激光测照器组成,激光测照器主要由激光发射器和光学瞄准器等组成。只要瞄准器的十字线对准目标,激光发射器发射的激光束就能照射到目标上,因为激光的发散角较小,所以能准确地照射目标,激光照射在目标上形成光斑,其大小由照射距离和激光束发散角决定。如图 4-2 所示,激光和普通光一样,是按几何学原理反射的,在导引头接收到目标反射的激光后,经光学系统汇聚在探测器上,激光束在光学系统中要经过滤光片,滤光片只能透过激光器发射的特定波长的激光,滤光片可以在一定程度上排除其他光源的干扰,四象限探测器将接收到的激光信号转换成电信号输出。照射目标的激光测照器可配用地面激光目标指示器,也可以配用机载激光测照器,载机发射导弹后可以随意机动,但激光测照器必须一直照射目标,装置在激光制导武器上的导引头通过光学镜头接收到漫反射回的激光,高灵敏度的光电探测器将微弱的激光信号转换成电信号并进行放大处理,实时解算系统对电信号进行计算和分析,就能够得到目标相对于弹体的方位角(即脱靶量)。激光制导武器的飞控系统依据脱靶量,通过控制舵面等手段,修正指向偏差,将激光制导武器引导向目标,最终直接命中。

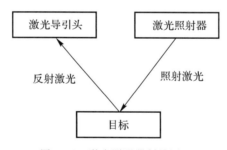

图 4-2　激光测照器制导原理

在机载平台应用方面,根据照射和投弹任务执行载机的不同,可以分为本照本投和它照本投(见图 4-3)。

(1)本照本投。载机同时挂装激光弹和激光照射吊舱,投弹和照射由本机独立完成。

(2)它照本投。挂装激光弹和挂装激光照射吊舱的飞机不同,投弹和照射由两架飞机配合完成。

4.2.2　激光测距机基本理论

激光测距采用脉冲激光,测量光波在测距机与目标间的渡越时间,得到目标距离。其工作原理如下：如图 4-4 所示，操作手启动发射激光，激光器输出一束激光脉冲，经扩束准直光学系统发射，穿过大气射向目标，在激光束发射的同时，启动内部计时器开始计时；到达目标的激光束部分能量被目标表面反射回到测距机，回波信号经接收光学系统收集，汇聚到接收光电探测器，信号经放大电路、阈值处理输出，关闭计时器停止计数。计时器即可测量得到激光脉冲信号在目标与测距机之间的飞行时间，根据光的传播速度，即可得到目标距离。

图 4-3 机载目标指示工作原理

(a)本照本投； (b)它照本投

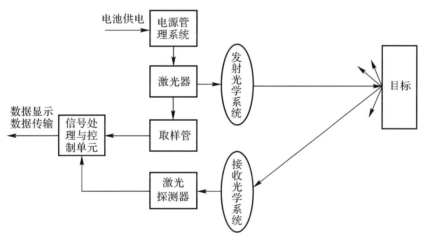

图 4-4 脉冲激光测距工作原理

测距公式为

$$l = ct/2 \tag{4-1}$$

式中：l 为待测距离；c 为光速；t 为光脉冲在待测距离上往返传输的时间。

由式(4-1)可以得出，只要求出光脉冲在待测距离上往返传输所需要的时间 t，就可以通过式(4-1)求出目标距离。脉冲测距的原理和结构比较简单、测程远、功耗小，而且一次测量就能得到单值距离。

脉冲测距的精度可以由下式表示：

$$\Delta l = \frac{c}{2} \Delta t \tag{4-2}$$

式中：Δl 为测距精度；Δt 为脉冲传输的时间精度。

由式(4-2)可以看出，测距精度主要是由激光飞行时间的准确精度来确定的。而激光飞行时间的测量精确度主要依赖于接收通道的带宽、激光脉冲的上升沿、探测器的信噪比和时间间隔测量精确度。时间间隔测量精确度又与计数器频率有关，计数器频率越高，时间间隔测量精确度越高。

4.3 激光器技术

4.3.1 激光器的分类

(1)闪光灯抽运激光器。早期 LTD 采用的抽运源均为闪光灯且以脉冲氙灯为主。以图 4-5(a)所示的光路为例，氙灯与激光晶体平行放置，侧面包裹有高反射椭圆柱腔作为聚光腔[见图 4-5(b)]，该聚光腔沿光轴方向略长于氙灯发光区，从与光轴垂直的截面上看呈椭圆形，晶体和氙灯分别位于两个焦点处，腔内其余空间充满流动的 70/30 乙二醇/水溶液作为冷却液，发射激光部分重达 7 kg。

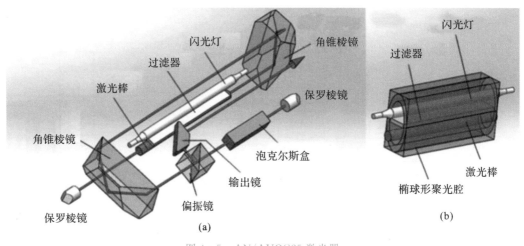

图 4-5　AN/AVQG25 激光器
(a)光学光路图；　(b)聚光腔结构

氙灯无论发光光谱或者输出能量均对温度不敏感，能在宽温区环境（−40～60 ℃）稳定工作，故在当时成为 LTD 抽运源的首选。但对于 Nd:YAG 激光晶体而言，其对氙灯的光谱吸收较窄，绝大多数光谱被浪费转化为热，这不但导致 LTD 系统的电光效率较低（约 1%），而且较高的热负载也使得冷却方案除了水冷没有其他选择余地，因存在水箱、水泵和冷却液，系统质量较大（5.8～20.86 kg）。另外，氙灯的寿命最高仅为 10^6 个激光脉冲，输出功率在氙灯报废之前就随老化而下降。

即便如此，在更先进的抽运源出现之前，美国、法国、英国、澳大利亚、瑞典等国研制了应用于飞机、陆地载具、舰船和单兵等多个作战平台共数十个型号的 LTD。最初的几种型号虽然装备数量不大，但仅在越南战场上美军就投放了约 25 000 枚激光制导炸弹，平均命中率 60% 以上;在海湾战争中美军投放了 9 300 余枚激光制导炸弹,命中率 85% 以上。

(2)带有温控系统的激光二极管抽运固体激光器。为了解决抽运源发射谱与激光晶体吸收谱不匹配从而导致能量浪费的问题,早在 1963 年就出现了用 LD 抽运激光晶体的实例。由于工艺的限制,早期 LD 阈值电流高,输出功率低,而且在使用时需要将温度冷却至低于 200 K。直到 20 世纪 80 年代后期,得益于半导体物理的发展,可用于常温的、有实用价值的 LD 开始出现,输出功率逐渐提高。到 1992 年,大功率的 LD 实现并用于激光二极管抽运固体激光器(DPL)。

相比于闪光灯,LD 的体积、质量都有所降低,寿命也有所延长(约为 10^8 脉冲)。最重要的是,LD 谱宽可以低至 10 nm 以下,且可以通过选择输出波长使之与晶体吸收谱匹配,能量转化效率可得到大幅提升,从而使系统热负载大大降低,为传导冷却方案带来可能。因此,DPL 相比于灯泵激光器有体积小、寿命长、效率高和光束质量好等优点。由于没有水冷系统,其体积、质量都得到优化,整个系统的寿命和稳定性得到提高,所以在各种目标指示器中逐渐取代了灯泵激光器。

LD 带来众多好处的同时,也带来了温控问题。由于温度的变化会改变其输出波长(约为 0.28 nm/℃),为了维持激光晶体对抽运光吸收的稳定性,需要用类似图 4-6 结构的温控系统对 LD 进行精确控温:当温度低于预定温度点时,需要用电阻加热;反之需要用半导体致冷器(TEC)制冷。这带来的问题在于,当系统刚刚启动时,如果环境温度不在预设温度点上,需要花费约 2 min 的时间预热,失去了之前灯泵激光器可以即开即用的特性,这在某些军用场合是不容易被接受的。另外,高温下 TEC 制冷效率通常在 70% 以下,温控系统散出的热量大于 LD 工作产生的热量,加剧了散热能力有限的整个光电系统的热负载,而且容易造成越难散热就越要产生热的恶性循环。即使是在非极端条件下使用时,为了维持 LD 的温度,温控系统要持续工作,存在一定的待机功耗。这在便携应用的场合(如单兵携带的地面激光照射器),就会暴露出电池续航的问题。最后,虽然质量更轻的风冷精确温控系统取代了水冷散热系统,但在复杂程度或故障风险方面并没有改善,TEC、温度传感器的失效或性能下降都会导致温控系统精度下降、响应延时,造成激光输出不稳定。

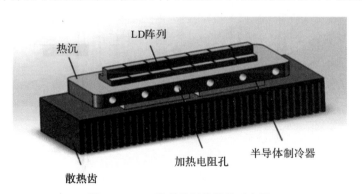

图 4-6　LD 阵列及温控模块示意图

总体来说,带有精确温控系统的 DPL 虽然质量、体积和寿命都比灯泵激光器有所改善,但需要温控、存在待机功耗和预热时间等缺点阻碍了 LD 抽运源优势的发挥。美国自 1997

年开始研究半导体抽运的制导用指示激光器,并于 2002 年随 AN/ASQ-228-ATFLIR 吊舱开始装备于美国海军 F-18 战斗机上。该型号吊舱与同期的 AN/AAS-28(V)-LITENING 系列吊舱是最成功的产品之一。截至 2012 年,这两款吊舱至少共有 1 416 套装备在约 30 个国家几乎各种型号的军用飞机上。

(3)免温控激光二极管抽运固体激光器 DPL。为了在激光器更轻、更可靠、寿命更长的基础上解决因 LD 需要温控带来的新问题,当前 DPL 发展的关注点在于免温控和即开即用。在实现途径上主要分为以下两种:

1)任由 LD 输出波长随温度变化,虽然抽运源提供的波长不稳定,但可以采取措施保证晶体所获得的增益对波长不敏感,从而实现对温度脱敏;

2)直接让 LD 输出的波长不随温度变化,使抽运光本身对温度脱敏。

A.晶体增益对温度脱敏方案。

a.多波长抽运。使晶体在一个温度区间内增益保持稳定的方案之一是多波长抽运技术。多波长抽运主要针对光纤应用于通信领域,目的是在波分复用时,为光纤中传播的多种波长信号光提供一致的增益。在 DPL 方向上,武汉军械士官学校光电技术研究所程勇团队于 2016 年提出该方案并提供了波长选择和功率分配方法。

其思路是将不同中心波长的 LD 封装成抽运模块。以三波长抽运方案为例(见图 4-7),虽然每一种 LD 的输出波长都随温度变化,但如果选择得当,在任一温度下,这三个波长中至少有 一个与激光晶体吸收谱匹配良好,并得到较高的吸收系数,其他匹配程度较差的一至两个波长起辅助作用。当温度变化时,三个波长同时漂移,原来与吸收谱匹配较好的波长虽然漂出了最佳区域,但另外两个波长漂进了高吸收率区域。因此三个波长在随温度漂移的过程中,互相弥补。如果再配合以功率分配措施,从整体效果来看,可以将吸收率维持在某一个范围内,免去激光器的温控系统。

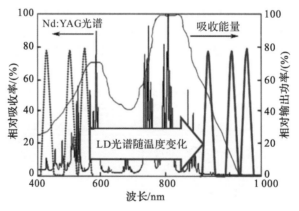

图 4-7 多波长 LD 与 Nd:YAG 吸收谱匹配示意图

多波长抽运方案的优点是成本低、易实现。只要计算出合适的波长组合,就可以将三种 bar 条封装成一个抽运模块。但这种方案也有以下缺点:

Ⅰ.在空间有限的情况下,LD bar 条的数目是有限的。抽运光谱由单一波长变成三波长后,每个波长对应的 bar 条数目也减少为原来的 1/3。假设某一温度下只有一个波长与吸收谱匹配,那么激光晶体所获得的抽运功率也减少至 1/3。这样不但降低了电光效率,而且多余的热量还为热管理增加了难度,使激光器在散热和光束质量方面承受更大的压力。

Ⅱ. 为了保证整体吸收效率的稳定,三个波长的选择和各自功率控制都需要精心设计。即使如此,能保证输出能量稳定性的温区宽度也无法任意控制。实际上,经过编程计算得出波长选择结果和功率分配策略,最佳结果为 25 ℃ 下 802.35 nm、813.15 nm、810.95 nm 三个波长以 1∶0.6∶1 的功率比抽运 Nd^{3+} 掺杂原子数分数为 0.62%、长为 50 mm 的晶体(见图 4 - 8),可以在 81.4 ℃ 范围内保证能量吸收率波动小于 5%。

Ⅲ. 不同的抽运波长,其无辐射跃迁对应的能级宽度是不一样的,导致晶体的热效应和热透镜焦距变化,相当于激光器的参数在一直变化,不同温度下其输出的激光模式、光束质量和其他光学参数均不稳定。

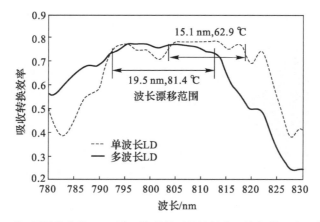

图 4 - 8　50 mm 长、原子数分数 0.65% Nd^{3+} 晶体对单波长和三波长抽运光吸收效率曲线对比

基于此方案,美国诺格公司第三代陆用激光测照器(GLTDⅢ)(见图 4 - 9)可以在 −32~49 ℃ 范围内保持能量 80 mJ 以上、稳定性优于 15% 的激光输出,且激光器没有主动冷却系统,可以实现静音运行。

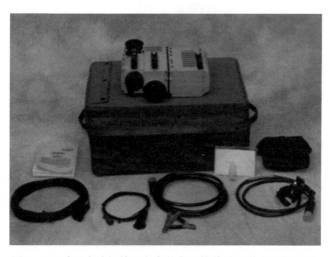

图 4 - 9　采用多波长抽运方案的免温控单兵用激光目标 LTD

b. 长光程抽运。激光晶体的吸收谱是在某一长度下测量的,对应的光程越小,不同波长间吸收系统的差异越明显。而当光程大到一定程度时,即使是低吸收系数波长的抽运光也会被吸收大部分,此时吸收谱也就变得相对平滑。

为了实现长光程抽运,CILAS 公司报道了如图 4 - 10(a)所示的抽运结构:两块 YAG 晶体通过扩散接合工艺将一 Nd∶YAG 板条夹在中间。末端的两个突起是 LD 模块,与之对应的面镀有增透膜,其余的侧面镀有高反膜。抽运光进入晶体块之后因其特殊的形状得以在两个高反面间多次往返穿越晶体,对应着比较长的光程,最终使晶体对不同波长的抽运光有较为平滑的吸收[见图 4 - 10(b)]。该方案的优势在于不需要额外的器件,甚至在省掉了抽运源与激光晶体之间的耦合器件的情况下就能实现很高的利用率,因此很容易实现小型化。

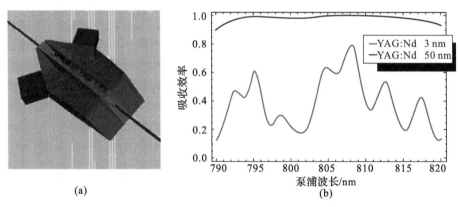

(a)

(b)

图 4 - 10　CILAS 公司长光程抽运
(a)长光程抽运方案示意图；　(b)在两种长度晶体中抽运光吸收谱

基于此方案,AIRTRAC 公司推出了结构极其紧凑的激光器(见图 4 - 11)。该款激光器可以在－40～60 ℃范围内实现能量不小于 70 mJ 的稳定输出。

图 4 - 11　长光程抽运方案免温控激光器

该方案除了在某些温度可能需要补偿电流以保证能量稳定性之外,几乎是完美的。只是其中使用的扩散接合工艺要求太高,接合表面上任何一点污染或划痕都会导致接合失败。本方案中同一块晶体的两个表面都要接合,面积大、成品率低。

B. 抽运源对温度脱敏方案。实现 DPL 免温控的另一个方案是直接锁定 LD 的输出波长。LD 工作温度和电流发生变化导致输出波长发生变化,其原因是半导体禁带宽度发生了变化,反转粒子在此时的分布导致在没有人为干预的情况下最容易起振的波长发生变化。这并不代表与目标波长相对应的能带上没有反转粒子分布,只是这部分能量被最先起振的波长提取出去了。因此,若能人为地为谐振腔提供反馈,在振荡还没开始的荧光阶段将目标波长的光子反射回去实现选模,那么此纵模便能在竞争中得胜起振,将能量提取出去,最终实现 LD 输出波长的锁定。

在这个过程中最关键的器件是体布拉格体光栅(VBG),其作用类似于激光器谐振腔内的输出镜。但常规部分反射镜的反射谱宽约 10 nm 以上,在这个范围内变化的波长足以使激光晶体的吸收率发生变化。而 VBG 对波长的敏感范围是 1 nm 以下,从而将晶体吸收系数的变化控制在可接受范围内。

VBG 在原理上是一种沿着光轴方向折射率呈周期性突变的器件(见图 4-12),在光线传播的路径上,每一次入射至突变区表面都会被返回一部分,如果各个突变层间距设置合理,那么它们所返回的光就会形成相长干涉,起到部分反射镜的作用。通过控制层数控制反射率,就可以形成一个反射率可选的、有着强纵模选择能力的输出镜。制成产品的 VBG 热稳定性和长时稳定性优良,只要不暴露在强紫外辐射下,VBG 都能保持响应波长变化率小于 0.01 nm/℃。因此,如果将 VBG 与本身没有输出镜的 LD 配合使用,在 LD 外腔为之提供反馈,可以在一定温度范围内锁住输出波长,并且整个模块的寿命仍取决于 LD,达到 10^8 脉冲的量级,如图 4-13 所示。

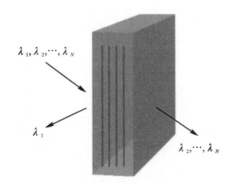

$$\lambda_1, \lambda_2, \cdots, \lambda_N$$

$$\lambda_1$$

$$\lambda_2, \cdots, \lambda_N$$

图 4-12　VBG 多折射率层结构

VBG 内部的折射率突变层通常需要在 1~2 mm 内达到上千层,其制作难度很大。但得益于紫外光刻技术的发展,可以用以 He~Cd 激光器为例的 325 nm 激光器产生全息干涉条纹照射紫外光敏材料(如 $LiNbO_3$:Fe 晶体),干涉条纹中的亮条纹使曝光区折射率发生变化,形成突变层。在实际应用中,VBG 与 LD 光轴垂直放置,如图 4-14 所示。由布拉格条件可知,VBG 光线的入射角度也很敏感,只有约 ±2.5° 的接收角,因此,VBG 平面一方面要尽量与 LD 光轴垂直,另一方面要对 LD 的快轴方向用柱面镜做准直,使尽可能多的光线出现在可接受的角度内,从而保证被反射回来的能量能重新回到 LD 中。

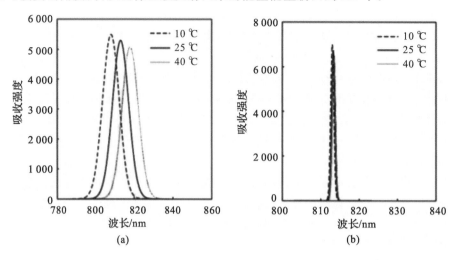

图 4 - 13　VBG 锁波长前后 LD 输出光谱的对比

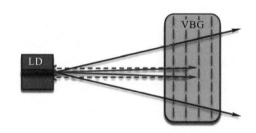

图 4 - 14　VBG 外腔反馈示意图

　　VBG 锁波长的方式虽然有效,但其所对应的温度范围有限。例如在 25 ℃下 LD 荧光谱以 808 nm 为中心,谱宽为 10 nm。若按 0.28 nm/℃的漂移速率,在±17.9 ℃范围内,荧光谱都包含 808 nm。若 VBG 反馈波长是 808 nm,那么在(25±17.9)℃范围内均能为 LD 提供反馈。当温度超出这一范围时,目标波长对应的荧光太弱,导致反馈不足,不能起振。但如果在下一个 35 ℃对应的 LD 荧光波长范围内,激光晶体也有吸收系数相近的吸收峰,则可以在多块 VBG 上写入另一套干涉条纹来响应这个波长。而两套条纹对对方波长没有响应,因此可以没有干扰地拓宽工作温度范围。但要注意的是,若温度在变化时恰巧跨越这两个温度段,则抽运波长会发生跳变,此时如果激光晶体的吸收系数差异太大,会引起 DPL 输出能量的跳变。因此在设计阶段选择各温度段的工作波长时,应依据晶体吸收谱仔细考虑吸收系数的匹配问题。

　　用于目标指示器的激光器的未来发展方向主要是基于免温控技术的 DPL,该技术可以用于作用距离较远的武装直升机和察打一体无人机等平台。

　　从长期来看,所有问题的核心都是热管理问题,因此激光器会向高电光效率、低发热功率方向发展。

4.3.2　Nd:YAG 材料特性

Nd:YAG 激光器是目前最常用的一类固体激光器。掺钕的钇铝石榴石（Nd:YAG）的参量特别有利于激光作用的产生，YAG 基质很硬、光学质量好、热导率高。YAG 的立方结构也有利于窄的荧光谱线，从而产生高增益、低阈值的激光作用。在 Nd:YAG 中，三价钕替换了三价钇，因此不需要补偿电荷。

在 Geusic 等人首次报道成功地进行 Nd:YAG 激光发射之后的 5 年，材质和泵浦技术都取得了很大的进步，因此利用单棒获得的连续输出功率从最初的零点几瓦上升到后来的几百瓦。在 Nd:YAG 激光器首次运转数十年后的今天，Nd:YAG 激光器已成为应用最广泛的固体激光系统。

1. 物理性能

Nd:YAG 除了非常优越的光谱和激光特性外，其基质材料的晶格因其非常有吸引力的物理、化学和机械特性而受到关注。从最低的温度直到熔点，YAG 的结构都很稳定，还没有报道过它在固相中的形变。YAG 的强度和硬度虽低于红宝石，但仍然很高，足以保证在正常生产过程中不会出现严重的断裂问题。

纯 $Y_3Al_5O_{12}$ 是无色、光学各向同性的晶体，它有石榴石一般的立方结构特征。在 Nd:YAG 中，大约 1% 的 Y^{3+} 被 Nd^{3+} 替代。两种稀土离子的半径差大约为 3%。因此，当加入大量的钕时，晶体就会出现应变。这表明超过了钕的溶解度，或者掺入钕后严重破坏了 YAG 的晶格。表 4-1 列出了 YAG 的一些重要物理特性，以及光学和激光参量。

表 4-1　Nd:YAG 的物理和光学特性

化学式	$Nd:Y_3Al_5O_{12}$
Nd 质量百分比	0.725
Nd 原子百分比	1.0
Nd 原子数/cm^3	1.38×10^{20}
熔点/℃	1 970
努普硬度	1 215
密度/(g·cm^{-3})	4.56
断裂应力/(kg·cm^{-2})	$(1.3 \sim 2.6) \times 10^6$
弹性模量/(kg·cm^{-2})	3×10^6
热膨胀系数 [100]方向	8.2×10^{-6} ℃$^{-1}$，0～250 ℃
[110]方向	7.7×10^{-6} ℃$^{-1}$，0～250 ℃
[111]方向	7.8×10^{-6} ℃$^{-1}$，0～250 ℃
线宽/Å	4.5

续表

化学式	$Nd:Y_3Al_5O_{12}$
受激发射截面 $R_2 - Y_3$	$\sigma_{21} = 6.5 \times 10^{-19}\ cm^2$
$^4F_{3/2} - ^4I_{11/2}$	$\sigma_{21} = 2.8 \times 10^{-19}\ cm^2$
荧光寿命/μs	230
1.06 μm 时的光子能量/J	$h\nu = 1.86 \times 10^{-19}$
折射率	1.82(在 1.0 μm 时)
散射损耗/cm	$\alpha_{sc} \approx 0.002$

2.激光特性

Nd:YAG 激光器为四能级系统,其简化能级图如图 4-15 所示。波长为 10 641Å 的激光跃迁始自 $^4F_{3/2}$ 能级的 R_2 分量,终止于 $^4I_{11/2}$ 能级的 Y_3 分量。在室温下,只有 $^4F_{3/2}$ 中 40% 的粒子数在 R_2 线上;根据玻尔兹曼定律,余下的 60% 在较低的 R_1 子能级。激光作用仅由 R_2 离子产生,而 R_2 能级的粒子数通过热跃迁由 R_1 补给。Nd:YAG 的基能级为 $^4I_{9/2}$ 能级,还有很多相对较宽的能级,可以认为它们共同构成泵浦能级 3。

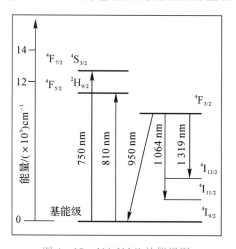

图 4-15 Nd:YAG 的能级图

表 4-2 总结了 Nd:YAG 的热性能。

表 4-2 Nd:YAG 的热性能

特 性	300 K	200 K	100 K
热导率/(W·cm^{-1}·(K^{-1})	0.14	0.21	0.58
比热/(J·g^{-1}·K^{-1})	0.59	0.43	0.13
热漫射率/(cm^2·s^{-1})	0.046	0.10	0.92

续表

特　　性	300 K	200 K	100 K
热膨胀/(K^{-1}×10^{-6})	7.5	5.8	4.25
$\partial n/\partial T/K^{-1}$	7.3×10^{-6}	—	—

图 4-16 为 Nd:YAG 在 300 K 温度时的吸收光谱。

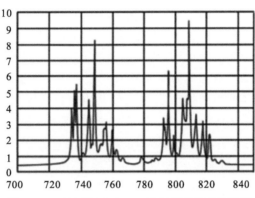

图 4-16　Nd:YAG 在 300 K 温度时的吸收光谱

3. Nd:YAG 激光棒

目前市场上的激光晶体都是通过提拉法生长的。生长速率、掺剂、退火工艺和最终尺寸,通常决定了每个晶体的制造成本。毛坯轴或生长方向通常是[111]方向。Nd:YAG 的生产成本高,主要原因是晶体的生长速率慢,约为 0.5 mm/h,长度为 10～15 cm 的典型毛坯需要几周的生长周期。

生长的 Nd:YAG 毛坯一般只含有少量的、用光学方法才能观测到的散射中心,并且可以忽略对激光波长的吸收。然而,当所有以提拉法生长的 Nd:YAG 晶体位于正交的起偏器之间时,就会沿着晶体的长度方向显现出明亮的芯子,还可以看到从此芯子向晶体表面辐射的应变花纹。利用电子微探针研究表明,中心区的 Nd 浓度是周围区域的两倍。在生长界面存在一个小晶面,钕的分凝系数不同于周围的生长面,因此形成这种核心区。这种成分的差异引起相应的热膨胀系数差异,从而在晶体从生长温度冷却下来的过程中,就产生所观察到的应变花样。退火似乎并不能消除该中心。截至目前,还没有找到避免在生长界面形成小晶面的方法。不过,仔细选择晶体的生长方向,并维持实际应用中陡峭的生长界面角度,就能将应变限制在非常小的局部范围,从而可以用核心区周围的材料加工出光学质量很高的棒。当然,这意味着为了提供特定直径的棒,晶体必须以略粗一倍的直径生长。毛坯按截面的四等份进行加工,当前加工出来的棒的最大直径约为 15 mm,长度达到 150 mm。这种棒的光学质量一般都相当好,可与质量最好的提拉法生长的红宝石或光学玻璃相媲美。例如,从 20 mm×150 mm 毛坯中切割出的 6 mm×100 mm 棒在台曼-格林干涉仪上一般只测出 1～2 条干涉条纹。

YAG 中的原子浓度限制在 1%～1.5% 以内,较高的浓度会缩短荧光寿命,展宽线宽,在晶体中引起应变,最终导致光学质量变差。YAG 中的 Nd 掺剂有时以不同的浓度单位表示:晶格中的 Nd 原子浓度为 1%,在质量上分别等于 0.727% 的 Nd 或 0.848% 的 Nd_2O_3。

在表示 Nd:YAG 棒的规格时,重点采用尺寸、尺寸容限、掺杂浓度和棒质量的被动光学测试。平端面圆柱棒通常按下列规格加工:端面平度为 $\lambda/10$、两个端面的平行度大约为 $\pm 4''$、棒轴的垂直度为 $\pm 5'$、棒轴与 [111] 方向的平行度在 $\pm 5°$ 以内。棒的尺寸容限:长度为 ± 0.5 mm,直径为 ± 0.025 mm。绝大多数供货方都根据台曼-格林干涉仪检测的晶体干涉花纹的照片来加工晶体。双路台曼-格林干涉仪能够快速找出应变区域、小缺陷或加工误差。

在特殊应用中,通过选择最佳的 Nd 浓度,能够在一定程度上提高 Nd:YAG 激光器的性能。一般原则是,对于 Q 开关运转,为了产生高储能,需要有高浓度的掺剂(大约为 1.2%)。对于连续运转,通常选择低掺剂浓度(0.6%~0.8%),以获得优良的光束质量。

值得注意的是,与液体或玻璃相比,这种晶体基质材料的掺杂浓度不可能均匀,这是由于晶体的生长机理造成的。在 $Y_3Al_5O_{12}$ 中,很多 Nd^{3+} 代替了 Y^{3+},钕将优先留在溶液中。从晶种到 20 cm 长的毛坯末端,Nd 浓度增加量为 20%~25%。对于 3~8 cm 长的激光棒,这种端面与端面之间的变化可能会改变 Nd_2O_3 的质量,改变量在 0.05%~0.10%。

4. Nd:YAG 中不同的激光跃迁

在正常工作条件下,Nd:YAG 激光器在室温时以最强的 $^4F_{3/2} - ^4I_{11/2}$ 跃迁产生 1.064 1 μm 波长的振荡。如果在该谐振腔中插入标准具或色散棱镜,或以特殊设计的谐振腔反射镜作为输出镜,或使用镀有高度选择性介质膜的反射镜,也可能获得其他波长的跃迁。上述这些元件抑制了其他不需要的波长的激光振荡,而提供了所需波长振荡的最佳条件。这种技术可在 Nd:YAG 中产生 20 多种跃迁。表 4-3 列出了在室温下以这些跃迁获得的连续运转所得的相关输出,并将相应的输出与 1.064 μm 发射时所得的 71.5 W 输出进行比较。

1.064 μm 和 1.061 μm 的 $^4F_{3/2} \rightarrow ^4I_{11/2}$ 跃迁提供了 Nd:YAG 中阈值最低的激光谱线。在室温下,1.064 μm 线的 $R_2 \rightarrow Y_3$ 跃迁是主要的,而低温时 1.061 μm 线 $R_1 \rightarrow Y_1$ 跃迁的阈值较低。如果冷却激光晶体,就得到另外的激光跃迁,最有名的有 1.839 μm 线和 0.946 μm 线。

表 4-3 Nd:YAG 中主要的室温跃迁

波长/μm(空气中)	跃迁	相对性能
1.052 05	$R_2 \rightarrow Y_1$	46
1.061 52	$R_1 \rightarrow Y_1$	92
1.064 14	$R_2 \rightarrow Y_3$	100
1.064 6	$R_1 \rightarrow Y_2$	≈ 50
1.073 8	$R_1 \rightarrow Y_3$	65
1.078 0	$R_1 \rightarrow Y_4$	34
1.105 4	$R_2 \rightarrow Y_5$	9

续表

波长/μm(空气中)	跃　迁	相对性能
1.112 1	$R_2 \rightarrow Y_6$	49
1.115 9	$R_1 \rightarrow Y_5$	46
1.122 67	$R_1 \rightarrow Y_6$	40
1.318 8	$R_2 \rightarrow X_1$	34
1.320 0	$R_2 \rightarrow X_2$	9
1.333 8	$R_1 \rightarrow X_1$	13
1.335 0	$R_1 \rightarrow X_2$	15
1.338 2	$R_2 \rightarrow X_3$	24
1.341 0	$R_2 \rightarrow X_4$	9
1.356 4	$R_1 \rightarrow X_4$	14
1.414 0	$R_2 \rightarrow X_6$	1
1.444 0	$R_1 \rightarrow X_7$	0.2

4.3.3　半导体泵浦

与灯泵浦的固体激光器相比,用 LD 泵浦除了具有高光束质量、高效率、长寿命、高稳定、高可靠等优点外,DPSSL 技术还带动了一系列新型器件的研究和发展,如窄线宽、稳频激光器,光纤激光器,波导激光器,微型、阵列激光器,热容激光器,低热泵浦激光器等。当然,这些新型器件并非一定要采用 LD 泵浦。例如,早期的热容激光器以及对 Yb^{3+} 准三能级系统的研究就是用灯泵浦的。事实是,在采用 LD 泵浦后,这些新型器件的性能获得了飞跃发展,更加充分地发挥了它们的优越性。

在 DPSSL 中,泵浦二极管是主要的热源,热管理主要是解决二极管的温度控制与晶体材料的散热。热量的传递有以下三种基本方式。

(1)热传导:指物质各部分之间由于直接接触而发生能量传递的现象;

(2)热对流:指流体中温度不同的各部分发生相对位移而发生能量传递的现象;

(3)热辐射:指物体表面对外发射的射线在空间传递能量的现象。

DPSSL 中的无用热已经大大减少,但仍然不能满足对激光性能日益增长的要求。于是为进一步减少无用热造成的不利影响,对固体工作介质的几何形状、泵浦-冷却的程序和结构设计上发展了多种有效的实用技术。当前较为突出的有 4 种类型:块状激光器($Z \sim X$,Y,稳态工作)、盘片激光器($Z \leqslant X,Y$,稳态工作)、光纤激光器($Z \geqslant X,Y$,稳态工作)、热容激光器(瞬态间歇工作)。这里的 X、Y、Z 是指激光工作介质的几何尺寸,Z 指长度方向的尺寸,X,Y 指横向方向的尺寸。

原则上,所有几何形状(圆棒、板条、盘片)的固体介质都可以热容模式工作。高平均功率激光器(包括热容模式)大多采用盘片状工作介质,这是因为各种瞬态光-机形变与工作介质的几何形状有关,盘片激光介质的形变与激光轴线方向基本一致,所以可保持良好的光束质量,而且通过增加盘片的面积和数量可以增加激光系统的输出功率。

原理上,DPSSL包括上述4种类型的激光器。但出于发展历史原因,习惯上DPSSL又常常特指LD泵浦的块状、盘片状固体激光器。

由于LD泵浦的块状、盘片激光器,高平均功率光纤激光器,谐振腔设计等已著专文论述,本书仅举几个例子进行简单说明。

1.LD泵浦的圆棒状激光器

采用LD泵浦已经大大减小了进入工作介质的无用热,但由于量子缺陷、量子效率以及上转换等损耗造成的无用热仍然严重影响了固体激光器的性能,例如,目前应用最多的是采用808 nm的LD泵浦Nd:YAG,此时,仅量子缺陷一项引起损耗就有24%,而且绝大部分转变为无用热,所以,如何克服无用热所造成的不良影响,仍然是一个亟待解决的问题。

下面以圆棒状Nd:YAG为例,看看如何克服热效应,以获得高效率的高光束质量激光输出。

在高平均功率工作时,主要有以下三个因素限制了棒状Nd:YAG激光器的TEM_{00}模输出功率:

(1)热应力引起双折射,使Nd:YAG棒成为一个非单一焦距的透镜,腔模分裂成沿径向(r)和切向(φ)传播的两个模。分析证明,最大TEM00模半径约为1.1 mm,而与棒的尺寸无关,因此限制了最大的TEM00模输出功率。

(2)非均匀泵浦在棒内引起光学畸变。随着泵浦功率增加,这种热畸变造成的衍射损耗比增益增加得更快,从而限制了输出功率。

(3)棒的破裂应力限制了它所能承受的泵浦强度,最终限制了输出激光功率。

因此,要获得高平均功率、高效率、高光束质量的激光输出,首先是要保证泵浦的均匀性,这涉及泵浦结构、强度,工作介质的几何形状,掺杂浓度以及浓度分布等;其次是设法消除或补偿热致双折射,但迄今还没有找到完全补偿的方法;在提高抗应力破坏方面,热容模式工作取得了最明显的效果。

用非球面透镜可以部分补偿热畸变,特别是针对某一固定的泵浦功率;由于光效正比于腔内增益与损耗之比,所以采用高增益、低畸变的工作方式将有利于提高输出平均功率。据此,Hirano等人采用细棒($d=3$ mm)、强而均匀泵浦的结构获得了良好的效果。细棒中的强泵浦产生高增益,均匀泵浦引起径向抛物线温度分布,结果在宽的泵浦范围内都近似一个没有热畸变的透镜。

图4-17为泵浦结构剖面图。带微柱透镜的LD堆积沿四个方向对称泵浦,总泵浦功率为2.75 kW,脉冲重复频率为1 kHz。每条LD的快轴方向用圆柱微透镜校准,然后用非球面柱镜将泵浦光聚焦成一条细线。LD的输出经矩形平板导入漫反射聚光腔,平板造成的"空"面积仅占聚光腔内表面积的3.7%。漫反射聚光腔用陶瓷制成,反射率大于97%。冷却液套管用白宝石制成,内壁粗抛光。这种反射、透射型漫反射在激光棒内形成均匀的泵浦光分布。对直径4 mm、3 mm的棒,泵浦效率高达72%和63%。采用两个相同、对称放置的激光头,其间插入石英旋转片以补偿热致双折射。为了使光束重叠最大、棒孔径的衍射

效应最小,在最高泵浦功率时,将棒端面上的光束半径设计为棒半径的 1/1.4(～1.1 mm),
为此在腔内对称插入两个焦距为 50 mm 的凹透镜,如图 4-18 所示。当 LD 输出 1.1 kW
时,激光输出 208 W,$M_2<1.1$(见图 4-19)。

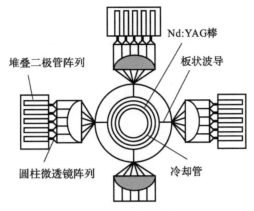

图 4-17　泵浦结构剖面图

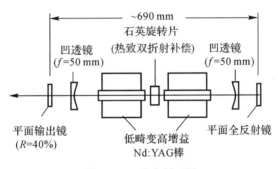

图 4-18　腔内剖面图

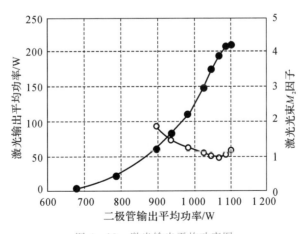

图 4-19　激光输出平均功率图

在中小功率应用时,Clarkson 等人提出一种简单也比较有效的补偿方法。他们在谐振腔内插入一块$\lambda/4$波片,适当调节波片的取向,即可获得比较满意的退偏补偿。实验布置如图 4-20 所示,图 4-21 为实测的腔内插入或不插入$\lambda/4$波片激光器的输出特性曲线。与不插入波片相比,腔内插入$\lambda/4$波片后,退偏损耗从 1.7% 降到 0.000 6%。

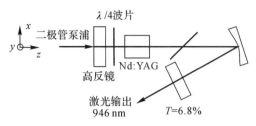

图 4-20 谐振腔内剖面图

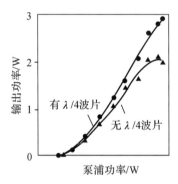

图 4-21 实测输出特性曲线图

2.高平均功率光纤激光器

与传统的固体激光器相比,光纤激光器的工作介质极细长($Z \geqslant X, Y$)。这一几何形状的变化引起了质的变化,可使光纤激光器获得以下重大优点:

(1)工作介质的"表面积/体积"比很大。在同样的体积下,光纤的表面积比其他块状工作介质的大 2~3 个数量级,因此散热效果良好。

(2)由于是波导结构,激光模式由纤芯直径 d 和数值孔径 NA_0 决定,所以不受介质中无用热的影响。只要纤芯的直径和数值孔径满足基模工作条件(归一化频率 $V = \dfrac{\pi d}{\lambda} NA_0 <$ 2.4),则输出基模激光。因此在光纤激光器中,不存在块状工作介质中的热效应影响激光光束质量的问题,这是一个极其重要的优点。在块状工作介质中,无用热限制了基模输出平均功率,输出平均功率增加,光束质量下降,严重限制了激光亮度的提高。

(3)纤芯直径很小,容易实现均匀的高功率密度泵浦,激光器效率高、阈值低。像 Yb^{3+} 这样的准三能级系统对泵浦结构提出的苛刻要求,在光纤激光器都会容易得到满意的解决。

(4)采用双包层结构大大提高了泵浦效率。

当前,连续工作光纤激光器的输出功率已经可以与块状工作介质的媲美,百瓦、千瓦级的光纤激光器比块状工作介质激光器更易获得高光束质量。但继续再增加功率就遇到困难了,特别是脉冲 Q 开关工作,其最大输出能量只有 10 mJ 量级。究其原因是纤芯横截面积太小,高能量(高峰值功率)时造成破坏以及非线性效应等。

可以用纤芯直径来估算光纤激光器可输出的最大连续功率,就当前水平,1 $W/\mu m^2$ 是公认安全值,若增加到 1.5 $W/\mu m^2$ 则是上限了。要提高输出功率应增大纤芯的截面积(即直径),但为了获得高光束质量,要求归一化频率值满足基模工作条件,因此纤芯直径又不能太大。

2003 年,SPI 公司与英国南安普顿大学采用大模芯径掺 Yb 光纤,纤芯直径 43 μm,数值孔径 NA_0=0.09,归一化频率 $V\sim11$,可获得 1.01 kW 的连续激光输出,斜率效率 80%。由于纤芯直径较大,已经不是基模工作了(M_2=3.4)。

2005 年 3 月,IPG 公司在网上公布采用纤芯直径 19 μm 的掺 Yb 光纤,获得了 2 kW、$M_2<1.2$ 的连续激光输出。纤芯直径 19 μm,基模工作是完全可能的,但其承受的功率密度达 7 $W/\mu m^2$,已大大超过 1.5 $W/\mu m^2$ 的上限。但是否对光纤采取了特殊的措施,他们没有做任何说明。

3. 热泵浦技术

热容模式工作提高了固体工作介质可承受的热应力,但没有涉及如何减少造成热应力的无用热,因此减小甚至消除无用热仍然是一个亟待研究的关键技术问题。与灯泵浦相比,采用 LD 泵浦已经大大减少了进入工作介质的无用热,但由于存在量子缺陷、受激态吸收等,所以并没有在工作介质中完全消除无用热。进一步消除量子缺陷造成的无用热的各种方法统称为低热泵浦技术。

(1)Yb^{3+} 斜准三能级系统。这是一个已经比较深入研究并进入应用阶段的方法,其中最有名的是 Yb:YAG 晶体。它的吸收带在 941 nm,而激光跃迁在 1.029 μm,Yb:YAG 的量子缺陷小,产生的热<10%,这是已知 1 μm 离子中产生无用热最低的。在同样的输入功率下,Yb:YAG 中产生的无用热只有 Nd:YAG 中的 1/4(仅考虑量子缺陷一项),特别适于高平均功率应用;Yb^{3+} 离子的能级结构简单,无受激态吸收、浓度淬灭、捕获和上转换过程,量子缺限几乎是晶体中产生无用热的唯一原因。但必须看到,Yb:YAG 晶体是准三能级系统,阈值高,室温下的再吸收不容忽视。对这种工作介质的冷却、泵浦功率密度和均匀性等的要求都比 Nd:YAG 的苛刻得多。

1998 年,Sumida 等人提出了一种千瓦级的棒状 Yb:YAG PC - MOPA 激光系统,连续输出功率为 950 W,多模,$\eta\sim20\%$。2000 年,Beach 等人提出了两端端面泵浦棒状 Yb:YAG 激光器。熔融石英导管透镜使二极管阵列发出的泵浦光均匀并汇聚导入激光棒。这种结构相对简单,且可以有效地吸收泵浦光,比较适合 Yb^{3+} 这类准三能级激光系统。Yb:YAG 棒直径 $\Phi2\times50$ mm,两根棒串联,当泵浦功率为 3 930 W 时,可获得 1 080 W 的连续激光输出,M_2=13.5。

为了提高光束质量,常采用盘片结构,并使盘片的厚度远小于直径。冷却沿盘片的端表面进行,激光振荡垂直于此端表面,热畸变小而且与激光传播方向一致,因此可以获得高平均功率、高光束质量的激光输出。通常 Yb:YAG 盘片厚度小于 1 mm,只能采用端面泵浦方式。为提高泵浦效率,必须利用多次吸收。因此泵浦结构较为复杂,成为能否工程应用的难关。2000 年,Stewen 等人设计了一种可以多次利用泵浦光、四个盘片折叠串联的紧凑、牢固结构,两端泵浦,泵浦光被盘片 16 次吸收(见图 4-22)。最大输出功率为 1 070 W,光效为 47％,光束质量为 80 倍衍射极限。目前,千瓦级薄片 Yb:YAG 激光器已进入工业应用。

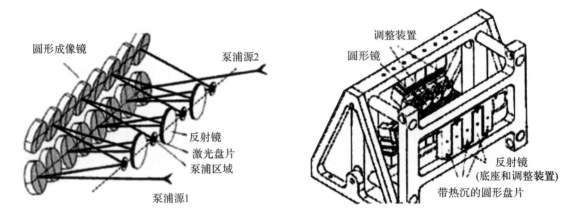

图 4-22　盘片结构端面泵浦源

　　上面的研究证明了 Yb:YAG 可作为高平均功率激光器的预计,但 Yb:YAG 的特点并没有充分体现,特别是高平均功率下的光束质量。因为在同样的输入功率下,Yb:YAG 中产生的无用热只有 Nd:YAG 中的 1/4,所以 Yb:YAG 激光器不仅可以输出高的平均功率,而且在效率、光束质量上都应该比 Nd:YAG 的有利。但由于是准三能级系统,阈值高,室温下的再吸收大,所以若要获得优良的激光性能,就必须对泵浦结构、热结构等进行精心设计。

　　图 4-23 为 Ripin 等人于 2004 年设计的 Yb:YAG 激光器实验布置图。他们精心设计晶体的热结构以达到有效散热;将 Yb:YAG 恒温在 100 K 以消除再吸收;采用了变反射镜非稳腔提高基模输出功率;将 LD 泵浦光进行空间滤波以及与腔模匹配等。激光器输出 165 W,$M_2＝1.02$,光-光效率为 76％(用 808 nm 泵浦 Nd:YAG 的最大光-光转换效率为 72％),斜率效率为 85％,充分证明了 Yb:YAG 优良的热-光和光谱性能。当然,这些优良特性是在低温下获得的,如何在室温下应用以达到实用目的,还有待进一步研究。

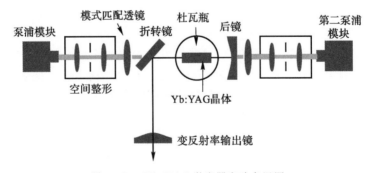

图 4-23　Yb:YAG 激光器实验布置图

　　采用光纤状工作介质可以有效地克服准三能级系统遇到的困难。光纤工作介质既细又长,能有效散热,而且泵浦光是多次通过工作介质而被逐渐吸收的,因此不仅对泵浦光的吸收效率高,而且容易形成均匀的、高强度泵浦。

(2)直接泵浦。减少工作介质中无用热的另一个方法是直接将基态粒子泵浦到激光上能级,如图 4-24 中用 869 nm 泵浦。激光发展初期就从实验上证明了用 LD 可将 Nd^{3+} 离子直接泵浦到激光上能级 $4F_{3/2}$。1968 年,Ross 首次成功用 LD 泵浦 YAG 激光器,其泵浦波长为 867 nm,直接将 Nd^{3+} 激励到激光上能级。当时选择这种泵浦波长主要是因为有可用的 LD,并非意识到直接泵浦的优越性。由于 Nd^{3+} 在 790～820 nm 有宽的吸收带,对 LD 的中心波长和带宽的要求比 867 nm 的低得多,所以,在 808 nm 高功率 LD 研制成功后,研究工作立即转向这个较短的泵浦波长。当前,用 808 nm 泵浦是 Nd:YAG 激光器最常用的方案。与用 869 nm 泵浦相比,它有两个主要缺点限制了总的光-光转换效率,即存在斯托克斯频损耗(约为 24%)和量子效率损耗(约为 5%),808 nm 泵浦 Nd:YAG 的最大光-光转换效率只有 72%。因此对四能级系统,直接泵浦可能是获得较高效率的一种方案。

直接泵浦被提到日程的另一个原因是相应波长的高功率 LD 也已研制成功,使直接泵浦成为实际可能。另外,多数高功率激光器都要求对泵浦光多次吸收,从而形成高效、均匀的泵浦。因此并不希望工作介质具有很高的泵浦光吸收系数,而直接泵浦的吸收系数较低也许倒成了一个优点。当然要仔细考虑泵浦结构的设计,让泵浦光在工作介质中通过的总程长到足以被充分吸收,以获得高的泵浦效率。

(3)热助推。减少无用热的一个简单方法是减小泵浦光子和激光光子间的能量差,这就是研究采用具有小斯托克斯频移 Yb 三能级系统的一个主要原因。若将基态上热激励的斯托克斯能级上的粒子直接激发到激光上能级,那么在直接泵浦的基础上又将进一步减小泵浦光子与激光光子间的能量差。这应该是四能级系统的一个最有效的泵浦方案。此时斯托克斯损耗将减到最小,同时又消除了量子效率损耗。这种将热激励的基态粒子直接泵浦到 $4F_{3/2}$(对于 Nd:YAG,泵浦波长为 885 nm)的方式,称为热助推泵浦。此时泵浦能量中的一部份是由储存在晶体中热能提供的,因此效率比直接泵浦的还要高,无用热的减少还要多。与传统的 808 nm 泵浦相比,热助推泵浦预计无用热可减少 40%,因此更加适合于高平均功率运转。

Nd:YAG 在 885 nm 附近有两条十分靠近的吸收谱线,它们分别从不同的两个热激励斯托克斯能级到亚能级 R_1(885.8 nm：134 cm^{-1} → 11 423 cm^{-1}) 和 R_2(884.4 nm：197 cm^{-1} → 11 507 cm^{-1})。因为 885 nm 的吸收带较窄(2.5 nm FWHM),吸收系数较低(α_{max}＝1.8),所以要设计合理泵浦结构,以获得良好的激光性能。

Lavi 等人采用光纤耦合的 885 nm 二极管泵浦 Nd:YAG。采用纵向泵浦结构以增加吸收程长,棒侧表面抛光并通水冷却,从棒侧表面溢出的泵浦光经棒侧表面-水界面的全反射进入棒,从而尽可能多地被吸收。光纤输出 26 W 时,激光输出 14 W,光-光效率为 53%,斜率效率达 63%,输出功率对吸收功率的斜率效率为 77%。当无其他损耗时,由于斯托克斯频移最大的斜率效率为 83%,所以实验获得 77% 的效率斜率已经是非常好的结果了。

应该说明,只有当追求最大的效率或要求产生的热以最小的高功率工作时,才采用直接或热助推泵浦。而在其他情况下,宽吸收线宽的 808 nm 泵浦仍然是首选的方案,这是因为 LD 的性能容易达到要求,对温度的敏感性较低。由于 Nd:YAG 对 885 nm 泵浦光的吸收带宽窄、吸收系数低,所以泵浦用 LD 的线宽、中心波长的准确性、中心波长随环境温度的漂移以及泵浦结构等都非常关键。

一个重要的进展是在 LD 前加装体布拉格光栅(Volume Bragg Grating,VBG)。2004年,Volodin 报导在商用的 LD 上加装 VBG。VBG 与校正快轴的微透镜一起固定在 LD 的热沉上,十分小巧、方便。加 VBG 后,LD 输出激光的线宽压窄了约 90%;中心波长的温度漂移由 0.28 nm/℃ 减为 0.01 nm/℃;中心波长的控制精度提高;中心波长随 LD 驱动电流的变化显著减小;而且加装 VBG 后,输出功率仅减少约 5%。这是一项已经可以实用的技术。

(4)辐射平衡。减少进入工作介质无用热的一个技术设想是用激光介质中的反斯托克斯荧光去平衡由于斯托克斯频移受激辐射产生的热,并维持激光和光泵光强的平衡。因为辐射过程中的量子缺陷为零,所以没有过剩的热。如果建成这种激光器,其输出平均功率、光束质量都将非常高。

Bowman 从理论上进行了分析。考虑一个近似理想的准二能级(或准三能级)系统,如图 4-24 所示。图中的吸收谱和荧光谱表示为现实辐射平衡所需激光、泵浦光和荧光频率的数量级,v_P 为泵浦频率,v_F 为平均荧光频率,v_L 为激光频率。设上、下能级都分裂成许多非常接近的子能级,总分裂为 kT 量级(量子缺陷也只有 kT 量级);设上、下能级间的跃迁是纯辐射跃迁,而子能级间的跃迁为纯非辐射跃迁。能级上的原子可以与固体介质中的光子交换能量。因为各能态间的能量差远小于 kT,所以能量交换时间为 ps 量级,而对所感兴趣的激光工作介质,激光上能级寿命为 ms 量级。因此可以认为上、下能级的原子按波尔兹曼分布占据各能态,这种精确热分布就有可能产生用于辐射平衡的荧光。理论上估算了 Yb^{3+}（1 μm）和 Tm^{3+}（2 μm）两种离子,这是因为它们已有完整的光谱数据,但并非只有这两种离子才能实现辐射平衡运转。Yb^{3+} 从 $^2F_{5/2}$ 到 $^2F_{7/2}$ 跃迁应该是有希望实现辐射平衡的激光跃迁。在所有稀土元素中,Yb^{3+} 是具有单激励态、最接近理想的二能级辐射系统;没有非辐射损耗(如上转换、多光子淬灭等);在多种基质材料中都证明了其在 1.03 μm 附近可以有效辐射激光。可惜上、下态的亚能级数都很少,而且发射截面小,因此很难找到可用于辐射平衡的激光基质。Yb:YAG 是很常用的材料,但没有足够的光谱重叠,不能用作辐射平衡激光器。

另一个可能辐射平衡运转的是 2 μm 的 Tm^{3+}。可以用 1.8 μm 泵浦实现 Tm^{3+} 从 $^3F_4$ 到 $^3H_6$ 的跃迁,而且是工作于准二能级系统。由于 2 μm 发射的带宽较宽,以及较多的斯托克斯分量,所以使得 Tm^{3+} 有希望成功实现辐射平衡运转。作为一个例子,考虑 Tm:YLF,其室温光谱数据示于图 4-25 和图 4-26,图 4-27 还示出了平均荧光、泵浦光和激光波长的位置。对掺杂 1% 原子 Tm^{3+},预计上转换速率低于最大容许的非辐射跃迁速率为 $3×10^{19}$ Hz·cm^{-3}。Tm:YLF 的平均荧光为 1 821 nm,若用 P 偏振的 1 879 nm 泵浦光,激光辐射为 S 偏振的 1 913 nm。算得内转换效率为 63%,最低泵浦强度为 5.5 kW/cm^2,激光强度为 13 kW/cm^2。设晶体的尺寸为 1 cm×1 cm×10 cm,则单程饱和增益为 14%,输出激光功率为 1.3 kW。如果增大晶体的孔径,最大平均功率可超过 300 kW,约为当前 2 μm Tm^{3+} 激光器最高输出的 3 000 倍。

玻璃的散射损耗低,尺寸大,也有可能成为辐射平衡激光器的理想材料。

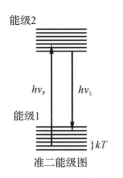

图 4-24　理想的准二能级系统图

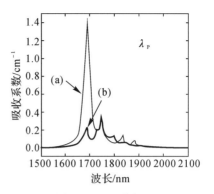

图 4-25　P 偏振图

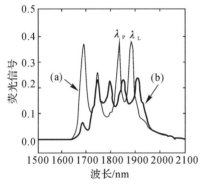

图 4-26　S 偏振图

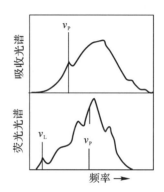

图 4-27　波长位置图

4.4　激光的大气传输特性

激光通过大气传输时,将产生两种效应:一是大气成分(各种分子和气溶胶)对光波的吸收和散射作用而造成激光能量的衰减,称为大气衰减效应;二是大气的湍流运动使大气折射率具有随机起伏的性质,从而使光波参量——振幅和相位产生随机起伏,造成光束闪烁、弯曲、分裂、扩展、空间相干性降低及偏阵状态起伏等,称为大气湍流效应。两种效应均与大气的物理性质密切相关。

从地球表面向外约 1 200 km 的环形空间是地球大气的延伸范围,包围地球的大气空间,通常称之为地球大气层。根据大气的密度、温度、气压、水汽含量以及导电性能等物理性质的不同,大气空间大致可分为如下四层:对流层、平流层、电离层和外球层。图 4-28 为大气的分层图。

4.4.1　大气吸收

吸收主要是大气中的气体分子和气溶胶的吸收,气体分子的吸收最主要的是水蒸气、CO_2 和臭氧分子的吸收,其他气体分子的吸收在大多数应用中可以忽略。因吸收造成的激光束大气传输能量衰减用吸收系数(吸收衰减系数)来表示。吸收能量的衰减与激光束的波长密切相关。表4-4~表4-6分别为大气分子吸收和散射系数表、大气气溶胶吸收和散射系数表及主要军用激光波长大气分子的吸收表。

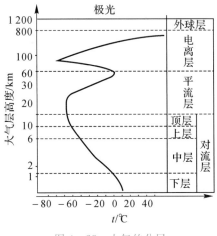

图4-28 大气的分层

表4-4 大气分子吸收和散射系数

激光类型	波长/μm	吸收系数/km^{-1}		散射系数/km^{-1}	
		冬天	夏天	冬天	夏天
CO_2	10.6	0.079 000	0.350 000	0.000 006	0.000 006
ND:YAG	1.06	0.000 006	0.000 006	0.000 890	0.000 820

表4-5 大气气溶胺吸收和散射系数

激光类型	波长/μm	吸收系数/km^{-1}		散射系数/km^{-1}	
		冬天	夏天	冬天	夏天
CO_2	10.6	0.005 5	0.027 0	0.009 5	0.046 0
ND:YAG	1.06	0.012 0	0.058 0	0.078 0	0.380 0

表4-6 主要军用激光波长大气分子的吸收

激光器(波长/μm)	大气分子吸收(分子吸收系数 α)
倍频 Nd 激光器(0.53)	没有明显的系数,α 可忽略
Nd 激光器(1.06)	没有明显的系数,α 可忽略
红宝石(0.694 3 μm)	H_2O 的吸收线在 0.694 2~0.694 4 μm。在 295~315 K 温度之间工作的红宝石激光器、发射 0.694 3 μm 波长的激光,经验表明吸收可以忽略

续表

激光器(波长/μm)	大气分子吸收(分子吸收系数 α)
GaAs(0.800~0.900)	在 0.800 μm 和 0.900 μm 波长处没有明显的吸收,但是在 0.800~0.900 μm 之间 H_2O 的吸收增大(在海平面、51％的湿度、18 ℃条件下,H_2O 的 $\alpha = 0.1$ km^{-1})
HO 激光器(2.1)	因 CO_2 的吸收线间隔很近,海平面的吸收系数很小,典型的 $\alpha = 0.03$ km^{-1}
CO_2(9~11)	在回归线下,特定普线的海平面吸收系数 $\alpha \approx 0.5$ km^{-1}(主要是 H_2O 展宽普带的吸收),在中纬度的冬天,$\alpha = 0.1 \sim 0.03$ km^{-1}(CO_2 吸收线最大)

由表 4-4~表 4-6 可见,在可见光波段和 1.06 μm 波长,大气分子的吸收可以忽略。

4.4.2　大气散射

散射产生的激光能量衰减用散射系数 $\mu(R)$ 表示。粒子直径小于入射光波长 λ 的散射为分子散射,散射系数用 μ_m 表示;粒子直径大于或等于 λ(如霾、雾和烟)的散射为粒子散射,散射系数用 μ_ρ 表示。散射系数 $\mu = \mu_m + \mu_\rho$。

分子散射只在紫外光波段或悬浮粒子数很少的高空起主要作用。

分子散射系数为

$$\mu_m = \sigma_m n$$

式中:σ_m 是分子散射截面,它反比于 λ;n 是空气中分子密度数。

对目前的军用激光波长,因为 σ_m 很小,所以分子散射的衰减可以忽略。

对 1.06 μm 的军用激光而言,大气散射造成能量衰减的主要原因是粒子散射。大气散射系数 μ 可由下面的经验公式计算:

$$\mu(R) = (3.912/V)(0.55/\lambda)^p \exp(-kR\sin\theta) \tag{4-3}$$

式中:V 为波长为 0.55 μm 的光波沿水平路径或近于水平路径传输后,大气透过率为 2％ 时的可见距离(用 km 表示),即能见;λ 为用微米表示的波;p 为经验参数,其数值范围为 0.7 ~ 1.6,相当于能见度由最坏变到最好;k 为粒子散射标高的倒数($k = 0.83$ km^{-1});R 为大气斜路或水平传输距离(用 km 表示);θ 为激光传输方向与水平方向的夹角。

由上面的散射系数公式,可进一步推导出激光在大气中水平、垂直、斜路传输时大气透过率的计算公式,令 $k_0 = (3.912/V)(0.55/\lambda)^p$,则有下面的关系式:

$$T = \exp(-\mu R) \quad (水平传输,\theta = 0°) \tag{4-4}$$

$$T = \exp[-(k_0/k\sin\theta)(1 - e^{-kR\sin\theta})] \quad (垂直、斜路传输,\theta = 90°) \tag{4-5}$$

图 4-29 给出了能见度为 $V = 10$ km,1.06 μm 的激光沿不同方向($\theta_1 = 15°$,$\theta_2 = 45°$,$\theta_3 = 75°$)传输时,大气透过率 T 与传输距离 R 之间的关系。

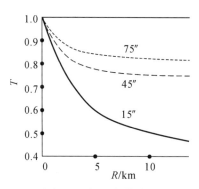

图 4 - 29 大气透过率 T 与传输距离 R 的关系

定义目标是具有余弦特性的理想漫反射体，其表面的漫反射率为 ρ，照射器的光轴与目标表面法线方向的夹角为 α，成像物镜的光轴与目标表面法线方向的夹角为 β，地面目标到成像物镜人瞳面的距离为 R_0，激光在大气中传输 R、R_0 时的透过率分别为 τ、τ_0，照射器发射系统脉冲能量为 E_e，若用 e_r 表示成像物镜人瞳面上接收到的激光能量密度，则下边的等式成立：

$$e_r = E_e \tau \tau_0 \rho \cos\alpha \cos\beta / \pi R_0^2 \tag{4-6}$$

假定目标为一漫反射球体，此目标相当于坦克的炮塔。激光照射器脉冲能量 E 与 R 已知，由式（4-4）式（4-5）计算可得 τ 及 τ_0；令 $k = E_e \tau \tau_0 / \pi R_0^2$，则式（4-6）可简化为

$$e_r = k\rho \cos\alpha \cos\beta \tag{4-7}$$

表 4-7 为几种典型目标对 1.06 μm 波长激光的漫反射率。

表 4-7 典型目标对 1.06 μm 波长激光的漫反射率

目标材料	目标漫反射率/（%）
铝（风化了的）	55
建筑用水泥	50
钛合金（新的）	47
钛合金（风化了的）	48
油漆（淡橄榄色）	8
土壤	8
草地	47
树叶（橡树叶）	48

可见，在特定的战场条件下，当激光照射器及照射距离一定时，末制导炮弹导引头接收的能量只与被照射目标表面的漫反射率 ρ、照射器的光轴与目标表面法线方向的夹角 α 及成像物镜的光轴与目标表面法线方向的夹角 β 有关。因此，恰当地选取照射部位是确保末制导炮弹命中目标的关键。

4.4.3 大气湍流

由于湍流和不同温度气团的对流导致了大气折射率的不均匀,所以破坏了大气的光学性能和光学均匀性。大气折射率的变化是由于大气温度的不均匀性产生的,可用 Tatarski 的结构参数 C_{n2} 描述。C_{n2} 参数描述了折射率空间变化的光谱密度分布。

大气湍流对光束的传播产生以下几种重要效应:

(1)光束抖动。光束的强度中心随机偏离 $1\sim100$ lxmd。因此,在光束传输 5 km 后,强度中心最多偏离几分之一米。

(2)光束离散。光束在沿水平传输距离 R 后,波长为 λ 的光束,会散开成尺寸为 $\lambda R/2$ 的许多光斑,对于 1.06 μm 波长的光,传输 5 km 后光斑的尺寸约为 10 cm。

(3)强度起伏。由于湍流对光束的传输产生了上述两种效应,所以照射在目标特定点上的激光强度会发生变化。在激光测距机中,当目标的尺寸比上述光斑的尺寸小(如目标为一个小的后向反射器)时,强度起伏的效应才可能变得重要。

(4)目标表面横向相位起伏。这种效应对外差探测系统似乎是重要的,但对目标来说事实上并不重要。因为大多数目标其本身就是(至少近似是)一个随机相位散射面的阵列,所以入射光的相位不一致是无关紧要的。这些目标即使是位于光学上是理想的大气中,也会在接收机孔径上产生散斑花样。

接收孔径表面上的强度起伏是由于湍流变化并使光传输路径上折射率发生交替变化产生的。这种瞬时变化的带宽数量级为

$$v/(2\pi\lambda R)^{1/2}$$

式中:v 是横风速度;当 $v=10$ m/s 时,$\lambda=1.06\times10^{-6}$ m(Nd 激光器),当 $R=5\times10^{3}$ m 时,其带宽为 55 Hz。湍流的瞬时变化将对随机花样不断地采样。对直接探测系统,接收孔径产生的平均效应会使这种起伏减小;而对外差探测系统,就不存在这种平均效应。

4.5 激光测照技术的发展趋势

随着科学技术在战争中的不断应用,现代战争也越来越重视武器系统的命中率,新型精确制导武器已经成为了各发达国家相继研究的重点科研工程。而激光目标指示技术以其命中率高、抗干扰性强等独特的技术特点,备受国外各国武器生产商和武装部队的青睐。

自从 1968 年美国首次试验成功激光制导"灵巧炸弹"以来,激光制导武器也已经发展了50 多年。在这半个多世纪的创新与发展之中,国外各发达国家竞相研究并发展激光测照器——激光制导作战武器系统中的重要环节之一。然而,目前国外也还是仅有美国、法国、俄罗斯、英国、德国、以色列等军事强国具备激光测照器的能力。国外激光测照器型号繁多、性能各异,但主要功能基本相同。下面通过列举国外几款极具代表性的机载激光测照器,详细阐述该类装备目前的发展状况。

1. L-3 公司机载激光测照器

近年来,随着无人机技术的不断发展,激光测照器也被逐渐应用于无人机载光电吊舱平台之中。由于机载产品质量的限制,机载激光测照器的小型化程度更高。近年来,美国

L-3公司推出了以下几款无人机载产品：MLD机载激光测照器（Miniature Laser Designator）、LRF/D机载激光测照器（Laser Rangefinder/Designator）、DPL/LDR激光测照器（DPL/LDR Laser Designator）、ELITE-LD通用激光测照器（ELITE-LD Laser Designator），如图4-30所示。

MLD产品是L3公司的新一代半导体泵浦紧凑型激光测照器，为了满足机载需求，采用半导体泵浦 ND：YAG固体激光器，整机质量减轻至 1.8 lbs（约 0.8 kg），采用 1.06 μm 波长激光，输出能量 30～80 mJ，脉宽（16±5）ns，束散角约 0.3 mrad。整机体积为 145 mm×79 mm×79 mm。激光脉冲频率范围为 9～20 Hz，可进行编码设置。工作温度范围为－40～71 ℃。采用 NATO Ⅰ/Ⅱ 和 STANAG3733 编码。

LRF/D产品则采用了双波长共孔径设计思路，除了能提供能量高达 120 mJ 的 1.064 μm 波长激光外，还可发射 5 mJ 人眼安全的 1.54 μm 波长激光。束散角分别为 0.18 mrad 和 0.3 mrad。整机体积为 264 mm×138 mm×85 mm，整机质量不大于 0.8 kg。

DPL/LDR产品同样采用了双波长共孔径设计思路，激光能量提升至 125 mJ@1.06 μm/8 mJ@1.54 μm，束散角变更为 0.2 mrad/0.5 mrad，然而整机质量较高，为 4 kg。

ELITE-LD是L-3公司的下一代小型激光通用激光测照器，预期可以用于便携式装备、UAV平台，该产品适用于低功耗、单指示功能的应用场景。同样采用半导体泵浦 ND：YAG固体激光器，整机质量约 5 lbs（2.3 kg），体积为 228 mm×158 mm×76 mm，输出能量 80～120 mJ@1.06 μm，脉宽（16±5）ns；采用主动控温技术，工作温度区间为－32～49 ℃，采用了通信和电源二合一接口。

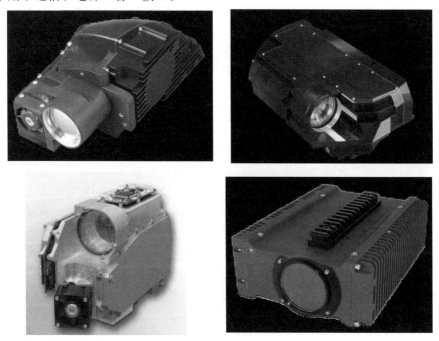

图4-30　L-3公司 MLD、LRF/D、DPL/LDR、ELITE-LD激光测照器

2. Cilas 公司 Aladem 机载激光照射模块

　　法国 Cilas 公司针对无人机及地面应用需求，推出了小型化、无热型激光测照器——Aladem R180(Laser Desination Modules For Semi Active Laser Guidance)。该产品无主动制冷散热模块，能够发射 80 mJ 激光，束散角为 0.2 mrad，整机质量为 1.8 kg(照射模块1.5 kg、电子模块 0.3 kg)，产品体积为 270 mm×50 mm×47 mm(LTU)、170 mm×65 mm×45 mm，工作温区为−40~70 ℃(见图 4−31)。

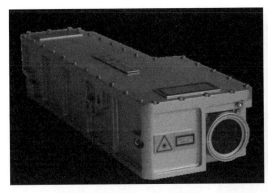

图 4−31　Cilas 公司 Aladem 机载激光测照器及装配示意图

3. 以色列 IAI 公司激光测照器

　　以色列 IAI 公司在 2011 年度国际航空航天国防展上，也推出了一款新型的机载激光测照器 DART45，该产品是一款轻量级、紧凑型激光测照器，适用于机载、地照、舰载使用。该产品采用半导体泵浦 ND：YAG 固体激光器，输出两种波长激光：45 mJ@1.06 μm/7.5 mJ@1.57 μm。整机束散角为 0.22 mrad，整机尺寸为 120 mm×50 mm×50 mm，整机质量为1.2 kg(见图 4−32)。

图 4−32　IAI DART45 激光测照器

4. LEONARDO 公司激光测照器

英国 LEONARDO 公司根据机载产品的特殊需求,研制了更大功率的 BAT(Burst Illumination Advanced Targeting Laser)激光测照器和 HLRD(High Energy Laser Rangefinder/Designator)激光测照器。

BAT 产品能够提供高达 220 mJ@1.06 μm/80 mJ@1.57 μm 的激光能量,整机束散角约 0.2 mrad@1.064 μm/0.75～3 mrad@1.57 μm。产品体积为 320 mm×99 mm×269 mm,整机质量为 6.0 kg[见图 4-33(a)]。

HLRD 产品能够提供的激光能量更高,约 300 mJ@1.06 μm/90 mJ@1.57 μm,整机束散角为 1 mrad@1.06 μm/0.75～3 mrad@1.57 μm。整机由发射和接收系统两部分组成,尺寸分别为 325 mm×201 mm×119 mm,105 mm×77 mm×23 mm。整机质量约 8 kg[见图 4-33(b)]。

图 4-33　激光测照器

(a)BAT 激光测照器;　(b)HLRD 激光测照器

158 型 LRDI 激光测照器产品能够实现激光指示、测距、照明功能,专门应对飞机平台研发,采用激光测照模块和电子模块分离式设计,质量分别为 3.4 kg 和 1.3 kg,尺寸分别为 251 mm×105 mm×104 mm 和 150 mm×103 mm×75 mm。激光器采用双波长设计,输出能量分别为>150 mJ@1.06 μm 和>40 mJ@1.57 μm,束散角为 0.22 mrad,重复频率为 1～20 Hz,测距范围为 0.5～20 km(±5 m),整机功耗小于 200 W,工作温度区间为－40～55 ℃(见图 4-34)。

图 4-34　158 型激光测照器

5. RPMC 公司激光照射器

2012 年,AretéAssociates 集团所属 RPMC 公司推出了一款 AIRTRAC 超紧凑型激光照射器产品,如图 4-35 所示,该产品质量约 430 g,激光器模块质量约 250 g;激光输出能力>50 mJ@1.06 μm,脉宽 10～25 ns,束散角为 0.5 mrad,照射频率从 7～21 Hz,程序可控;产品采用了无热化设计方案,可以适应的工作温度范围为－40～70 ℃,整机尺寸约 4.62 cm×1.53 cm×1.73 cm,整机功耗小于 30 W,采用北约标准编码:STANAG 3733 I&II。该产品可应用于各类作战武器平台。

图 4-35　AIRTRAC 超紧凑型激光照射器及其激光模块

6. 趋势分析

通过对国外几个公司典型的机载激光测照器的主要功能、性能参数和应用进行介绍,不难发现其发展方向主要包括以下几点:

(1)小型化、高功率。采用半导体 DPL 泵浦固体激光技术使得产品能够进一步小型化和高功率设计。相对传统氙灯泵浦激光技术而言,具有体积小、效率高、质量轻等优点,缺点是设备成本较高、半导体废热影响其效率等。然而,随着近年来激光技术的发展,无热型半导体泵浦固体激光器已经很好地改善了激光废热的问题,产品能量水平越来越高,去除主动散热结构之后,产品小型化工作成果也很明显。

(2)轻量化。随着 UAV、无人作战车等平台的兴起,激光测照器的轻量化需求也越来越突出。装备的小体积和轻量化可提高载机的战场生存能力。

(3)系列化、通用化、标准化。为了适应不同型号的导弹、炸弹,激光编码朝着系列化、通用化标准化的方向发展。为了满足不同武器平台的性能指标要求,各激光照射器研发厂商也逐渐形成了系列化的标准型激光测照模块货架产品。

对现有的机载激光测照器进行综合分析,可以看出以下一些特点和发展趋势:

(1)与其他系统相结合,构成具有多种功能的目标指示及瞄准跟踪系统。机载激光测照器与前视红外系统、地形跟踪雷达、目标跟踪器以及各种敌我识别装置等组合在一起,构成既能指示目标、又能自动瞄准跟踪的全天候复合系统,是机载激光测照器的一个发展趋势。如夜间红外低空导航和目标瞄准系统就是一个很好的典型。目标瞄准吊舱由前视红外传感器、机载激光测照器、反射镜/框架组件、中继和视场变换光学装置、控制计算机等组成。复合系统增强了飞机的夜间作战能力,还大大提高了激光半主动寻的制导武器的攻击精度。

（2）激光波长向中、长波段和连续可调方向发展。目前的机载激光测照器多使用 $1.06~\mu m$ 的 Nd：YAG 激光器。由于 $1.06~\mu m$ 的激光对大气和战场烟雾的穿透能力差，所以缺乏足够的军事对抗能力。各国在努力改进 $1.06~\mu m$ 指示器的同时，均在努力发展中、长波段的指示器，如 CO_2、金绿宝石等激光测照器。由于 CO_2 激光器的输出功率、脉冲重复频率和大气穿透能力均高于 Nd：YAG 激光器，且有较好的背景抑制能力、目标背景对比度和目标识别能力，同时又能与热成像共容，可实现复合制导，所以可以预期这一机载激光测照器将会得到越来越广泛的使用；又如金绿宝石激光器，其输出波长在 $700 \sim 800~nm$ 之间且连续可调，因此具有较强的军事对抗能力。

（3）向系列化、通用化、标准化及组件化方向发展。当前，机载激光测照器正在朝着系列化、通用化、标准化及组件化方向发展，以求实现对不同型号的导弹、炸弹或炮弹的匹配性和便于使用、维修。在这一方面，国际激光系统公司研制的 AN/AVQ-25 型机载激光目标指示器（由四个外场可更换组件构成）、诺思罗普公司电气-机械分部研制的 AN/AVQ-27 型机载激光目标指示器等都是很好的典型。

（4）不断采用更先进的技术。高重复频率的激光器研制成功并投入使用，可以提高制导信息率，并使激光半主动寻的制导武器能够打击飞机、导弹等快速运动目标；大规模集成电路专用计算机芯片的研制成功，以及全息透镜等光学技术的发展，将大大提高指示器的瞄准及跟踪精度。

第5章 光电稳定平台技术

5.1 概　　述

5.1.1 惯性稳定平台概述

惯性稳定平台是以惯性技术为基础,集机、电、控、算等多项应用技术于一体的高度集成化装置,它主要利用陀螺仪使台体姿态在惯性空间保持不变,又称陀螺稳定平台。惯性稳定平台自问世以来,已经被广泛应用于各种民用和军用设备中,小到照相机、望远镜,大到卫星、潜艇等,这些应用涵盖了目标监视、目标瞄准、导弹制导、通信、摄像等各个领域,尽管因用途不同对惯性稳定平台的要求差异很大,但它们都有一个共同的目标,即在惯性空间中或在两个不同物体之间保持瞄准线的稳定指向。所谓的瞄准线可以是一个光学探测器的视轴,也可以是武器的瞄准点。

惯性稳定平台的核心是用于测量平台姿态变化的惯性元件——陀螺仪。1850 年,法国学家莱昂·傅科(J. Foucault)发现高速转动的转子由于具有惯性,其旋转轴永远指向一固定方向,因此他用希腊字 gyro(旋转)和 skopein(看)两字合为 gyro scopei 来命名这种仪表。最初的陀螺仪以及惯性稳定平台由于机电器件及机械加工等各方面的限制而异常庞大,图5-1(a)为 1917 年美国哈德逊军舰上的动量轮。随着人类在各个领域技术水平的发展,惯性元件集成度逐渐提高,惯性稳定平台在整体设计、加工制造、信号高速处理、图像识别等方面得到了飞速发展,从前需要大型设备吊装的惯性稳定设备现在可能只需要小型飞行器或单人操作完成,图 5-1(b)为某型无人机搭载的光电稳定平台,虽然质量只有几千克,其稳定精度却能达到 100 μrad 以内,而图 5-1(c)则是某型手持式相机稳定平台,方便人们在拍照时获得更好的稳定效果。国外在惯性技术及其他相关领域的探索起步较早,无论是在惯性元件、机电元件、机械加工和稳定控制等专业领域,还是在惯性稳定总体技术上的研究都比国内领先,但随着国内各个领域的追赶,现在的技术差距正在逐渐缩小。

5.1.2 无人机载光电稳定平台概述

光电稳定平台是一种搭载光学负载的惯性稳定平台,光学负载可以是可见光电视、红外热像仪、激光测照器、高光谱/多光谱相机等。近年来无人机发展迅速,从固定翼无人飞机到无人直升机,再到四旋翼无人机,以光电稳定平台为核心的光电载荷是现有无人机系统的标准配置,它通过配置不同光学负载可用于实现对远距离目标的侦察和打击。

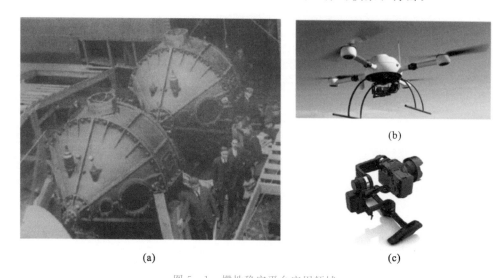

(a)　　　　　　　　　　　　　　(b)

(c)

图 5-1　惯性稳定平台应用领域

(a)1917 年美国哈德逊军舰上的动量轮;　(b)某型无人机搭载光电稳定平台;　(c)某型手持式相机稳定平台

光电稳定平台被广泛应用于舰载、车载和机载平台,用丁完成目标捕获、识别、瞄准和跟踪功能,相对于舰载、车载光电载荷,机载光电载荷具有体积小、质量轻和稳定精度高等需求特点。图 5-2 为不同无人机平台搭载的光电载荷,根据不同应用场景,其稳定精度要求从几百微弧度到几微弧度不等,而质量也从几十千克到几百克。国外无人机载光电载荷无论从功能还是性能上都代表了世界先进水平,其中具有代表性的有以色列的 ESP600C、MOsP、MINIPOP 等小型无人机光电载荷,美国的 MTS 系列以及加拿大的 MX 系列光电,其视轴稳定精度已能达到几微弧度。国内在光电载荷的研制方面与国外相比还有较大差距,不但体现在光电传感器技术上,而且也体现在光电稳定总体技术上。

图 5-2　各种无人机及其光电稳定平台

5.2　光电稳定平台的组成及工作原理

5.2.1　基本组成

光电稳定平台与一般的转台控制系统相同,由光学传感器负载平台、角速度传感器、角位置传感器、伺服执行元件、伺服驱动电路以及伺服处理单元共同组成,其组成如图 5-3 所示。

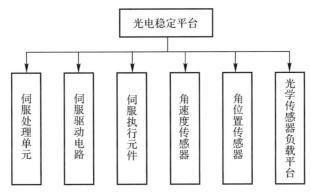

图 5-3　光电稳定平台组成图

整个光电稳定平台的被稳定对象则是集成了若干光学传感器(摄像机、红外热像仪、激光测距机等)的光学传感器负载平台;角位置传感器用于测量负载平台的转动角位置,从而实现稳定平台的角位置闭环控制,常用的角位置传感器有旋转变压器和编码器;角速度传感器用于测量负载平台的角速度,常用的角速度传感器分为相对角速度测量传感器和惯性角速度测量传感器,相对速度测量传感器包括直流测速电动机和编码器等,惯性角速度测量传感器则是指陀螺,单个两轴(或三轴)陀螺或多个单轴陀螺被直接安装在光学传感器负载平台上,用于测量平台在惯性空间的转动角速度,从而实现稳定平台的惯性稳定控制;伺服执行元件则是指伺服电机,各种不同类型的伺服电机被用于转台驱动控制,其中光电稳定平台较常用的是直流伺服电机和直流力矩电机;伺服驱动电路是与伺服电机配合使用的电子驱动单元,它根据伺服处理单元生成的模拟控制命令生成适合电机驱动的强电压信号作为伺服电机的控制输入;伺服处理单元则一般是指数字处理单元,主要用于采集传感器数据,并采用先进的稳定控制算法生成驱动控制命令,光电稳定平台控制系统是一套闭环负反馈控制系统。

光电稳定平台的工作原理图如图 5-4 所示,光学传感器负载平台在受到外部扰动时,作为惯性角速度传感器的陀螺与负载平台直接刚性连接,因此能够敏感到其在惯性空间的角速度,伺服处理单元周期性地采集角速度传感器的数据,并依据伺服控制系统的闭环控制理论及算法生成克服扰动的反向控制电压,该电压经过伺服驱动电路调理放大后生成用于驱动伺服执行元件作动的驱动电压,伺服执行元件与负载平台或直连或经过传动系统连接,进而驱动负载平台克服扰动反向运动,从而保证光学传感器的视轴指向不变。

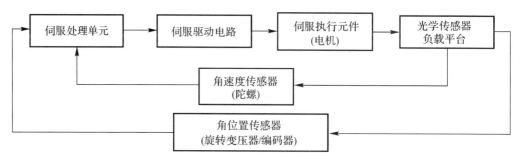

图 5-4　光电稳定平台工作原理图

5.2.2　陀螺仪及其测角原理

最初的陀螺仪是用高速回转体的动量矩来敏感壳体相对惯性空间绕正交于自转轴的一个或两个轴的角运动,以机械陀螺仪为代表;随着光、机、电、算的迅速发展,各种新型陀螺逐渐出现,包括激光陀螺仪、光纤陀螺仪、微机械陀螺仪等。

机械陀螺仪是上述最早利用高速旋转转子的特性测量角运动的。目前较为成熟的机械陀螺仪包括液浮陀螺仪、动力调谐陀螺和静电陀螺。机械陀螺仪的核心是一个绕自转轴高速旋转的刚体转子,转子绕自转轴高速旋转而具有动量矩,这种特征决定了它具有不同于一般刚体运动的特性——进动性和定轴性。

(1)进动性:在陀螺仪上施加外力矩 M,会引起陀螺动量矩矢量 $\boldsymbol{H}$ 相对惯性空间转动的特性,称为陀螺仪的进动性。

(2)定轴性:陀螺仪的转子绕自转轴高速旋转而具有动量矩 $\boldsymbol{H}$,如果不受外力矩作用,自转轴将相对惯性空间保持方向不变的特性,称为陀螺仪的定轴性。这种特性的直观表现是,当有瞬时冲击力矩作用于陀螺仪上时,自转轴在原来的空间方位附近绕垂直于自转轴的两个正交轴做振荡运动(即章动),只要陀螺动量矩够大,章动振幅就很小(小于角分量级),因而其方位改变极其微小。

机械陀螺仪的以上两个基本特性决定了它既能测量角位移又能实现空间方向上的稳定。下面以单自由度陀螺仪的运动情况为例阐述其测角原理。

图 5-5 为一简易单自由度陀螺仪结构示意图。当基座绕 z 轴或 y 轴旋转时,由于陀螺仪的定轴性,不会直接带动转子一起运动,框架起到隔离角运动的作用。但是当基座绕 x 轴转动时,由于陀螺仪绕该轴没有转动自由度,所以基座转动将通过框架轴上一对轴承带动框架连同转子一起绕 y 轴转动,从而出现陀螺力矩 T_{g}。在陀螺力矩的作用下,陀螺仪将绕框架 y 轴相对基座转动并出现转动,其转动角速度可表示为

$$\omega = \frac{M_{\mathrm{g}}}{H\cos\theta} \tag{5-1}$$

式中:ω 为转动角速度;H 为转子角动量;θ 为转子进动角。

可见,单自由度陀螺仪能够敏感并测量绕其缺少自由度轴线的角运动。双自由度陀螺仪在单自由度陀螺仪的基础上增加了一个框架以及一套力矩控制系统。随着机加工艺的发展,这种框架支撑形式的陀螺仪因体积较大而逐渐被一种干式挠性支撑的陀螺仪所取代,这

就是现在较为常用的动力调谐陀螺。

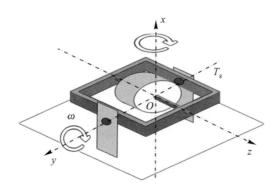

图 5 - 5　单轴陀螺仪的结构图

5.2.3　视轴稳定基本原理

所谓稳定就是使被控装置保持在一个或多个基准方向上,最早的陀螺稳定平台是以陀螺直接稳定,即以陀螺力矩器的输出直接驱动被稳定对象,但在后来的稳定系统中直接将陀螺作为惯性测速元件来使用。

图 5 - 6 示意了一个简化的基于单轴机械陀螺的视轴稳定平台,在该平台中包括一个单轴陀螺组件、一个传感器平台还有一组机电控制单元。当基座绕 x 轴转动时,根据单轴陀螺的测角原理,转子连同框架在扭矩作用下绕 y 轴旋转测量基座绕 x 轴的转动角速度,机电控制单元根据反馈的角速度对传感器平台施加反向力矩控制,从而保证基座转动过程中视轴的指向不变。

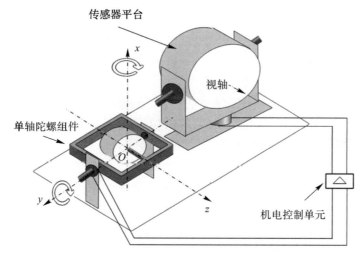

图 5 - 6　视轴稳定平台组成及基本工作原理

5.3　光电稳定平台伺服驱动系统

5.3.1　角速度传感器

1.直流测速发电机

直流测速发电机是一种输出电动势与转速成比例的微特电机,在使用时一般与被测机构同轴安装,只要检测出输出电动势,就能获得被测机构的转速,是一种速度传感器。直流测速发电机有电磁式和永磁式两种(见图5-7)。永磁式采用高性能永久磁钢励磁,具有受温度变化影响小、线性误差小等优点。电磁式采用他励式,不仅结构复杂,而且其输出电压受励磁电源、环境等因素的影响波动较大。

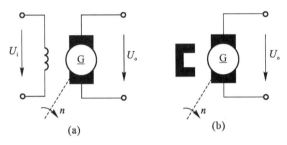

图5-7　直流测速发电机

(a)电磁式；　(b)永磁式

直流测速发电机与直流发电机的工作原理相同,即在恒定磁场下,电枢导体运动切割磁力线,进而在电刷间产生感应电动势,其输出电动势 E 和转速 n 呈线性关系:

$$E = Kn \tag{5-2}$$

其中 K 是常数。

当空载时,电机输出与转速成正比的电压;当带载时,由于电枢电阻、齿槽效应以及感应电动势瞬时值等因素的影响,电机输出特性的线性度会变差。根据直流测速发电机的工作原理,其具有以下主要优、缺点。

(1)优点:当输出为零时,无剩余电压;输出斜率大,负载电阻较小,温度补偿较容易。

(2)缺点:由于有电刷和换向器,所以构造和维护比较复杂;摩擦转矩较大;输出电压有纹波;正反转输出电压不对称;对无线电有干扰。

2.陀螺仪

陀螺仪是光电稳定平台的核心器件,早期的陀螺仪建立在经典力学的基础之上,其工作原理在上述章节中已经介绍。随着科学技术的发展,出现了以近代物理学为基础的新型陀螺仪,典型代表是光学陀螺和微机械陀螺。下面将具体介绍一下目前应用较为广泛的动力调谐陀螺、光学陀螺和微机械陀螺。

(1)动力调谐陀螺。动力调谐陀螺仪又简称动调陀螺,是一种干式弹性支撑的挠性陀螺。动调陀螺仪的结构组成如图5-8(a)所示,它由驱动电机、转子、平衡环、驱动轴、外挠性轴和内挠性轴组成,内、外挠性轴具有较大的抗弯刚度和较小的抗扭刚度,因此驱动电机可通过驱动轴,内、外挠性轴和平衡环带动转子高速转动,而这种挠性支撑结构类似于一个双轴万向架支撑结构,给转子提供了两个旋转自由度。作为技术成熟的刚体转子陀螺仪,挠性陀螺的精度范围在 $0.01\sim1°/h$ 之间。动力调谐陀螺仪因其体积小、质量轻的优点在早期的光电稳定平台中应用较为广泛。

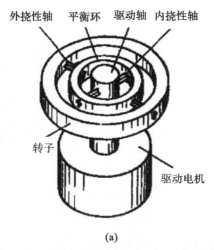

(a)

(b)

图 5-8　动力调谐陀螺仪

(a)结构组成图；　(b)某型动力调谐陀螺

　　(2)光学陀螺。光学陀螺是以光的惯性特性为基础的另类惯性角速度传感器,光学陀螺按工作原理又可分为谐振型光学陀螺和干涉型光学陀螺,谐振型光学陀螺的典型代表是激光陀螺,干涉型光学陀螺的典型应用是光纤陀螺。光纤陀螺是随着光纤技术的发展而出现的一种光学陀螺仪,因启动快、带宽高而被广泛应用于无人机载光电载荷中。

　　图 5-9 分别示意了光纤陀螺的工作原理以及某型小型单轴光纤陀螺,光纤陀螺实际就是由单模光纤环构成的萨格奈克干涉仪。这种可旋转的环形干涉仪由萨格奈克于 1913 年发明,它将激光器光源发出的一束光分解为两束,并让它们在环形光纤内沿相反方向循行一周后会合,然后在探测器上产生干涉形成干涉条纹,当干涉仪处于静止状态时,两束光束通过环路所用的时间相同,但当干涉仪开始旋转时,沿旋转方向围绕环路移动的光束移动距离

更长,因此到达探测器所需的时间比另一束光束长,此时干涉条纹会发生移动,而条纹移动数与干涉仪的角速度和环路所围面积之积成正比。根据上述工作原理,光纤陀螺可根据光纤长度的不同获得不同的测量精度。光纤陀螺因其全固态性,具有预热时间短、功耗低、体积小、质量轻、响应速度快、精度高、带宽高等优点,目前在惯性导航系统以及高精度的光电稳定平台中广泛应用。

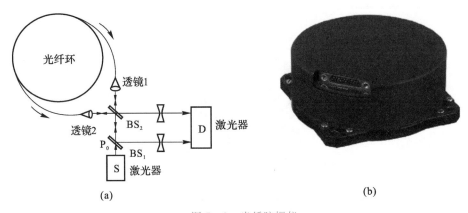

图 5 - 9   光纤陀螺仪
(a)工作原理;   (b)某型光纤陀螺

(3)微机械陀螺。微机械陀螺简称 MEMS(Micro Electro Mechanical System)陀螺,它建立在微米/纳米技术之上。随着微电子技术和微加工技术的发展,各种性能优良、价格低廉的微型化传感器、执行器、驱动器和微控制器应运而生,人们将这些微型器件集成为一个微型系统用于实现传统陀螺的测角功能,这就出现了 MEMS 陀螺。

MEMS 陀螺的测角原理建立在科里奥利力基础之上,图 5 - 10(a)示意了 MEMS 陀螺的组成,陀螺中安装有两块正交的可移动电容板,一个质量块被柔软的弹性结构悬挂在中间,径向电容板施加振荡电压迫使物体作径向振动。当陀螺旋转时,这种振动和旋转诱导的科里奥利力把正比于角速度的能量转移到传感模式,横向电容板则用于测量由于科里奥利运动带来的电容变化,后端处理电路将电容变化转换为代表转动角速度的电压量。MEMS陀螺因其成本低廉、体积小的优点广泛应用于手机、相机和汽车等产品领域。

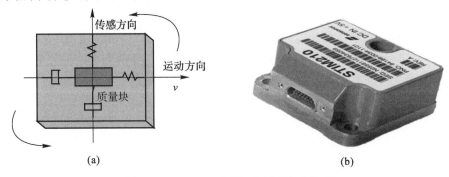

图 5 - 10   MEMS 陀螺工作原理与实物图
(a)工作原理;   (b)某型 MEMS 陀螺

表 5-1 分别从体积、质量、价格、加工工艺复杂度以及测量精度等方面对挠性陀螺、光纤陀螺和 MEMS 陀螺进行了比较。挠性陀螺因精度和体积的优势广泛应用于各种军用设备当中,但由于其内部采用高速旋转的转子,所以启动时间较长,且在转子启动过程中若受到外部振动或冲击,会对转子或挠性头有损伤,影响使用寿命;光纤陀螺则依靠带宽、精度和可靠性高,启动快速等优点在很多应用领域正逐渐替代挠性陀螺,由于光纤陀螺的精度与其光纤绕制长度相关,所以精度越高其体积越大,在一些小型光电载荷中应用受到了限制;MEMS 陀螺因成本低、体积小、可靠性高等优点被广泛应用于手机、相机和汽车等民用领域,虽然其精度相对机械陀螺和光纤陀螺来说较低,但随着微机械技术的发展,其精度也在逐步提高。目前三种陀螺在机载光电稳瞄系统中均有应用,这主要取决于光电稳瞄系统的体积、质量和精度要求,一般要求较高的军用稳瞄产品多采用挠性陀螺和光纤陀螺,对于无人机上的轻小型光电载荷,由于体积、质量的限制,多采用挠性陀螺和 MEMS 陀螺。

表 5-1　不同陀螺性能对比

陀　螺	体　积	质　量	价　格	工　艺	精　度
挠性陀螺	小	轻	高	复杂	中
光纤陀螺	中	轻	中	简单	高
MEMS 陀螺	很小	很轻	低	简单	低

5.3.2　角位置传感器

1. 旋转变压器

旋转变压器作为一种角位置传感器,主要用于光电稳瞄系统万向架旋转角度的测量,以及位置闭环控制。旋转变压器是一种输出电压随转子转角成一定函数关系的信号类微电机,它与变压器的原理相同,依靠原边和副边之间的电磁耦合工作,只不过变压器是静止器件,旋转变压器是旋转器件,通过转动转子转角能够改变原边和副边绕组之间的电磁耦合强度,从而使副边绕组的输出电压与转子转角之间保持一定的函数关系。

旋转变压器按结构形式可分为有刷式和无刷式两大类,如图 5-11 所示,有刷式旋转变压器的转子绕组通过滑环和电刷直接引出,其特点是结构简单、体积小,但因为电刷与滑环为滑动接触形式,所以旋转变压器的可靠性差、寿命较短;无刷式旋转变压器包括旋转变压器本体和附加变压器,附加变压器的原、副边铁芯及其线圈均为环状,分别固定于转子轴和壳体上,径向有一定空隙,原、副边通过电磁耦合生成与转角相关的电压信号。

旋转变压器按信号类型分可分为正、余弦旋转变压器和线性旋转变压器,正、余弦旋转变压器的输出电压与转子转角成正、余弦函数关系,而线性旋转变压器的输出在一定转角范围内与转角成线性关系。旋转变压器的结构和两相绕线式异步电机结构相似,由定子和转子两大部分组成,旋转变压器的定子和转子都采用高磁导率的铁镍软磁合金片或高硅钢片经冲制、绝缘叠装而成。旋转变压器一般有两极绕组和四极绕组两种结构形式。两极绕组旋转变压器的定子和转子各有一对磁极,四极绕组则各有两对磁极,主要用于高精度的检测系统。

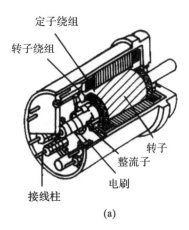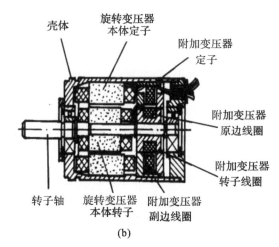

图 5-11　旋转变压器结构组成图
(a)有刷式；(b)无刷式

常用的四极绕组旋转变压器的工作原理如图 5-12 所示,在定子和转子槽中分别内置有相互垂直的两个绕组,D_1-D_2 为定子绕组,D_3-D_4 为定子补偿绕组;Z_1-Z_2 和 Z_3-Z_4 分别为转子上的正、余弦输出绕组,D_1-D_2 绕组与 Z_3-Z_4 绕组的夹角为 θ。当给 D_1-D_2 施加激磁电压时,会在 D_1-D_2 轴向产生脉动磁场,空载时在正、余弦绕组中感应的电势分别为

$$E_1 = nU_s\cos\theta \tag{5-3}$$
$$E_2 = nU_s\sin\theta \tag{5-4}$$

式中:n 为匝数比,由式(5-3)和式(5-4)可知空载时当励磁电压不变,输出电势与旋转角度成正、余弦关系,然而带载时,这种严格的正、余弦关系将发生畸变,负载电流越大,畸变越严重,为此需要通过一些手段补偿这种畸变。通常的补偿方法有副边补偿和原边补偿,由于这种畸变主要是交轴磁通所造成的,所以补偿原理是将交轴磁通补偿至零即可,很多参考文献中对补偿方法都有描述,这里对补偿方法不再做详细描述。

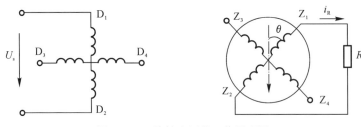

图 5-12　旋转变压器工作原理图

然而,这种单对极的旋转变压器精度也只能达到分,能够满足一般控制系统使用要求,但对于光电稳瞄系统这种对角位置精度要求较高的转台控制系统,其精度已经不能满足使用要求,此时多极和双通道旋转变压器则能够保证高精度使用要求。

多极旋转变压器的工作原理与两极旋转变压器相同,不同的是,其定子和转子绕组所通过的电流会建立多极的气隙磁场,其输出电压值随转角变化的周期不同,对于一个 p 对极的旋转变压器来说,每对极所对应的圆心角为 $360°/p$,因此每转动 $360°/p$,输出感应电势就变化一个周期,这就相当于对 $360°$ 进行了 p 次细分,从而能够让测量精度提高 p 倍,如图 5-13 所示。

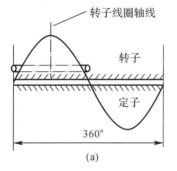
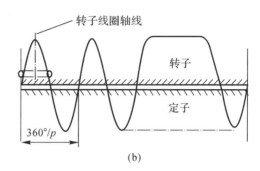

图 5-13　两极和多极旋转变压器对比图
(a)两极旋转变压器;　(b)多极旋转变压器

　　双通道旋转变压器是将两个极对数不同的旋转变压器组合使用,极对数少的为粗机,极对数多的为精机。其工作原理类似于普通手表的分秒计时,通过极对数多的精机来细分粗机,从而达到提高精度的目的。根据磁路形式不同又可分为共磁路和分磁路两种。共磁路结构形式将粗机和精机绕组同时嵌入铁芯,绕组彼此独立,磁路共用;分磁路结构形式在结构上将粗机和精机组合成一体,绕组各自有单独的铁芯,磁路分开。双通道旋转变压器不仅把精度提高到秒级,而且结构简单、可靠。

　　2.编码器

　　编码器是一种将信号或数据按一定规则进行编码,转换为可以通信、传输和存储的信号形式的设备。编码器按读出方式可分为接触式和非接触式,按工作原理可分为增量式和绝对式。增量式编码器是将位移转换成周期性的电信号,再把这个电信号转变成计数脉冲,用脉冲的个数表示位移的大小;绝对式编码器的每个位置对应一个确定的编码。

　　接触式码盘编码器由码盘和电刷组成。码盘一般为铜箔板材质的印制电路板,印制板表面按一定编码方式印有码道,编码方式为标准二进制编码或格雷码等,黑色为导电区,白色为绝缘区;电刷是一种活动触头结构,每个码道一个电刷,当码盘旋转时,电刷与码盘接触处就产生某种码制的数字编码输出。这种接触式编码器由于存在电刷磨损,所以寿命较短,且精度不高,也无法用于高速转动过程中的角位移测量,应用领域有限。

　　随着高精度加工技术的发展,非接触式编码器应运而生,其中以光电编码器应用最为广泛。光电编码器是一种通过光电转换将输出轴上的机械几何位移量转换成脉冲或数字量的传感器,根据读数方式、刻度方法和信号输出形式的不同,光电编码器又可分为绝对编码器、增量编码器和混合式编码器三种。

　　光电编码器的最大特点是非接触式的,因此,它的使用寿命长、可靠性高,是目前应用最多的角位置传感器。图 5-14 为光电编码器的组成及工作原理图,光电编码器由光栅盘和光电检测装置组成,光栅盘是在一定直径的圆板上等分地开有若干孔,光电码盘与电动机同轴安转,光源经透镜和光栅盘后输出明暗交错的编码,它们由光敏元件接收并由信号处理电路处理生成电信号脉冲,随着光栅盘的转动角度不同对应输出不同的编码脉冲,通过解码即可获得旋转角度信号。下面分别简单介绍光电码盘式编码器(绝对式编码器)和光电脉冲盘式编码器(增量式编码器)。

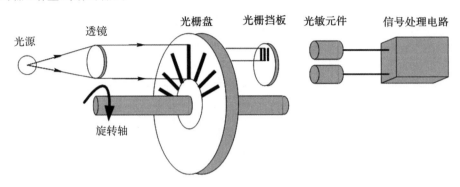

图 5 - 14   光电编码器的组成及工作原理

(1)光电码盘式编码器。光电码盘式编码器是一种绝对式编码器,几位编码器的码盘上就有几个码道,编码器在旋转轴的任何位置都可以输出一个固定的与位置相对应的数字码,这一点与接触式码盘编码器一样。但其码盘结构形式是采用照相腐蚀工艺,在一块圆形光学玻璃上刻有透光和不透光的码形。在几个码道上装有相同个数的光电转换元件代替接触式编码器的电刷,并将接触式码盘上的高、低位用光源代替。

如图 5 - 15 所示,它在透明材料的圆盘上精确印制上二进制编码,码盘上各圈圆环分别代表一位二进制的数字码道,在同一个码道上印制黑白等间隔图案,形成一套编码。黑色不透光区和白色透光区分别代表二进制的"0"和"1",在一个四位光电码盘上,有四圈数字码道,每一个码道表示二进制的一位,内侧是高位,外侧是低位,在 360°范围内可编码数为 16个。在码盘的一侧放置光源,另一侧每个码道都对应放置一个光电光敏元件,当码盘转动到不同位置时,光敏元件将接收到不同编码的光信号,经过信号处理电路相应的放大和整形,即可获得相应的数字编码信号。图 5 - 15 示意了光电码盘式编码器的简单组成及工作原理,由于制造和安装精度的影响,这种简单结构会造成非单值性误差,一般可以采用循环码或 V 扫描法来解决。

(2)光电脉冲盘式编码器。光电脉冲盘式编码器又称为增量式编码器,增量式编码器一般只有三个码道,它不能直接产生几位编码输出,故它不具有绝对码盘码的含义。

增量式编码器的圆盘上等角距地开有两道缝隙,内、外圈的相邻两缝错开半条缝宽,另外在某一径向位置开有一狭缝,表示码盘的零位。在它们相对的两侧面分别安装光源和光电接收元件,当码盘转动时,光线经过透光和不透光的区域,每个码道将有一系列光电脉冲由光电元件输出,码道上有多少缝隙,每经过一周就将有多少个相差 90°的两相脉冲和一个零位脉冲输出。增量式编码器的精度和分辨率与绝对式编码器一样,主要取决于码盘本身的精度,无论是绝对式编码器还是增量式编码器,都可通过细分技术提高精度。

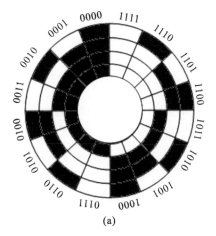

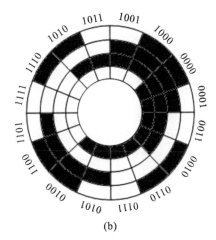

图 5 - 15　码盘编码方式

(a)二进制编码；　(b)格雷码

5.3.3　伺服执行元件

伺服执行元件是指驱动光电稳定平台运动的伺服电动机,伺服电动机属于控制电机的一种,前面所述的直流测速发电机和旋转变压器按一般教材中的分类都属于控制电机,控制电机和普通电机没有本质差异,仅体现在对电机启动、运行及制动等方面的性能要求不同,控制电机更关注电机的高精度和快速响应。伺服电动机按工作电源种类可分为直流电动机和交流电动机,直流伺服电动机因启动转矩大、调速范围宽、线性度好等优点而获得广泛应用,但一般的直流伺服电动机因转子铁芯的存在以及齿槽效应,会有灵敏度差、低速转矩波动大等问题,这些电机也不适合在光电任务载荷这种高精度产品中使用。以下将介绍光电稳定平台中常用的直流力矩电机、空心杯直流伺服电机和音圈电机。

1. 直流力矩电机

直流力矩电机是一种低速直流伺服电动机,其特点是堵转力矩大,空载转速低,不需要任何减速装置即可直接驱动负载,过载能力强,广泛应用于各种雷达天线的驱动、光电跟踪等高精度传动系统以及一般仪器仪表驱动装置上。永磁直流力矩电机以永磁体产生磁场与电流作用产生驱动力,相比其他励磁方式的力矩电机,具有能耗低、体积小等优点。永磁直流力矩电机按结构形式可分为有刷和无刷永磁直流力矩电机两种。

与普通伺服电机不同,为了获得大转矩和低转速,永磁式直流力矩电机被设计为径向尺寸大、轴向尺寸小的结构形式,其结构形式及转速转矩特性曲线如图 5 - 16 所示。

永磁直流力矩电机主要由定子、定子线圈、转子和永久磁铁组成,如图 5 - 16(a)所示,在定子线圈通电后,由电磁感应原理可知

$$F = BI_aL \tag{5-5}$$

式中:BI_a 为直流电机每极磁通下磁感应强度的平均值;L 为导体切割磁力线的有效长度。

电磁转矩为

$$M = NF \frac{D}{2} \qquad (5-6)$$

式中：N 为绕组在磁极下的导体总数；D 为绕组径向平均等效直径。

由式(5-6)可知，D 值的增大能使转矩成比例增加，因此永磁直流力矩电机的输出力矩随着电机直径的增加而逐渐增加。

图 5-16(b)为永磁直流力矩电机的转速-转矩特性曲线，阴影部分为其连续工作区域，其中 M_f 为峰值堵转转矩，代表了电机的最大输出转矩，M_1 为连续堵转转矩，代表了电机允许的长时间连续堵转转矩，n_{0max} 为最大空载转速，n_0 为连续空载转速。直流力矩电机具有软的机械特性，即当负载增加时，电动机转速随之降低，而输出力矩增加，反之则输出力矩降低。力矩电机的堵转转矩高，堵转电流小，能承受一定时间的堵转运行。

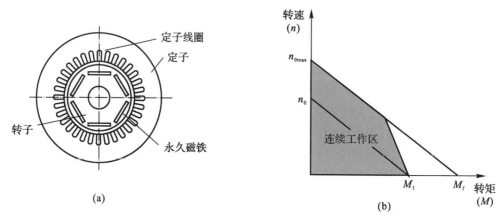

图 5-16　永磁直流力矩电动机
(a)结构组成原理图；　(b)转速-转矩特性曲线

在选择永磁直流力矩电机时应根据系统工况特点、使用环境要求等进行合理选择，例如当系统转动角度范围有限时，应优先选用有限转角力矩电机，若工作环境恶劣则应选用无刷直流力矩电机。在系统设计中对电机的指标要求应根据使用场合折中考虑，若同时要求高电机峰值堵转转矩和小体积，则制造难度和成本费用会急剧增加。

2. 空心杯直流伺服电机

空心杯直流伺服电机属于直流永磁电机，它在结构上不同于传统电机的铁芯结构形式，采用的是无铁芯转子(即空心杯绕组转子)，所谓的空心杯绕组是用导线绕在绕线模上，然后用环氧树脂定型制成，这种形式彻底消除了由于铁芯涡流带来的电能损耗，具有惯量低、灵敏度高、力矩波动小、转速平稳等优点。

图 5-17(a)为空心杯直流伺服电机的结构示意图，电机被制作成薄壁细长外形，空心杯绕组的低惯量使得电机能够达到较高的转速；图 5-17(b)为当前全球空心杯电机的引领者 maxon 电机的产品谱系，其产品以性能高、寿命长、环境适应性强等特点在各个场合被广泛应用，最典型的应用产品为火星探测车。

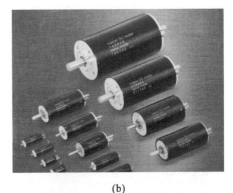

(a)   (b)

图 5 - 17   空心杯直流伺服电机

(a)结构示意图； (b)maxon 电机的产品谱系

鉴于空心杯电机具有低惯量、高转速等特点,因此在光电稳定平台中一般配合机械传动装置使用。空心杯直流伺服电机与齿轮传动机构配合使用能够为光电稳定平台提供更大的力矩和匹配的低转速,但齿轮的齿槽空回无法保证光电稳定平台的高控制精度,表 5 - 2 列出了空心杯直流电机与不同传动方式配合使用的优、缺点。

表 5 - 2   空心杯直流电机不同传动方式的优、缺点

组合方式	优　点	缺　点
空心杯直流电机＋齿轮传动	(1)能够提供较大传动比; (2)可靠性高	(1)齿隙带来的控制精度不高; (2)转动声音较大
空心杯直流电机＋皮带传动	(1)转动平滑安静; (2)控制精度相对高一些	(1)皮带弹性会带来控制上的非线性; (2)长时间皮带易老化,可靠性低,环境适应性差
空心杯直流电机＋钢带传动	(1)控制精度高; (2)转动平滑	刚带易断裂

3. 旋转音圈电机

音圈电机因结构类似扬声器的音圈而得名,在日常生活中的扬声器的工作原理就是通电线圈在磁场中受力带动部件振动,进而发出声音。音圈电机的工作原理与此相同,只是线圈连接在了驱动部件上,从而产生驱动控制力。音圈电机按结构形式可分为直线音圈电机和旋转音圈电机:前者在医疗器械、精密机床等领域广泛应用,图 5 - 18(a)为直线音圈电机在精密机床上的应用;后者最典型的应用场景则是磁盘驱动系统,如图 5 - 18(b)所示。

在光电稳定平台上较常用到的旋转音圈电机如图 5 - 19 所示,该种音圈电机根据结构形式的不同还可分为单磁路型和双磁路型。图 5 - 19(a)示意了单磁路旋转音圈电机的组成及工作原理,它主要由导磁轭、磁钢、绕组组成,当绕组通电电流方向如图中所示时,绕组受到向左的安培力向左运动,转子框架切割磁力线生成感应电动势;图 5 - 19(b)示意了双

磁路旋转音圈电机的实物图,这种结构形式能够形成双磁路,产生的扭矩更大,但体积更大、质量更重。相对有限转角力矩电机,音圈电机能够在有限的空间提供更大的力矩,且力矩输出线性度更好。

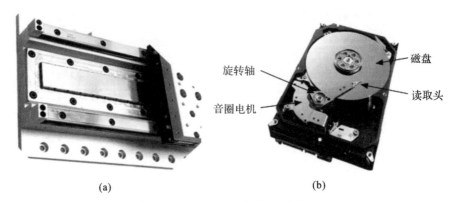

(a)　　　　　　　　　　　　　　　　(b)

图 5 - 18　音圈电机典型应用场景

(a)精密机床；　(b)磁盘驱动系统

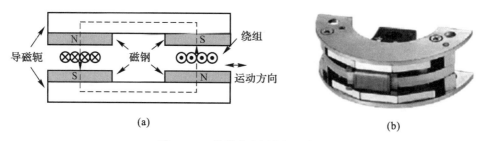

(a)　　　　　　　　　　　　　　　　(b)

图 5 - 19　旋转式音圈电机示意图

(a)单磁路原理图；　(b)双磁路示意图

表 5 - 3 给出了不同电机的优、缺点以及应用于光电稳定平台的典型场景。

表 5 - 3　不同电机优、缺点及典型应用场景比较

电机类型	优　点	缺　点	典型应用场景
直流力矩电机	输出力矩大,转速低,力矩波动小	体积较大,质量较重	适合周转光电稳定平台,不同框架配置均可使用
空心杯直流伺服电机	搭配减速箱能够获得大的力矩,体积小	输出力矩较小,不适合直驱,控制精度不高	适合控制精度不高的光电稳定平台,适合搭配传动机构作为多框架光电稳定平台的外框架执行机构
有限转角力矩电机	输出力矩大,转速低,力矩波动小	无法周转,体积较大,质量较重	适合作为多框架光电稳定平台的内框架执行机构

续表

电机类型	优　点	缺　点	典型应用场景
旋转音圈电机	输出力矩大,转速低,力矩波动很小,线性度好	无法周转	适合作为多框架光电稳定平台的内框架执行机构

5.4　稳定平台的分类和比较

5.4.1　稳定平台的分类

稳定平台的种类很多,从稳定原理上大致可分为以下三类。

1.机械稳定

所谓机械稳定是指通过伺服电机直接驱动被稳定平台进行稳定的方式,这种稳定方式将惯性测量元件直接安装在被稳定平台上测量平台的姿态变化,采用闭环负反馈控制方式和伺服电机直接驱动平台来实现视轴稳定,多数文献中也称其为整体稳定或质量稳定。

2.光学稳定

光学稳定是指通过对光学子系统中的某个或某几个光学元件的控制来改变视轴指向的稳定方式,常用于稳定的光学元件有折射元件、反射元件以及多种元件的组合。折射元件主要是光锲或透镜,即利用折射原理来改变瞄准线的指向,其缺点是会引入色差;反射元件主要是反射镜,利用反射原理实现瞄准线的倍角稳定,它能够避免色差,但是当对多个传感器进行稳定时,反射镜尺寸会受到限制。由于光学稳定方式不需要对整个平台负载进行稳定,因此被稳定对象质量轻,目前该方法在军用和民用产品领域得到广泛的应用。

3.电子稳像

电子稳像(Electronic Image Stabilization)技术是指利用图像处理的方法对动态图像序列进行平滑补偿,从而达到图像稳定的技术,是一种集电子、计算机、数字信号处理等技术为一体新一代稳定技术。与机械稳定和光学稳定相比,电子稳像具有操作容易、计算速度快和精度高等优点。目前电子稳像的基本方法有两种:一种是利用测量平台角运动传感器的数据作为输入进行图像运动反向补偿,但其稳像精度多依赖于角速度传感器精度;另一种是直接利用相邻帧图像作为输入,采用稳定算法进行图像运动补偿实现稳定效果,这种方法因为实时性好,被广泛采用。目前比较典型的电子稳像算法有块匹配法、灰度投影算法、位平面匹配法、代表点法以及特征匹配法等。

上述几种稳定方式各有优、缺点,根据应用场景、体积、质量限制可选择不同的稳定方式,随着稳定平台性能要求的不断提升,上述稳定方式也经常组合使用以获得更好的稳定效果。下面将针对目前无人机光电稳定平台常见的质量稳定、反射镜稳定、组合稳定进行详细介绍。

5.4.2　质量稳定

尽管有很多种方法可以用来稳定,但最直接、最常用的方法就是质量稳定(也称整体稳定),质量稳定的基本原理建立在牛顿第一和第二定律上:牛顿第一定律明确了力、惯性质量和惯性系的概念,它表明物体若非受到扭矩作用不会改变运动状态;牛顿第二定律则指出当有扭矩 T 施加于物体上时会产生角加速度。由此可见,惯性稳定最直接的方法就是保证作用在物体上的合力矩为零,这样就能阻止物体在惯性空间中转动。因此,人们将速率陀螺或角位置陀螺直接安装在被稳定对象上,用来测量它绕各个轴的旋转量,同时施加闭环负反馈控制以对抗外部扰动并响应输入控制命令。典型的质量稳定平台如图 5-20 所示。

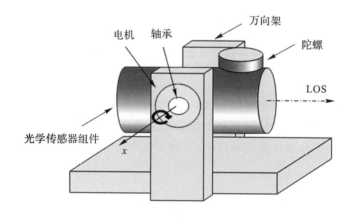

图 5-20　质量稳定组成原理图

在图 5-20 示意的典型单自由度质量稳定平台中,被稳定的光学传感器组件由刚性万向架通过轴承支撑,角速率陀螺被直接安装在光电传感器组件上,用来测量平台绕 x 轴的旋转角速度。为稳定瞄准线,必须稳定由万向架支撑的整个光学传感器组件,显然要满足万向架上无任何有害扭矩这一条件,即满足以下要求:

(1)安装在万向架上的光学传感器组件精确配平;

(2)支撑负载的轴承没有任何摩擦;

(3)负载被看作为纯刚体,不发生挠曲形变等。

显然,这些是理想条件,实际中我们只能通过仿真分析和设计获得尽可能理想的机械结构特性,为优良的伺服控制系统设计奠定基础。

图 5-21 和图 5-22 示意了这个简单的单自由度万向架支撑的质量稳定平台的控制回路,在整个控制过程中,陀螺敏感传感器平台因外部扰动而发生的旋转角速度,陀螺信号经过反馈后与控制命令比较产生控制偏差,该偏差经过伺服控制电子单元中的稳定控制器处理后送给驱动电路放大,并送给力矩电机,电机则驱动万向架沿 x 轴反向旋转以"抵消"有害的负载扭矩,施加到万向架上的总扭矩是电机输出扭矩与作用到万向架上的所有扰动扭矩之和。

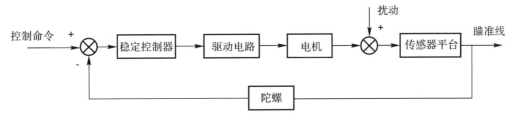

图 5 - 21　质量稳定控制系统原理框图

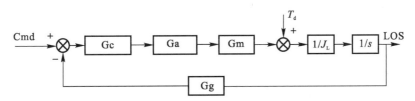

图 5 - 22　质量稳定控制系统数学模型框图

Gc—稳定控制器；　Ga—驱动电路；　Gm—电机；

Gg—陀螺；　J_L—传感器平台转动惯量；　T_d—外部扰动力矩

　　目前，无人机光电载荷常用的质量稳定平台按其框架形式又可分为两轴两框架、两轴三框架和两轴四框架，其结构形式如图 5 - 23 所示。

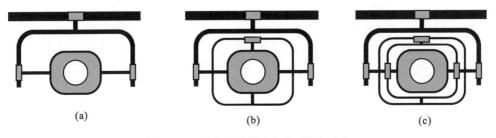

图 5 - 23　几种框架形式的质量稳定平台

(a)两轴两框架；　(b)两轴三框架；　(c)两轴四框架

　　两轴两框架稳定平台如图 5 - 23(a)所示，由内方位框架和内俯仰框架嵌套组成万向架结构形式。由结构形式可知，这种形式的质量稳定平台随着俯仰角度的增大，方位电机轴与陀螺敏感轴存在夹角，这种原理性误差会导致方位稳定性能随着俯仰角的增大而降低，当俯仰角达到 90°时，由于电机轴与陀螺敏感轴正交，缺失方位敏感自由度，进而导致方位轴无法实现稳定，为解决该问题，一般需要在传感器组件上安装三轴陀螺或在方位框架上安装陀螺，这样在任意角度都能敏感三个自由度的角运动。

　　图 5 - 23(b)为两轴三框架稳定平台，它是由内方位-俯仰-外方位框架组成的万向架结构，该种结构形式从原理上保证了方位电机轴与陀螺敏感轴的准直，因此避免了两轴两框架的自锁问题。当传感器组件上安装双轴陀螺时，系统为两轴三框架稳定平台，外方位框架仅仅随动于内方位框架；有趣的是，当传感器组件上安装三轴陀螺，且外方位采用直驱方式时，则该系统在过顶位置附近实际是个三轴稳定系统，此时具有一定的消像旋作用。

图 5-23(c)为两轴四框架稳定平台,它在两轴三框架基础上增加了一个内俯仰框架,它与两轴三框架的工作原理相同,内方位和内俯仰框架用于惯性稳定,外方位和外俯仰框架采用控制手段分别随动于内方位和俯仰框架,相对于两轴三框架来说,它的好处在于能够将外俯仰框架设计成封闭壳体,从而隔离外部扰动,为内框架提供优良的工作环境,这种冗余万向架形式能够有效地提高光电载荷的稳定性能。

5.4.3 反射镜稳定

反射镜稳定是光学稳定的一种,在该种稳定平台中,光学传感器被安装在载体平台的固定位置。反射镜相对传感器视轴以 45° 的夹角安装在传感器的前面,瞄准线的指向由反射镜的安装和旋转角度决定,其工作原理图如图 5-24 所示。

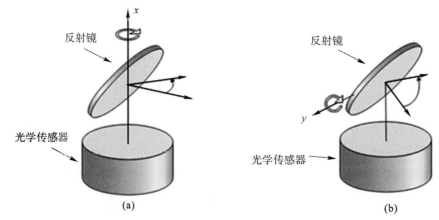

图 5-24 反射镜稳定的两种方式
(a)绕 x 轴旋转的方位稳定； (b)绕 y 轴旋转的俯仰稳定

由原理图可见,根据旋转轴不同,该种稳定方式又可分为两种。

一种是绕 x 轴旋转,该种稳定又被称为潜望式稳定,在此情况下,反射镜旋转使瞄线可扫描 360° 范围,且反射镜的旋转角和瞄线的旋转角相等,因此潜望式反射镜稳定平台的稳定控制与质量稳定没有差别,无非被控对象变为反射镜。但是潜望式稳定系统在将图像从反射镜发送到传感器时,沿 x 轴旋转的扫描运动会带来图像的旋转。这种旋转可以通过在光路中增加一个光学消像旋组件(如棱镜)进行补偿,也可以通过旋转传感器来补偿。

另一种是反射镜绕 y 轴旋转,在该稳定方式中,平面反射镜的旋转运动与传感器图像的运动不等量,在不考虑其他光学系统的条件下,平面反射镜的旋转会产生一种如图 5-24(b)所示的二倍效应,因此不能把这种稳定方式按质量稳定系统进行设计,如果陀螺安装在反射镜上它只能测量瞄准线运动的一半值。传统的解决方法是采取一种 2∶1 稳定机构来解决该问题,如图 5-25 所示。

上述两种反射镜稳定方式一般分别用于反射镜稳定平台的方位轴稳定和俯仰轴稳定。由于反射镜绕 y 轴旋转的方位稳定控制与一般的质量稳定系统相同,所以仅在图 5-26 和图 5-27 中示意了简单的反射镜俯仰稳定控制系统的控制回路,与质量稳定系统不同之处是,由于存在 2∶1 机构,所以其被控对象为反射镜轴和陀螺轴,从建立的数学模型框图亦可见,外部扰动将同时作用在陀螺旋转轴和反射镜轴,并通过钢带耦合,电机驱动负载的转动惯量也是两个轴转动惯量之和,由于两个轴的旋转半径差一倍,所以其角加速度相差 4 倍,由此可见,在外部扰动下,反射镜 2：1 机构的结构刚性对系统性能的影响至关重要;另外,除了载体扰动力矩通过摩擦、电缆弹性力矩以及其他扰动耦合到瞄准线中外,载体的角扰动也会通过反射镜直接影响瞄准线的稳定。

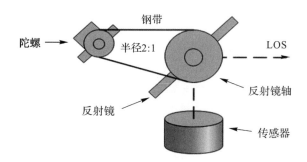

图 5 - 25　反射镜稳定 2：1 机构

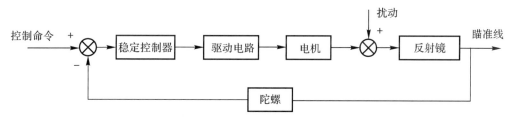

图 5 - 26　反射镜俯仰稳定控制系统原理框图

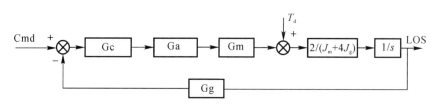

图 5 - 27　反射镜俯仰稳定控制系统数学模型框图

Gc—稳定控制器传递函数；　Ga—驱动电路传递函数；　Gm—电机传递函数；　Gg—陀螺传递函数；
J_m—反射镜旋转轴转动惯量；　J_g—陀螺旋转轴转动惯量；　T_d—外部扰动力矩

在反射镜稳定平台中,根据陀螺的安装位置不同又可划分为直接准直和间接准直两种方案。

(1) 直接准直。在质量稳定平台中,陀螺直接安装在光电传感器组件上,在反射镜稳定平台中,陀螺安装在与反射镜轴连接的辅助轴上,这两种方式陀螺均能直接反映瞄准线的运动,因此属于直接准直。在一个双轴稳定平台中,若定义笛卡儿坐标系中 y 轴为瞄准线,则惯性稳定平台必须减小绕 y 轴和 z 轴的惯性旋转,陀螺必须安装在能测量 y 轴和 z 轴旋转量的位置上。可以安装两个单轴陀螺分别测量 y 轴和 z 轴的旋转,但更好的方法是直接安装一个能同时测量两个正交轴旋转量的双轴陀螺,这样陀螺在稳定平台中的安装位置能够同时保证陀螺在两个敏感轴上的运动准直。由上可见,陀螺输入轴与瞄线直接准直使得控制回路的设计更加简单直接。

(2)间接准直。在一些系统中,由于体积、空间的限制可能无法将陀螺与被稳定平台直接固连,陀螺无法直接测量平台的运动,这时就需要通过转换重构一个能够代表瞄准线运动的敏感轴。

在前面描述的反射镜稳定平台中,如果不采用2:1机构,陀螺可以直接安装在反射镜上,如图5-28所示。按右手定则分别建立陀螺测量坐标系$x_1y_1z_1$和传感器坐标系xyz,当反射镜绕x轴旋转时,由于光学二倍效应,简单对测量x_1轴旋转的陀螺的测量值倍乘即可反映瞄准线绕x轴的运动;当反射镜绕z轴旋转时,此时在反射镜上安装测量z_1轴旋转的陀螺输入轴与瞄准线z轴不准直,就需要引入其他测量值重构绕z轴的敏感轴。可以通过增加一个输入轴垂直于x_1和z_1轴的第三个陀螺,以及一个测量反射镜旋转角度的测角传感器来补偿,如图5-28所示,在该图中,陀螺是一个x_1、y_1和z_1轴正交的三轴陀螺,在反射镜旋转轴安装有高精度的测角传感器,则重构后的瞄准线敏感角度为

$$\omega_{Lz} = \omega_{Mz}\cos\theta_y + \omega_{My}\sin\theta_y \tag{5-7}$$

式中:ω_{Lz}为瞄准线绕z轴旋转角速度;ω_{Mz}为三轴陀螺绕z_1敏感角速度;ω_{My}为三轴陀螺绕y_1轴敏感角速度。

按照式(5-7)来重新构造瞄准线角速率就可以此来稳定瞄准线。但是相比直接准直,该方法显然引入了更多的测量噪声,此时陀螺的比例因子误差、线性度、动态范围,以及测角解算器的噪声特性和精度显得十分重要。

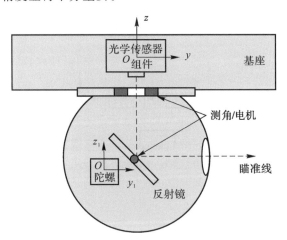

图5-28 陀螺直接安装在反射镜上的稳定平台

另一种间接准直方式是将陀螺安装在惯性稳定平台的基座上,如图5-29所示,与陀螺安装在反射镜上一样,基座的指向与瞄线的x、y和z方向是不同的。此时若反射镜和其他万向架的旋转量可测量,则根据三轴陀螺信号通过一系列欧拉旋转,即可重新构造出瞄线在x、y和z坐标轴的测量值。这种间接准直方案的好处是将惯性测量单元外置,为内部光学设计提供更大的空间,另外,有时可以直接利用载体平台惯导进行稳定,从而降低成本,当然

前提条件是系统精度要求不高且光电稳定平台距载体平台惯导距离较近,毕竟该种方式对陀螺以及测角传感器噪声和精度较为敏感。

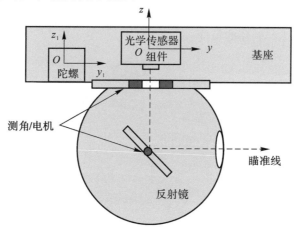

图 5-29　在基座上安装陀螺的稳定平台

　　综上所述,惯性稳定平台的应用需求直接影响稳定方式的选择,相比质量稳定平台,采用辅助轴的反射镜稳定平台体积能够更小,但若要进一步小型化,则间接准直稳定方式则是唯一的选择,当然这要综合精度需求来进行折中考虑。目前,为获得更高的稳定性能和体积比,更多的是采用多种方式的组合来满足应用需求。

5.4.4　组合稳定

　　组合稳定是在质量稳定和反射镜稳定基础上发展起来的一种复合稳定方式。传统的整体稳定其负载质量跨度范围较大,当负载重达几十甚至上百千克时,摩擦及机械谐振等因素会大大限制整体稳定控制系统的带宽,可能无法满足稳定要求;而对于反射镜稳定系统,由于旋转范围导致其观察范围受限,所以对于中大型光电载荷,人们常采用组合稳定方式来实现较高的稳定性能。组合稳定可以是机械稳定与光学稳定的组合,也可以是机械稳定与电子稳定的组合。这里仅介绍整体稳定与反射镜组合的稳定方式。整体稳定与反射镜的组合稳定也被称为粗、精二级稳定。

　　粗、精二级稳定系统的组成原理图如图 5-30 所示,在很多外文参考文献中也被称为IMC(Image Motion Compensation),它由一个粗级外万向架和精级内万向架构成,粗级外万向架采用陀螺稳定方式实现稳定控制,它与一般的质量稳定平台没有任何区别,该粗级万向架能够抑制绝大部分外部扰动;精级内万向架是一个精稳反射镜组件,精稳反射镜组件的支承可以是普通的万向架、挠性扭杆、球轴承、压电陶瓷等,反射镜组件的两个旋转轴与粗平台的两个转动轴平行安装。反射镜组件包括驱动电路、电机、反射镜以及角位置传感器,电机用于对反射镜施加控制力矩,使其绕2个旋转轴转动,角位置传感器则用于敏感反射镜相对平台的角度。

　　图 5-31 给出了这种稳定方式的控制原理框图,安装于粗框架上的陀螺将敏感到的扰动同时送给粗级陀螺稳定控制回路以及精级反射镜稳定控制回路。粗级陀螺稳定控制回路

能够隔离大部分外界扰动,剩余的扰动残差则被精级反射镜稳定控制回路克服,图5-32为粗、精二级稳定控制系统的数学模型。精稳反射镜的高刚性和小惯量特性能够使精稳反射镜控制回路的伺服带宽达到几百赫兹甚至上千赫兹,远大于粗平台带宽,因此组合后的稳定系统的稳定精度能够达到较高的精度。

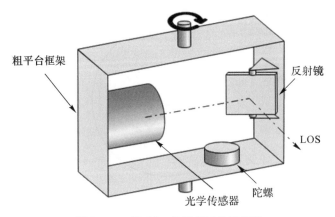

图5-30　粗、精二级稳定工作原理图

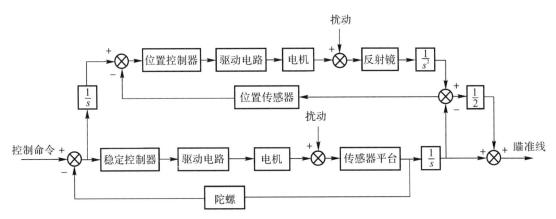

图5-31　粗、精二级稳定系统控制原理框图

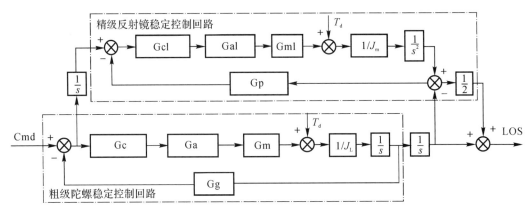

图5-32　粗、精二级稳定系统数学模型原理框图

5.4.5　稳定方式的选择

质量稳定、反射镜稳定和组合稳定都能完成视轴稳定功能,应根据光电载荷的体积、质量和精度要求进行选择,表 5-4 分别列出了各种稳定方式的优、缺点及适用条件。

表 5-4　各种稳定方式比较

稳定方式	优　点	缺　点
质量稳定	(1)陀螺直接与稳定平台瞄准线准直,系统光机设计简单; (2)当安装多个光学传感器时,光轴准直较为容易	(1)随着负载质量的增加,电机尺寸也将逐渐增加; (2)稳定平台带宽一般较低
反射镜稳定	(1)负载为反射镜,转动惯量轻,能获得较高的控制带宽; (2)对于大范围搜索具有较高的搜索效率; (3)体积相对较小	(1)需要增加 2:1 机构,光机设计相对复杂,其带宽可能受限于传动机构的刚度; (2)由于结构封装制约,搜索场限制在视轴两侧 90° 的范围内,且随着反射镜入射角减小,瞄准线指向命令接近其正极限,会影响光的透射; (3)当安装多个光学传感器时,光轴准直较为困难
组合稳定	(1)能够获得较高的稳定性能; (2)具有很高的大范围搜索效率	(1)光机设计复杂; (2)光轴准直困难

5.5　稳定平台常用控制方法

光电稳定平台能够保证安装其上的光学传感器清晰稳定成像,稳定控制方法起到关键作用。这里的稳定控制方法是指系统根据平台传感器(霍尔元件、陀螺、编码器等)测量的电流、角速度、角位置等物理信号,实时调整并生成电机去驱动控制命令的方法。性能优良的控制方法不但能够保证稳定平台控制系统对输入信号的响应快速无超调,而且能够有效隔离外部扰动。

自动控制技术经过长期发展,已经从传统经典控制发展到现在的先进智能控制,目前常见的控制方法包括经典 PID(即比例+积分+微分)控制、自抗扰控制、模糊控制、自适应控制、神经网络控制等,下面简单介绍光电稳定平台常用的控制方法。

1. 经典 PID 控制

经典 PID 控制是工业控制中应用最为广泛的控制器设计方法,它以控制系统的输入信号与反馈信号的偏差为输入,采用比例、积分和微分算子进行控制量计算,PID 控制器的时域表达式和频域表达式分别如下所示:

$$u(t) = K_p \left[e(t) + \frac{1}{T_i} \int_0^t e(t) + T_d \frac{de(t)}{dt} \right] \tag{5-8}$$

$$G_c(s) = K_p\left(1 + \frac{1}{T_i s} + T_d s\right) = K_p \frac{T_i T_d s^2 + T_i s + 1}{T_i s} \tag{5-9}$$

式中：$u(t)$ 为控制器输出量；$e(t)$ 为输入信号与反馈信号的偏差；K_p 为比例控制增益；T_i 为积分时间；T_d 为微分时间；s 为微分算子。

从时域表达式可以看出，比例控制能够根据误差提供一定增益的控制量，快速减小误差；积分控制能够在系统还存在静态误差时以步进递增方式不断累积控制量，逐渐消除静态误差，从而保证系统的控制精度；微分控制则是对误差进行微分计算，获取误差的变化率，从而提高控制系统的动态特性。从频域表达式可以看出，当 PID 控制器以串联形式与被控对象相连时，不仅提高了整个系统的型别，还为系统提供了两个负实零点，这一方面保证了系统的低频性能得到提升，另一方面还优化了系统中频特性，为系统的快速响应提供了有力的保证。

虽然 PID 控制器中的积分和微分作用能够分别保证静态特性和动态特性，但过度的积分作用会带来较大的超调，而微分作用能够增加阻尼减小超调，但过强则会导致消除静差速度过慢，因此 PID 参数应采用合适的方法进行整定才能使控制系统达到良好的控制效果。目前常见的整定方法有以下几种。

(1)Ziegler - Nichols 临界比例度法。该方法是一种通过调整纯比例控制增益让系统临界振荡，进而依照工程经验调整积分和微分系数的试验方法，其基本步骤如下：

1) 在关闭积分和微分作用的基础上，调整比例控制增益 K_p 直至系统处于等幅振荡状态，并记录此时的控制增益 K_o 和振荡周期 T_o；

2) 根据表 5 - 5 整定公式计算 T_i 和 T_d；

3) 根据 K_p、T_i 和 T_d 值生成 PID 控制器。

Ziegler - Nichols 临界比例度法 PID 参数整定公式见表 5 - 5。

表 5 - 5　Ziegler - Nichols 临界比例度法 PID 参数整定公式表

	K_p	T_i	T_d
P	$0.5K_o$	—	—
PI	$0.45K_o$	$0.85T_o$	—
PID	$0.6K_o$	$0.5T_o$	$0.125T_o$

PID 控制器本身是一个线性控制器，具有算法简单、鲁棒性强等优点，但因为参数比较固定，所以在控制性能上无法调和上升时间、超调量以及调节时间之间的矛盾。因此，在后续的研究过程中出现了抗积分饱和 PI 控制器、非线性 PID 控制器以及结合模糊控制等先进控制思想的改进 PID 控制器，性能得到了进一步的提升。

(2)基于 ISTE 指标整定方法。ISTE 最佳参数整定法是庄敏霞和 Atherton 结合指标函数得出的一种最优 PID 参数整定方法，其性能指标公式如下所示：

$$J_n(\theta) = \int_0^\infty \left[t^n e(\theta, t)\right]^2 dt \tag{5-10}$$

对于如下一阶时滞系统：

$$G(s) = \frac{1}{Ts+1} e^{-\tau s} \qquad (5-11)$$

当 N 取不同的值时可以得到不同的参数整定规则，ISTE 最优参数整定经验公式如下：

$$\left. \begin{aligned} K_p &= \frac{a_1}{K} \left(\frac{\tau}{T} \right)^{b_1} \\ T_i &= \frac{T}{a_2 + b_2(\tau/T)} \\ T_d &= a_3 T \left(\frac{\tau}{T} \right)^{b_3} \end{aligned} \right\} \qquad (5-12)$$

式中：各参数按表 5-6 进行选择。

表 5-6　PID 参数 ISTE 整定方法参数对照表

	$0.1 \leqslant \tau/T \leqslant 1$			$1.1 \leqslant \tau/T \leqslant 2$		
	ISE	ISTE	IST^2E	ISE	ISTE	IST^2E
a_1	1.048	1.042	0.968	1.154	1.142	1.061
b_1	−0.897	−0.897	−0.904	−0.567	−0.579	−0.538
a_2	1.019	0.987	0.997	1.047	0.919	0.892
b_2	−0.368	−0.238	−0.253	−0.220	−0.172	−0.165
a_3	0.489	0.385	0.316	0.490	0.384	0.315
b_3	0.888	0.906	0.892	0.708	0.839	0.832

2. 自抗扰控制

自抗扰控制（Active Disturbances Rejection Controller，ADRC）技术是中国科学院系统科学研究所的韩京清教授于 20 世纪 90 年代提出的一种控制方法。该方法结合经典调节理论和现代控制理论各自的优、缺点，发扬并丰富了 PID 控制理论"基于误差消除误差"的思想精髓，不依赖于系统的精确模型，而是以被控对象的"时间尺度"去衡量系统的性能。自抗扰控制器的经典结构包括了三个部分：跟踪-微分器（TD）、扩张状态观测器（ESO）以及非线性状态误差反馈环节。

（1）跟踪-微分器。对于一个二阶系统有

$$\left. \begin{aligned} \dot{r}_1 &= r_2 \\ \dot{x}_2 &= -r\,\mathrm{sign}\left[x_1 - v_0(t) + \frac{x_2 \mid x_2 \mid}{2r} \right] \end{aligned} \right\} \qquad (5-13)$$

式中：$x_1(t)$ 是输入信号 $v_0(t)$ 的状态估计；$x_2(t)$ 是 $v_0(t)$ 的微分状态估计。当 r 值足够大时，$x_1(t)$ 能够充分地接近 $v_0(t)$，而 $x_2(t)$ 能够较平滑地反映 $v_0(t)$ 的变化率，与对 $v_0(t)$ 直接微分相比，其跟踪微分器的噪声抑制能力更强。

（2）扩张状态观测器（ESO）。扩张状态观测器是借用状态观测器的思想，把能够影响被控输出的扰动作用扩张成新的状态变量,用特殊的反馈机制建立能够观测被扩张的状态-扰动作用的扩张状态观测器,它不依赖于生成扰动的具体数学模型,也不需要直接测量。

对于一典型二阶控制系统,有

$$\left.\begin{array}{l} \dot{x}_1 = x_2 \\ \dot{x}_2 = f(x_1, x_2) + bu \\ y = x_1 \end{array}\right\} \qquad (5-14)$$

其扩张状态观测器的一般表达式如下式所示:

$$\left.\begin{array}{l} e = z_1 - y \\ \dot{z}_1 = z_2 - \beta_1 \varepsilon \\ \dot{z}_2 = z_3 - \beta_2 \text{fal}(\varepsilon, \alpha_1, \delta) + bu \\ \dot{z}_3 = -\beta_3 \text{fal}(\varepsilon, \alpha_2, \delta) \end{array}\right\} \qquad (5-15)$$

式中:$\text{fal}(e, \alpha, \delta) = \begin{cases} |e|^a \text{sign} e, & |\varepsilon| > \delta \\ \dfrac{e}{\delta^{1-a}}, & |\varepsilon| \leqslant \delta \end{cases}$;$z_1$ 和 z_2 为 x_1 和 x_2 的状态估计;z_3 则是被扩张状态 $x_3 = f(x_1, x_2)$ 的估计量。

(3)非线性状态误差反馈(NLSEF)。经典 PID 控制器中,比例、积分和微分作用仅仅是简单的线性加权,系统的稳态误差与反馈增益成反比关系,自抗扰控制器中由于引入了扩张状态观测器,所以可以构造合适的非线性函数进行反馈控制,非线性状态误差反馈函数的一般形式如下式所示:

$$\left.\begin{array}{l} u_0 = k_1 \text{fal}(e_1, \alpha_1, \delta_1) + k_2 \text{fal}(e_2, \alpha_2, \delta_2) + \cdots + k_n \text{fal}(e_n, \alpha_n, \delta_n) \\ u = u_0 - \dfrac{z_{n+1}}{b} \end{array}\right\} \qquad (5-16)$$

对于一典型二阶系统来说,其 ADRC 的典型控制组成示意图如图 5-33 所示。

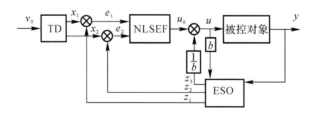

图 5-33　自抗扰控制组成原理图

虽然自抗扰控制器具有不依赖于系统模型、鲁棒性强等优点,但从自抗扰控制器的表达式可以看出,其调节参数很多,大部分性能调试都需要根据经验进行调整。经过该方法的不断推广和研究,多种参数整定方法也被逐渐提出,而应用最多的则是基于斐波那契数列的扩张状态参数确定法,感兴趣的可以参考文献[111],这里不做过多描述。

5.6　稳定性能影响因素及评价方法

5.6.1　稳定精度及其影响因素

衡量光电稳定平台稳定性能的指标是稳定精度,它代表了在外部载体扰动下经过光电稳定平台隔离后光轴的抖动程度,是惯性稳定平台的核心问题。

稳定精度主要受以下几个方面因素的影响。

1. 载机振动

光电稳定平台通过转接法兰或直接与载机平台相连,或通过减振装置间接与载机平台相连,载体在机动过程中在六个自由度上的振动则会通过连接法兰传递到光电稳定平台,三个方向的线振动通过质量不平衡作用到平台,三个方向的角振动则通过摩擦以及结构耦合作用到平台,这几种扰动是平台的主要扰动输入。

图 5 - 34 为国军标中关于旋翼直升机振动源分布的示意图,其振动主要由宽带随机＋定频振动构成,其中主要是旋翼源频率和发动机振动频率,光电稳定平台安装于载机的不同位置需要隔离的振动频率特性不尽相同,而对于无人直升机来说,其振动特性大同小异,因此,在光电稳定平台设计中应充分考虑载体的振动环境,有针对性地进行扰动隔离设计。

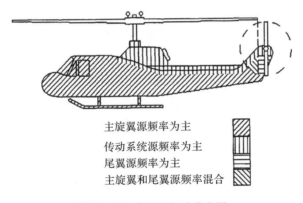

主旋翼源频率为主
传动系统源频率为主
尾翼源频率为主
主旋翼和尾翼源频率混合

图 5 - 34　直升机振动分布图

2. 光电稳定平台原始特性

光电稳定平台自身原始特性主要包括结构特性和电气特性。

光电稳定平台自身结构特性包括了其框架的结构扭转形变、光学件的位移以及结构安装校准。框架的结构形变会带来机械谐振,不好的谐振不但会影响稳定控制系统的带宽,而且有时甚至会与载体主振频率重叠引起共振;光学件的位移不但会带来瞄准线的偏离,而且有时甚至会造成成像困难,而随着光电稳定平台稳定精度需求的不断提高,光学件的微小形变已经不可接受;结构安装校准是指光电探测器与陀螺安装之间的校准,这种校准误差相对前面两种影响相对较小。

电气特性主要是指构成光电稳定平台的所有机电部件的电气特性,包括陀螺噪声、电机特性引起的力矩波动等,随着机电部件的发展,这些影响因素在一些要求不高的稳定系统中已经弱化,但在高精度稳定系统中,陀螺噪声、快反镜精度等则对稳定精度有较大的影响。

3.稳定控制策略

光电稳定平台自身特性为固有特性,良好的稳定控制策略能够消弱上述因素所带来的影响,同时提供满意的扰动隔离效果。传统的时域 PID 调节以及频域设计能够满足一般稳定系统要求,但高精度的稳定平台需要采用现代控制理论进行设计,目前应用于光电稳定平台较多的控制策略包括自适应控制、鲁棒控制、扰动观测控制等,均能够获得较为理想的控制精度。

由上可见,稳定精度受载体扰动、光电平台结构特性、光学部件装调特性、机电部件特性、伺服系统带宽等多方面的影响,对于非刚连系统,还受减振装置特性的影响,因此它是一个系统性指标,想要获得理想的稳定性能,需要综合考虑并折中选择系统方案。

5.6.2 稳定精度的测试方法

视频图像虽然能够最直接反映光电稳定平台的稳定效果,但依然需要一种测试稳定精度的方法来定量反映稳定效果。目前较为常用的稳定精度测试方法是基于自准直仪的反射测量法。

自准直仪是一种利用光学自准直原理测量平直度的仪器,其基本工作原理如图 5－35 所示。通过分划板的光线经物镜形成平行光出射,并被反射镜反射回来在焦平面上形成分划板刻线像并与原刻线重合,此时当反射镜旋转 θ 时,分划板上刻线的像将偏转 2θ,此时反射镜的运动可通过分划板刻线与其像之间的位移量来反映,若将反射镜贴于光电载荷上,则可用自准直仪来测量瞄准线的抖动量。

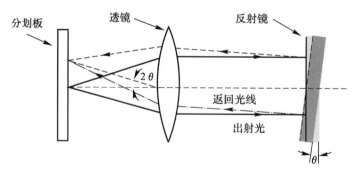

图 5－35　自准直仪工作原理

反射测量法的系统组成及工作原理如图 5－36 所示,系统由振动台/摇摆台、光电稳定平台、反射镜、自准直仪和支撑平台组成。振动台/摇摆台用来模拟载体平台的扰动输入,一般可采用振动台或三轴摇摆台,振动台和摇摆台分别能够模拟载体平台的线振动和角振动,具体应该根据载体平台自身特性决定选择哪种模拟设备,鉴于光电载荷主要用于隔离载体角扰动,一般采用三轴摇摆台较多;平面反射镜与瞄准线垂直安装于光电稳定平台上,自准直仪放置于距离光电载荷 L 的支架上,自准直仪生成平行出射光并接收被反射镜返回的入射光,数据处理计算机根据探测器接收处理并计算稳定精度。

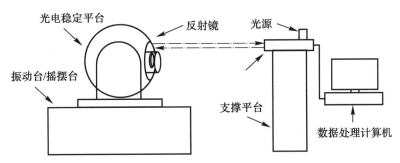

图 5 - 36　基于自准直仪的稳定精度反射测量法

第6章　视频跟踪技术

6.1　概　　述

6.1.1　视频跟踪器的原理及特点

视频跟踪技术是近年来新兴的一个研究方向，是无人直升机光电系统信息处理的核心内容，是一项结合了图像处理、计算机、传感器、自动控制、模式识别与人工智能等多种不同领域先进成果的高技术课题。视频跟踪器由于图像信息量大，而且具有直观、实时、精度高、抗电子干扰能力强等特点，所以在军事应用中占有重要地位。视觉跟踪在导弹的精确制导、机载武器系统、火控系统目标的自动跟踪、无人驾驶飞行器、机器人视觉导航等领域中得到了广泛的应用。欧美等发达国家已经将视频跟踪技术列入国家制定的高技术发展规划中。例如，美国已经将计算机视觉列入战略防御计划中，并完成了开阔地面上孤立目标的运动物体探测、复杂环境中的目标实时跟踪等研究。

由于视频跟踪的图像通常受到传感器本身特性的影响，存在对比度差、视野范围小、模糊和混叠等问题，所以可以采用图像增强技术以改善图像质量，采用图像融合技术获得更大光谱范围和更高质量的图像，采用电子稳像技术消除图像的抖动，采用图像拼接技术拓展观察的视野空间。经过以上图像处理方法进行视频跟踪就能够看得更远，跟得更准、更精确。

视频跟踪器是一个视频图像信息处理单元，融合了数据实时处理硬件平台、先进图像处理算法等高新技术，通过接收、存储、实时处理、输出来自电视摄像机（或红外热像仪）等视频图像数据，实现对目标的捕获、跟踪及信息叠加等功能。图像跟踪系统通常采用嵌入式板卡，主要由视频解码单元、图像预处理和逻辑控制单元、图像数据处理单元、图像存储单元和图像编码单元等部分组成。视频跟踪器框图如图 6-1 所示。

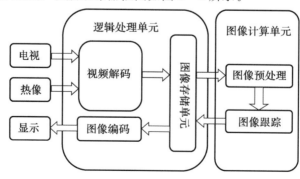

图 6-1　视频跟踪器框图

视频跟踪器对视频图像的实时处理主要是基于在某种时域或者频域空间特性上目标和背景差异,利用各类图像处理算法,从视频图像的背景中检测提取目标,标识目标位置,并计算出目标中心点相对于输入视频图像设定中心(光轴十字线)的坐标偏差,将偏差量实时送给伺服系统实现对光轴对目标的实时对准。

视频跟踪器是当前光电图像信息处理领域的一个重要研究分支,其具有直观、实时、数据量大、精度高等特点,具体表现在以下几个方面:

(1)直观。视频跟踪器处理的数据信息均为图像数据,检测、捕获、锁定目标后由十字线或者方形框标识目标,从视频监视器上能直接看到目标跟踪效果图像。

(2)实时。视频图像按照固定的帧频持续输入视频跟踪器,这就要求视频跟踪器在一个图像帧周期内完成图像数据的处理,具有极高的实时性要求。

(3)数据量大。依据视频图像帧频的不同,视频跟踪器需要每秒内处理 30 帧、50 帧甚至 100 帧以上的图像,并且每帧图像具有 1 M 乃至 10 M 以上的像元,每个像元的信息由 1~6 B 的数据表示,因此视频跟踪器处理的数据量大。

(4)精度高。视频跟踪器计算目标坐标偏差小于等于一个像素,而当输入的视频视场角度很小时,像素级误差可以达到微弧度级。

6.1.2　视频跟踪器在光电系统中的应用

随着科技的不断发展,各类平台的光电系统均采用了可见光摄像机、红外热像仪等具备光、电转换功能的探测器,使得视频跟踪器成为光电系统不可或缺的一部分。视频跟踪器不仅在天文观测、港口、机场管理、远距离测量等民用领域大有作为,在军用领域,视频跟踪器也已经广泛应用于车辆、舰船、飞机等平台的火控系统光电瞄准镜、光电搜索指示仪、光电侦察监视系统中。

在现代高技术条件下的军事对抗中,谁能首先发现目标并能在最短时间内实施打击,谁就掌握了决定战争胜败的主动权。相对于以往人工瞄准跟踪目标,视频跟踪器提高了目标跟踪精度,降低了操作者的工作压力,从而缩短了装备反应时间,提高了侦察、火力打击精度。因此,视频跟踪器的研究在现代军事领域具有重要意义,可以说智能化视频跟踪器的研究对提高现代武器装备,增强国防力量起着非常重要的作用。

视频跟踪器与光电系统其他部件之间的关系如图 6-2 所示。

如果可见光摄像机、红外热像仪的视频图像为模拟信号,视频跟踪器的输入模块需要设计 AD 采样电路,将其转换为数字信号后存储于 RAM 中;当视频图像采用数字信号输出时,通常由 CAMRALINK、SDI、USB、千兆以太网等接口传输到视频跟踪器的 RAM 中。经过图像处理算法处理后,视频跟踪器将叠加了光电系统状态数据、十字瞄准线、跟踪框等信息的视频图像输出到显示器。

视频跟踪器由串口等通信接口接收光电系统管理控制计算机的数据信息,包括工作控制指令和视频叠加信息。工作控制指令主要为指定目标跟踪、指定图像区域自动检测跟踪、跟踪目标切换、跟踪中搜索、退出跟踪等指令信息,视频叠加信息包括光电系统工作模式、视场信息、瞄准线位置数据等。视频跟踪器在接收控制信息的同时,将其工作状态数据上报管理控制计算机,包括目标跟踪状态、目标图像特征信息等。

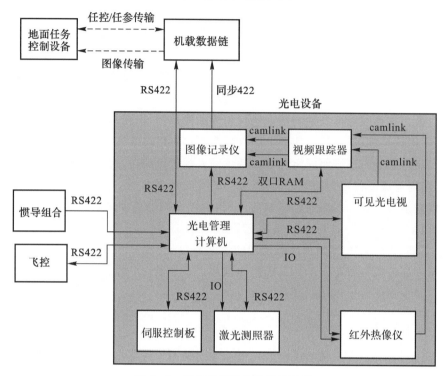

图 6-2　视频跟踪器的外部关系图

视频跟踪器工作状态的转换图如图 6-3 所示,图中系统输入为图像信号,输出为目标特征参数及跟踪状态标志。

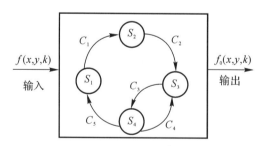

图 6-3　视频跟踪器的工作状态转换图

研究跟踪处理的目的是对有利和不利的跟踪环境建立一种智能型跟踪策略,使图像目标数字跟踪系统的跟踪状态随着环境条件的变化而变化。为了形成智能型跟踪策略,我们综合确定了各个跟踪状态和各状态间的转换条件。系统状态(State)集合 $S=\{S_1,S_2,S_3,S_4\}$,分别描述如下。

(1)S_1:目标搜索。跟踪系统正试图去截获目标,发生在开始截获或数字跟踪系统丢失目标的情况下。

(2)S_2:目标捕获。数字跟踪系统捕捉到目标,并建立目标的模板。

（3）S_3：正常跟踪。数字跟踪系统开始跟踪和目标处于正常跟踪算法的跟踪之下，不需要特殊的跟踪策略。

（4）S_4：预测、记忆跟踪。数字跟踪系统正常跟踪状态中出现异常情况，短暂丢失目标，进入预测、记忆跟踪状态。

系统各状态转换条件集合 $C=\{C_1,C_2,C_3,C_4,C_5\}$，描述如下。

（1）C_1：模拟跟踪系统已截获目标。

（2）C_2：数字跟踪系统已确认目标并给定模板。

（3）C_3：数字识别跟踪系统瞬时丢失目标。

（4）C_4：数字识别跟踪系统在预测记忆过程中又发现并获得瞬时丢失的目标。

（5）C_5：数字识别跟踪系统丢失目标时间过长，大于预测记忆时间长度。

由于系统的各状态 S_1,S_2,S_3,S_4 在时间上是互斥的，所以在每一时刻，系统都会有对应每一状态的输出。

视频跟踪器通过串口与伺服控制计算机交换数据，包括跟踪目标偏差、跟踪器工作状态等，当跟踪器发送跟踪正常及目标偏差数据时，伺服控制计算机控制光电系统工作于视频跟踪闭环状态，当跟踪器报告目标暂时丢失时，伺服控制计算机依据光电系统运动轨迹递推预测速度，并控制光电系统转动轴转动，此时视频跟踪器依据丢失目标的特征信息，搜索图像中心区域检测目标。如一定时间后视频跟踪器不能检测目标，则视频跟踪器报送目标丢失，光电系统退出目标跟踪模式，如检测到目标则进入正常跟踪状态。

6.2 视频跟踪器系统组成

6.2.1 基于高速平台的图像硬件处理系统

1. 基于 DSP+FPGA 的处理平台

从以 DSP 为核心的图像目标检测硬件平台发展现状来看，以单一的 DSP 为核心进行图像目标检测的图像处理平台有着非常大的局限性。虽然其在图像处理方面有着非常强的能力，但是在视频图像数据的接入方式方面，DSP 只能接入其内部所集成的视频图像格式（如 PAL 制式等）。现今各种视频接口的出现与丰富，使得 DSP 的外部视频接口远远不能满足开发人员的需求。在 DSP 处理芯片快速发展的同时，一种被称作大规模可编程逻辑器件（FPGA）也被引入图像处理系统的应用开发中。由于 FPGA 具有很强的灵活性，内部逻辑功能完全交给用户开发实现，所以在对各种视频接口进行解码、采集与处理不仅易于实现，而且使用方便，便于操作，并经过逐年的发展，其内部资源也越来越多，使得能够在 FPGA 内部对图像进行简单的图像预处理工作，降低了 DSP 图像处理算法的复杂度。因此，FPGA+DSP 这一构架设计的图像处理平台，不仅兼顾了采集的快速与灵活的特点，还充分保留了 DSP 图像数据处理能力强的特点。因此，以 DSP+FPGA 为核心的目标检测图像处理平台得到越来越多的应用与发展。下面简单介绍某项目应用的 DSP+FPGA 图像处理平台。

系统整体结构设计如图 6-4 所示，由高性能 TMS320C6455 和 Kintex7 系列 FPGA 组成，FPGA 负责 CCD 相机的配置和对 Cameralink 接口进行图像数据采集、缓存与预处理，以及与

DSP 间的 EMIF 接口通信。DSP 接收 FPGA 采集的图像数据进行图像处理,得到最终的目标坐标并通过千兆以太网接口传递到上位机。另外,系统还分别集成了 CameraLink 数据输出接口和 VGA 显示接口,不仅能够将相机采集的数据保存到图像采集卡中,而且 VGA 显示接口也能用来测试前端 LVDS 解码电路与图像采集系统的正确性与稳定性。

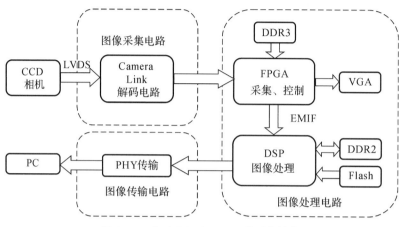

图 6 - 4　基于 DSP＋FPGA 的系统结构

2.基于 GPU 的并行处理加速

随着高清数字传感器的应用,图像处理的数据量剧增。处理速度成为制约算法应用的瓶颈。针对图像自身数据量大、操作重复性高的特点,并行运算是提高处理速度的重要对策。图像处理中的并行性可分为操作并行、图像并行、邻域并行以及像素位并行四种类型。提高算法处理速度的两种基本手段是采用高速运算部件和运用并行计算。

GPU 作为计算机专用的图形渲染设备,非常适合解决图形处理、图像并行计算等任务。随着 GPU 硬件结构的不断发展,GPU 通用计算程序设计语言在图形处理器进行通用计算(General Purpose Computing on GPU,GPGPU)出现,目前主流的 GPGPU 是基于 NVIDIA 架构的 CUDA 和跨平台解决方案 OpenCL。

GPU 并行编程的核心在于线程,一个线程就是程序中的一个单一指令流,一个个线程组合在一起就构成了并行计算网格,成为了并行的程序,图 6 - 5 展示了多核 CPU 与 GPU 的计算网格。

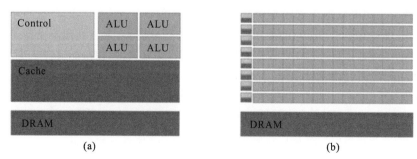

图 6 - 5　CPU 与 GPU 计算网络对比
(a)CPU；　(b)GPU

目前随着人工智能、深度学习的不断发展,GPU 凭借其数据级别和流程化的并行性、多线程和高内存带宽等特性而作为深度学习模型训练过程中普遍采用的硬件加速器受到越来越广泛的关注。其中,英伟达公司以其大规模的并行 GPU 和专用 GPU 编程框架统一计算架构(Compute Unified Device Architecture,CUDA)主导着当前的深度学习市场。英伟达公司于 2019 年 3 月在 GTC2019 上公开了新一代端到端 AI 加速计算库 NVIDIA CUDA - X AI,支持对目前所有深度学习框架的加速,可使 NVIDIA GPU 最大限度地实现对软件和应用的加速。

CUDA 是一种通用的并行计算平台和编程模型,基于 NVIDIA GPU 中的并行计算引擎能够有效地解决复杂的计算问题,CUDA 包括了 GPGPU 完整的解决方案,不仅支持通用计算并行架构的图形处理器,还提供了实现计算所需要的各种工具。CUDA 支持 C、C++、Fortran 和 Python 等多种标准。由于 CUDA 抽象了 GPU 的硬件细节,扩展支持了标准编程语言,大大提高了异构架构的性能和开发人员的工作效率,所以得到了业内的广泛应用。

CUDA 编程模型提供了一个计算机架构抽象作为应用程序与可用硬件之间的桥梁,假设系统由一个主机和一个设备组成且各自拥有独立的内存,应用程序在主机上运行,核函数在 GPU 设备上运行,CUDA 负责主机和设备之间的内存管理及数据传输。

可以看出,GPU 并行加速比较适合处理具有下面特性的应用程序:

(1)大数据量;

(2)高并行性;

(3)低数据耦合;

(4)高计算密度;

(5)与 CPU 交互比较少。

图 6 - 6 为 GPU 处理架构图。

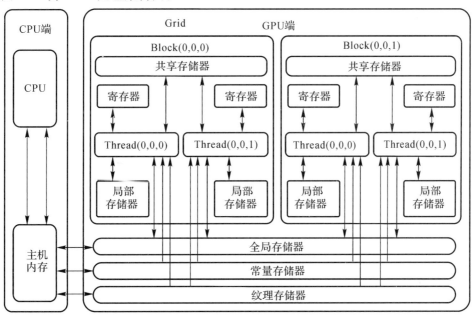

图 6 - 6　GPU 处理架构图

6.2.2　无人光电平台的图像软件设计

无人机平台光电跟踪过程中的光照变化、目标尺度变化、目标被遮挡、目标的形变、运动模糊、目标的快速运动、目标的旋转、目标逃离视差、背景杂波、低分辨率等现象,都是对图像跟踪算法的挑战,如图 6-7 所示。

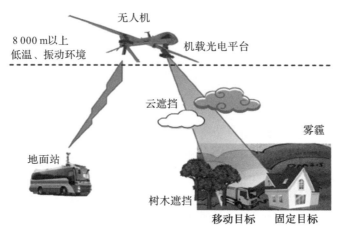

图 6-7　无人机平台图像跟踪工作环境

在军用光电跟踪领域,视频跟踪器所采用的算法与传感器分辨率、帧频,系统工作环境、功耗,平台、目标类型,工作延时等指标息息相关,受制于以上因素,跟踪算法的选择与图像处理硬件平台的选型需要综合考虑。图 6-8 为典型视频跟踪器软件功能框架。

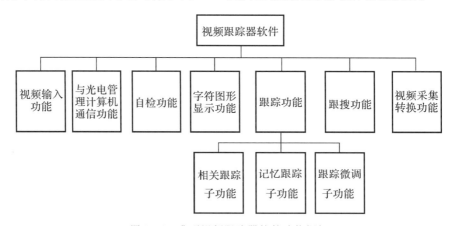

图 6-8　典型视频跟踪器软件功能框架

在实际应用中可以采取基于目标经、纬度导引跟踪实现对已知经、纬度目标捕获识别的方法。利用已知目标经、纬度和当前载机的 GPS 数据解算出光电成像设备需要指向的方位、俯仰和横滚姿态角,控制航空光电成像设备的框架角度随动于此解算值,以延长指向目标的时间,进而延长目标驻留在视场中的时间,为操作人员搜索、捕获、跟踪和识别目标提供充足的时间,该方法对其他高速飞行器同样适用,具有广泛的应用前景。

结合无人机载平台搭载的多种载荷,通过利用光学传感器、图像处理器以及 GPS 惯性导航等组件,可以实现多种不同增值功能,提升跟踪器性能,拓展系统功能应用。以下是增值功能简述。

(1)复合跟踪:通过可见光和红外传感器同时跟踪目标,并且其中的一个传感器(如可见光)正在跟踪的目标可以通过将轮廓等特征传递至另一个传感器(如红外)进行跟踪,增加跟踪稳定性。

(2)双目跟踪:实现双光同时锁定同一个目标,其中一个传感器以较宽视场进行跟踪,另一个传感器可以变换为窄视场以观测目标细节。

(3)地理跟踪:利用 GPS 和惯导实现对特定地理位置的持续监视。

(4)目标定位:使用 GEO – Location 技术还反算目标的 GPS 位置数值,实现电子地图标注功能等。

(5)地面拼图:实现连续视频冻结为图像并拼接形成广域地景图,如图 6 – 9 所示。

图 6 – 9　全局拼接图像

(6)图像增强:通过局部增强处理,基于机载 DSP 或地面处理机的显卡处理器实现图像增强,具体包括预加重实现颜色补偿,锐度增强,还可以对模糊区域进行轮廓提取并加重,实现对薄雾条件下的穿透(Haze Penetration),图像复原等,如图 6 – 10 所示。

(7)画中画(PIP)功能或多视频输出:提供在大图像上叠加感兴趣的小图像的功能,用于观察多尺度目标细节或对比不同传感器下目标特性。提供多个视频输出,可以在外部传输条件(如视频通道、数据量)允许时,同时接收多个视频,以实现信息融合,如图 6 – 11 所示。

(8)多光谱叠加:图像处理软件将不同波段的传感器信息进行融合,可以发现和汇总不同特征物体,实现复合侦察目的,如图 6 – 12 所示。

图 6 – 10　图像增强效果

图 6 – 11　画中画功能

图 6 – 12　多光谱叠加信息

6.3 图像跟踪算法

图像跟踪一直都是计算机视觉领域的难题,事先知道第一帧中的目标位置,然后需要在后续帧中找到目标。先验知识少,目标被遮挡、目标消失、运动模糊、目标和环境的剧烈变化、目标的高速运动、相机的抖动都会对目标跟踪造成影响。

图像跟踪算法的基本原理是,视觉传感器在采集到运动目标的图像后,借助目标检测算法提取出运动目标信息,然后对含有目标及背景的序列图像,运用跟踪算法来预测它的运动轨迹,这样将使图像序列中不同帧中的同一运动目标关联起来,从而得到各个运动目标完整的运动轨迹,如图 6 - 13 所示。

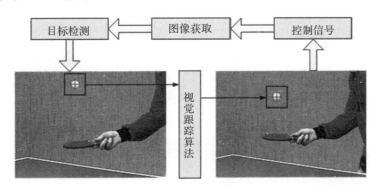

图 6 - 13 视觉跟踪原理图

对于视觉跟踪问题,可以把视觉跟踪系统大致地分成由下向上(bottom - up)的研究框架和由上向下(top - down)的研究框架。由下向上的方法是通过分析图像的内容、对目标进行建模和定位来计算目标的状态,又称为基于数据驱动(data - driven)的方法。例如,通过曲线拟合来重建参数形状。这种方法不依赖于先验知识,通常效率较高,然而这种算法在很大程度上取决于图像分析的能力,因为图像像素的拟合、聚类和轮廓描述等处理可能被杂波和噪声所干扰。而由上向下的研究方法需要基于目标模型,通过图像量测数据对状态进行假设检验。这种方法对图像分析的依赖性较少,因为目标的假设能够为图像分析提供强有力的约束。但是它的性能是由产生和检验这种假设的方法所决定的。为了达到可靠而有效的跟踪,必须进行一系列的假设,这样就要涉及更多的计算。

由于跟踪目标种类的多样性和环境的复杂性,所以出现了许多具有针对性的视觉跟踪算法。早期的跟踪算法中,Camshift、光流、背景差等图像跟踪算法比较流行,在静态背景条件下成功应用,大致在 2008 年以后,这类方法逐渐被淘汰,人们更多地研究动态背景、复杂场景环境下的图像跟踪,为了区别于原先几乎被淘汰的方法,我们将这一类算法归为现代图像跟踪算法,并做如下分类。

(1)判别式。判别式的图像跟踪算法将目标检测的思路用于目标跟踪。在线产生样本,在线学习,在线检测,找到目标出现概率最大的位置,然后重复这样的步骤,跟踪目标位置,这也是当下最流行的方法。

（2）产生式。产生式就是在跟踪过程中，根据跟踪结果在参数空间产生样本（而非直接从图像空间采样），然后在这些样本中寻找最有可能的目标作为跟踪结果。粒子滤波框架是最常用的产生式目标检测模型。

（3）深度学习用于图像跟踪。深度学习的方法主要分为两类：一类是使用预先训练好的深度神经网络，CNN 或 RNN 部分不做在线训练，使用另外的算法输出目标位置；另一类是在线训练的神经网络，由神经网络输出目标位置。

下一节将介绍目前主流的几类图像跟踪算法。

6.3.1 相关滤波算法

近年来，基于相关滤波器（Correlation Filter，CF）的跟踪方法得到了极大关注。CF 最大的优点是计算效率高，这归结于其假设训练数据的循环结构，使得目标和候选区域能在频域进行表示并通过快速傅里叶变换（FFT）操作。相关滤波器算法的工作原理是，使用在示例图像上训练的跟踪器来模拟图像外观，在第一帧图像中，通过以跟踪对象为中心的矩形框来定位目标，在下一帧的搜索窗口中关联滤波器来实现跟踪，置信度最大值的位置认为是目标的最新位置，然后基于此进行目标位置的在线更新，如图 6-14 所示。

$$g_i \qquad\qquad f_i \qquad\qquad h$$

图 6-14　相关滤波器

对于图像来讲，问题描述为要找到一个 滤波模版 h，与输入图像 f 求相关性，得到相关图 g：

$$g = f \otimes h \tag{6-1}$$

为了方便理解，用图 6-14 来进行说明（相关图 g 描述目标响应，越接近时值越大）。这里重点介绍 KCF（Kernel Correlation Filter）算法及其改进算法。

KCF 跟踪器具有良好的性能，其关键在于增加了跟踪检测分类器训练负样本的数量。这些增加的负样本可以很好地提高分类器的判别性，进而提高跟踪效果。在采集样本过程中设计使用了循环矩阵来增大运行效率。下面简要介绍一下 KCF 的算法思想。

KCF 跟踪器提出在图像块上训练一个相关滤波器来建模目标表观。将目标及周围部分背景作为搜索区域，得到一个大小为 $I \times J$ 的图像块 X，通过上、下移动不同的像素得到循环图像样本 $X_{i,j}, (i,j) \in \{0,1,\cdots,I-1\} \times \{0,1,\cdots,J-1\}$。由循环图像样本与其对应的高斯函数标签 $Y_{i,j}$ 共同构成了训练样本集合。KCF 跟踪器的目标则是找到一个满足如下优化目标的相关滤波器 ω：

$$\omega = \operatorname*{argmin} \sum_{i,j} \mid \langle \varphi(X_{i,j}), \omega \rangle - Y_{i,j} \mid^2 + \gamma \mid\mid \omega \mid\mid^2 \tag{6-2}$$

式中：φ 表示核函数空间的投影函数；γ 是正则约束系数。使用快速傅里叶变换计算相关性可以得到式（6-2）的最优解为

$$\omega = \sum_{i,j} \beta(i,j) \varphi(X_{i,j}) \qquad (6-3)$$

其中：系数 β 的计算如下：

$$\beta = F^{-1}\left\{ \frac{F(y)}{F[\langle \varphi(X_{i,j}), \omega \rangle] + \gamma} \right\} \qquad (6-4)$$

式中：$y = \{y(i,j)\}$；F 和 F^{-1} 分别表示傅里叶变换及其逆变换。

给定学习好的 β 和目标表观模型 $\overline{x}$，跟踪的任务则是在新的一帧图像中，用 $I \times J$ 的搜索窗口得到的图像块 Z 去计算如下的相关滤波响应：

$$\overline{y} = F^{-1}\{F(\beta) \cdot F[\langle \varphi(z), \varphi(\overline{x}) \rangle]\} \qquad (6-5)$$

通过找到 $\overline{y}$ 的最大值位置即可找到跟踪的目标位置。

KCF 算法作为相关滤波类的经典算法，以其强大的计算效率以及良好的性能被关注，在快速运动等方面表现尤为突出，KCF 算法在常规目标数据集（如 OTB50）上的实验结果名列前茅，但在无人机跟踪数据集 UAV123 中的表现却并不理想，而跟踪图像分辨率低、像幅小是导致跟踪失败的主要原因之一，如图 6-15 所示。

图 6-15　无人机空对地图像

为了应对图像像幅小、分辨率低的挑战，除了使用简单的低层灰度表观特征，还可以通过使用 HOG 特征和颜色命名特征，以及设计多特征融合的 KCF 模型，得到更鲁棒的目标跟踪效果。另外，为进一步避免跟踪失败，在 KCF 跟踪框架下进行跟踪时，将对每帧图像跟踪是否成功进行判断，当跟踪失败时，跟踪器会进入重检测机制，重新进行位置检测，并通过模型更新值的限制，对目标位置进行有效更新，如图 6-16 所示。

由图 6-17 可以看出，通过改进的 KCF 算法可以应对无人机平台移动和复杂背景对跟踪带来的影响。在此基础上通过加入多尺度融合特征和重检测机制，使得目标在跟踪过程中出现的局部遮挡、光照变化、尺度变化等问题均得到了解决，体现了该算法的良好性能和提升空间。

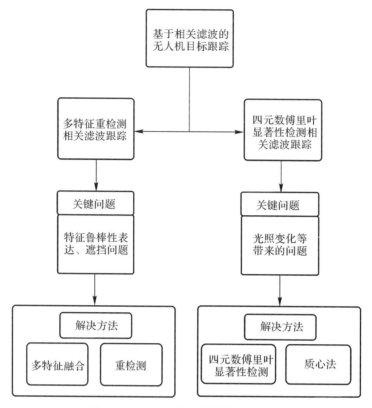

图 6 – 16　针对无人机图像特点的改进

图 6 – 17　KCF 算法跟踪效果

图中红框为初始跟踪范围,黄框为传统跟踪算法跟踪结果,绿框为改进 KCF 算法跟踪结果。

6.3.2 均值漂移(Meanshift)跟踪算法

均值漂移(Meanshift)算法是一种基于梯度的无参密度估计算法。2003 年,Comaniciu 等人把 Meanshift 成功地运用于特征空间分析,使得 Meanshift 算法在图像分割和图像平滑中都取得了很好的应用。目前,Meanshift 算法已经成为跟踪领域中的研究热点。

1. Meanshift 原理

假设 d 维空间 R^d 中的 n 个采样点 $\{x_i\}_{i=1,2,\cdots,n}$, $K(x)$ 为该空间的核函数,核宽为 h,则在点 x 处的多变量核密度估计为

$$f(x) = \frac{1}{nh^d} \sum_{i=1}^{n} K\left(\frac{x-x_i}{h}\right) \qquad (6-6)$$

定义核函数 $K(x)$ 的剖面函数(profile)$k:[0,\infty] \to R$,即

$$K(x) = k(\|x\|^2) \qquad (6-7)$$

且 k 满足以下条件:

(1)k 是非负的。

(2)k 是非增的,即如果 $a < b$,那么 $k(a) \geqslant k(b)$。

(3)k 是分段连续的,且 $\int_0^\infty k(r)\mathrm{d}r < \infty$。

利用剖面函数,可以将密度估计式(6-6)表示为

$$\hat{f}_K(x) = \frac{1}{nh^d} \sum_{i=1}^{n} k\left(\left\|\frac{x-x_i}{h}\right\|^2\right) \qquad (6-8)$$

定义 $k(x)$ 的负导数为 $g(x)$,即 $g(x) = -k'(x)$,除去个别有限点,轮廓函数 $k(x)$ 的梯度对所有的 $x \in [0,\infty]$ 均存在。其对应的核函数 $G(x) = Cg(\|x\|^2)$,其中 C 为归一化常量。

由定义 $g(x) = -k'(x)$,$G(x) = Cg(\|x\|^2)$,可将密度梯度的估计表示为

$$\hat{\nabla} f_K(x) = \nabla \hat{f}_k(x) = \frac{2}{nd^{d+2}} \sum_{i=1}^{n} (x-x_i)k'\left(\left\|\frac{x-x_i}{h}\right\|^2\right) =$$

$$\frac{2}{nd^{d+2}} \sum_{i=1}^{n} (x-x_i)g\left(\left\|\frac{x-x_i}{h}\right\|^2\right) =$$

$$\frac{2}{nh^{d=2}} \left[\sum_{i=1}^{n} g\left(\left\|\frac{x-x_i}{h}\right\|^2\right)\right] \left[\frac{\sum_{i=1}^{n} x_i g\left(\left\|\frac{x-x_i}{h}\right\|^2\right)}{\sum_{i=1}^{n} g\left(\left\|\frac{x-x_i}{h}\right\|^2\right)} - x\right] \qquad (6-9)$$

式中:$\sum_{i=1}^{n} g\left(\left\|\frac{x-x_i}{h}\right\|^2\right)$ 假设为一个正数,式(6-9)中第一个括号内第一部分是以 G 为核函数对概率密度函数 $f(x)$ 的估计,记为 $\hat{f}_G(x)$:

$$\hat{f}_G(x) = \frac{C}{nh^d} \left[\sum_{i=1}^{n} g\left(\left\| \frac{x-x_i}{h} \right\|^2 \right) \right] \tag{6-10}$$

式(6-9)中第二个括号内的部分是 Meanshift 向量：

$$M_{h,G}(x) = \frac{\sum\limits_{i=1}^{n} x_i g\left(\left\| \frac{x-x_i}{h} \right\|^2 \right)}{\sum\limits_{i=1}^{n} g\left(\left\| \frac{x-x_i}{h} \right\|^2 \right)} - x \tag{6-11}$$

由式(6-10)和式(6-11)可得式(6-9)的变形式：

$$\hat{\nabla} f_K(x) = f_G(x) \frac{2/\hat{C}}{h^2} M_{h,G}(x) \tag{6-12}$$

因此有

$$M_{h,G}(x) = \frac{1}{2} h^2 C \frac{\hat{\nabla} f_K(x)}{\hat{f_G}(x)} \tag{6-13}$$

式(6-13)表明，在 x 点用核函数 G 计算得到的 Meanshift 向量 $M_{h,G}(x)$ 和用归一化的核函数 K 估计的概率密度的函数 $\hat{f}_K(x)$ 的梯度是正比例关系，归一化因子是在 x 点用核函数 G 估计的概率密度。因此 Meanshift 向量总是指向概率密度增加最大的方向。

假设 $g(x) = 1$，式(6-11)可变为

$$M_{h,G}(x) = \frac{1}{n} \sum_{i=1}^{n} (x_i - x) \tag{6-14}$$

式(6-14)的物理意义如图 6-18 所示。

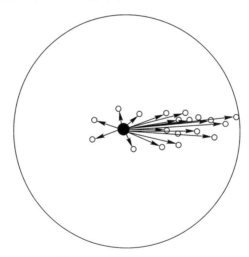

图 6-18　Meanshift 示意图

如图 6-18 所示，中间的实心黑点表示核函数的中心，其他空心点代表样本点 x_i。箭头表示每个样本点相对于中心点 x 的偏移向量，平均的偏移量指向样本点最密的方向，即梯度方向。因此，Meanshift 向量的方向就是密度梯度的方向。在实际应用中，往往不同的样本点 x_i 对中心点 x 的贡献大小是不同的，通常情况下，离 x 越近，对估计 x 周围的统计特性越

重要,离 x 越远,对估计 x 周围的统计特性的影响就越小。因此,引入核函数的概念,$g\left(\left\|\dfrac{x-x_i}{h}\right\|^2\right)$ 就是对样本点的权值。

2. 目标跟踪中的 Meanshift 算法

Meanshift 算法是自适应的梯度上升搜索峰值的方法。该算法是采用量化后的颜色空间作为特征空间,对于初始帧图像中的目标区域的每一个像素点,计算特征空间中每一个特征值的概率,即为目标模型。再对下一帧图像中可能存在目标的候选区域进行相同的计算,同时利用 Bhattacharyya 系数对目标模型和候选模型的相似性进行计算,找到与目标模型相似性最大的候选模型,即完成了目标的跟踪过程。

(1) 目标模型的表示。假设目标区域的中心为 x_0,目标区域内共有 n 个像素,对于 n 个像素点计算特征空间的每一个特征值的概率,称为目标模型的描述,即目标模型的特征值 $u=1,2,\cdots,m$ 估计的概率密度为

$$\hat{q}_u = C\sum_{i=1}^{n} k\left(\left\|\frac{x_0-x_i}{h}\right\|^2\right)\delta[b(x_i)-u] \tag{6-15}$$

式中:$k(x)$ 为核函数 $K(x)$ 的轮廓函数;h 为核函数的窗口半径;x_i 为第 i 个像素的坐标;函数 δ 和函数 b 的作用为判断 x_i 处的像素值的特征值是否为 u;C 为归一化系数,根据 $\sum_{u=1}^{m}\hat{q}_u=1$ 得

$$C = \frac{1}{\sum_{i=1}^{n}\left(\left\|\frac{x_0-x_i}{h}\right\|^2\right)} \tag{6-16}$$

(2) 候选模型的表示。运动目标在以后的每一帧图像中,可能包含目标的区域称为目标的候选区域。选用相同的 $k(x)$ 和相同的核函数的窗口半径 h,y 为候选目标的中心,则候选目标模型的特征值 $u=1,2,\cdots,m$ 估计的概率密度为

$$\hat{P}(y) = C_h\sum_{i=1}^{n_\lambda} k\left(\left\|\frac{y-x_i}{h}\right\|^2\right)\delta[b(x_i)-u] \tag{6-17}$$

其中,根据 $\sum_{u=1}^{m}\hat{p}_u=1$ 得

$$C_h = \frac{1}{\sum_{i=1}^{n_h} k\left(\left\|\frac{y-x_i}{h}\right\|^2\right)} \tag{6-18}$$

(3) 相似性度量。目标模型与候选模型的相似程度利用 Bhattacharyya 函数来描述,它的直观意义是两个向量间夹角的余弦值。其定义为

$$\rho(y) = \rho(\hat{p}(y),\hat{q}) = \sum_{u=1}^{m}\sqrt{\hat{p}_u(y)\hat{q}_u} \tag{6-19}$$

$\rho(y)$ 的值在 $0\sim1$ 之间,它的值越大,表示目标模型和候选模型的分布越相似。理论上,目标模型和候选模型应该是完全相似的,即 $\rho(y)=1$,但是在实际应用中,往往由于存在

噪声等方面的影响，无法达到理论值。由不同的候选模型和目标模型计算得到 $\rho(y)$，当 $\rho(y)$ 达到最大值时，即找到了与目标模型最匹配的候选模型，因此在当前帧图像中使 $\rho(y)$ 达到最大值的候选模型的位置即为目标所在位置。

（4）目标定位。在当前帧中，为了找到与目标模型最匹配的候选模型，就要使得 $\rho(y)$ 达到最大值。假设目标在前一帧图像中的中心位置为 y_0，则在当前帧图像中从 y_0 点开始搜索最匹配的候选模型，首先计算得到在当前帧中以此点为中心的候选模型 $\hat{p}_u(y)$ 的分布，然后得到在 y_0 处目标模型 $\hat{q}_u$ 与候选模型 $\hat{p}_u(y)$ 的 Bhattacharyya 系数，在此利用泰勒公式展开，Bhattacharyya 系数可近似为

$$\rho(\hat{p}(y),\hat{q}) = \frac{1}{2}\sum_{u=1}^{m}\sqrt{\hat{p}_u(y_0)\hat{q}_u} + \frac{C_h}{2}\sum_{i=1}^{n_h}w_i k\left(\left\|\frac{y-x_i}{h}\right\|^2\right) \tag{6-20}$$

其中

$$w_i = \sum_{u=1}^{m}\sqrt{\frac{\hat{q}_u}{\hat{p}_u(y_0)}}\delta[b(x_i)-u] \tag{6-21}$$

由式（6-20）可以看出，第一项与 y 无关，只有第二项与 y 有关。因此要得到 $\rho(\hat{p}(y),\hat{q})$ 的最大值，只须对第二项进行最大化处理。令

$$f_{n,k} = \frac{C_h}{2}\sum_{i=1}^{n_h}w_i k\left(\left\|\frac{y-x_i}{h}\right\|^2\right) = \sum_{i=1}^{n_h}\frac{C_h}{2}w_i k\left(\left\|\frac{y-x_i}{h}\right\|^2\right) \tag{6-22}$$

由式（6-22）可以看出，$f_{n,k}$ 为当前帧中利用核函数 $k(x)$ 和图像像素的加权值计算得到的概率密度估计。计算 $f_{n,k}$ 的 Meanshift 向量：

$$m_{h,G}(y) = y_1 - y_0 = \frac{\sum_{i=1}^{n_h}x_i w_i g\left(\left\|\frac{y_0-x_i}{h}\right\|^2\right)}{\sum_{i=1}^{n_h}w_i g\left(\left\|\frac{y_0-x_i}{h}\right\|^2\right)} - y_0 \tag{6-23}$$

其中 $g(x) = -k'(x)$。通过 Meanshift 向量的反复迭代后，在当前帧找到与目标最匹配的候选模型的位置，即目标在图像中的新位置。

3. 目标跟踪算法的步骤

（1）在图像序列的第一帧中框出目标，确定目标的跟踪位置 y_0，由式（6-15）得出目标模型 $\hat{q}_u$。

（2）在当前帧中初始化 y_0 处的候选目标，计算得出候选目标模型 $\hat{p}_u(y_0)$，初始化迭代次数 $n=0$，并且估计 Bhattacharyya 系数 $\rho(\hat{p}(y_0),\hat{q})$。

（3）计算得到当前帧图像中权值系数 w_i。

（4）计算得到候选目标的新位置 y_1。

（5）更新候选目标模型 $\hat{p}_u(y_1)$，并估计 Bhattacharyya 系数 $\rho(\hat{p}(y_1),\hat{q})$。

（6）判断是否 $\rho(\hat{p}(y_1),\hat{q}) < \rho(\hat{p}(y_0),\hat{q})$，如果满足条件，则 $y_1 \leftarrow \frac{1}{2}(y_0+y_1)$，计算

Bhattacharyya 系数 $\rho(\hat{p}(y_1),\hat{q})$。

(7) 设定最大迭代次数 N，若 $\|y_1-y_0\|<\varepsilon$ 或者 $n>N$，停止迭代，否则 $n=n+1$，$y_0=y_1$，返回第(2)步，继续搜索满足条件的候选目标。

通常情况下，当取 $K(x)$ 为 Epanechnikov 核时，$g(x)=-k'(x)=1$，基于 Epanechnikov 核的 Meanshift 迭代方程简化为

$$\hat{y}_1=\frac{\sum_{i=1}^{n}x_iw_i}{\sum_{i=1}^{n}w_i} \tag{6-24}$$

式(6-24)表明，Meanshift 跟踪算法的收敛性完全取决于目标候选区域中点的权值 w_i。在跟踪过程中，属于目标的点具有较大的权值，使得算法向目标的运动方向收敛。

4. 实验结果

针对分辨率为 320×240 的 180 帧标准冰球图像序列，我们对它应用 Meanshift 算法进行了实验，然而，经过上面的分析，所计算出的运动目标的实际位置并不一定是最佳的特征匹配位置。如图 6-19(a)所示，需要跟踪的运动目标是框内的冰球球员，框的大小为 23×39，框的中心位置为 $(289,66)$。图 6-19(b)(d)(f)(h)(j)为部分跟踪序列，在球员上面的粗框是最优的 Bhattacharyya 系数相关值所对应的位置，而细框是实际计算出来的球员跟踪位置。图 6-19(c)(e)(g)(i)(k)分别对应于图 6-19(b)(d)(f)(h)(j)在跟踪窗口区域内的 Bhattacharyya 系数分布函数的三维图形。图中的实验结果表明，Meanshift 算法所计算出来的实际的 Bhattacharyya 系数值和最优的 Bhattacharyya 系数值之间存在着差异。

(a)

图 6-19　最优的 Bhattacharyya 系数值所对应的位置（粗框表示）
和实际计算出的 Bhattacharyya 系数值所对应的位置（细框表示）
以及所对应的 Bhattacharyya 系数分布函数的三维图形
(a)第 1 帧运动目标的模型图像

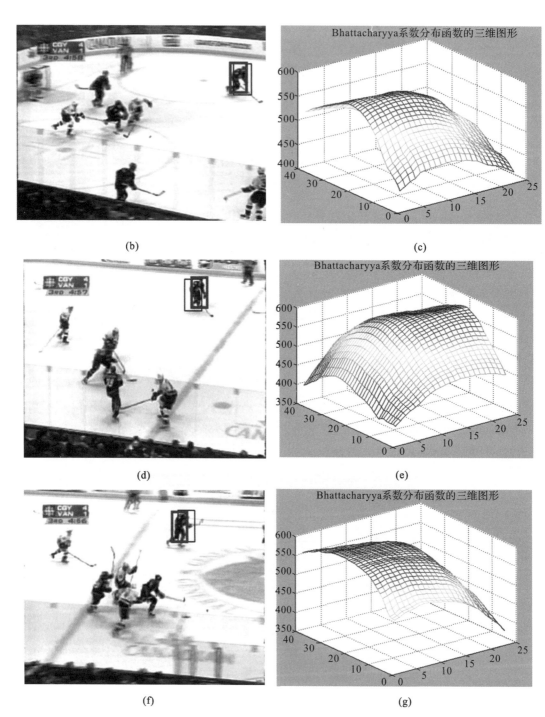

续图 6-19 最优的 Bhattacharyya 系数值所对应的位置（粗框表示）
和实际计算出的 Bhattacharyya 系数值所对应的位置（细框表示）
以及所对应的 Bhattacharyya 系数分布函数的三维图形
(b)第 5 帧图像； (c)Bhattacharyya 系数分布函数三维图形； (d)第 42 帧图像；
(e)Bhattacharyya 系数分布函数三维图形； (f)第 66 帧图像； (g)Bhattacharyya 系数分布函数三维图形

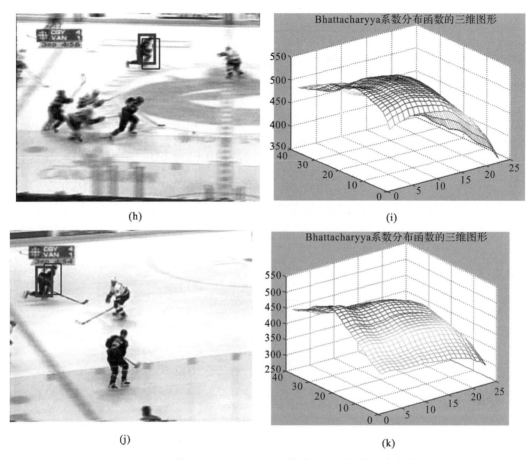

(h)　　　　　　　　　　　　　　　(i)

(j)　　　　　　　　　　　　　　　(k)

续图 6-19　最优的 Bhattacharyya 系数值所对应的位置（粗框表示）

和实际计算出的 Bhattacharyya 系数值所对应的位置（细框表示）

以及所对应的 Bhattacharyya 系数分布函数的三维图形

(h)第 75 帧图像；　(i)Bhattacharyya 系数分布函数三维图形；

(j)第 125 帧图像；　(k)Bhattacharyya 系数分布函数三维图形

图 6-20 表示在每一帧中所计算出的最优的 Bhattacharyya 系数值和实际位置的 Bhattacharyya 系数值对比图。图 6-21 描述了在每一帧中所计算出的最优的 Bhattacharyya 系数值和实际位置的 Bhattacharyya 系数值分别在 x 方向和 y 方向上所对应的像素位置偏差。图 6-22 为在每一帧中进行迭代求解局部最优 Bhattacharyya 系数值所需要的迭代次数。

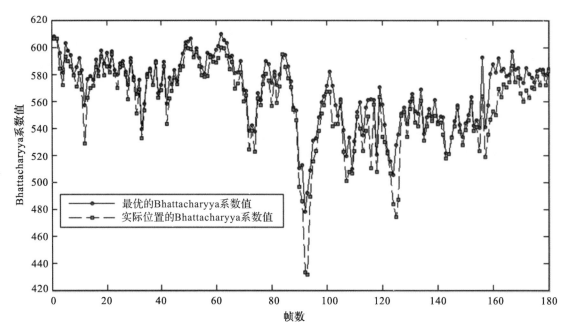

图 6 - 20　在每一帧中所计算出的最优的 Bhattacharyya
系数值和实际位置的 Bhattacharyya 系数值对比图

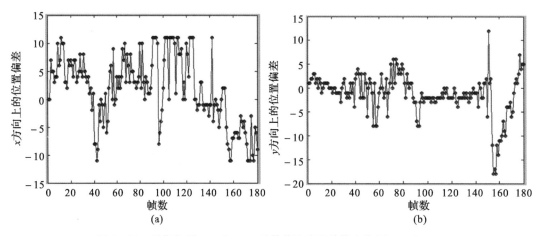

(a)　　　　　　　　　　　　　(b)

图 6 - 21　最优的 Bhattacharyya 系数值和实际计算出的 Bhattacharyya
系数值在图像上所对应的像素位置偏差
(a) x 方向上的位置偏差；　(b) y 方向上的位置偏差

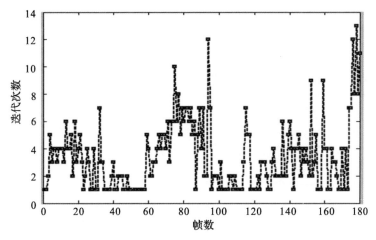

图 6-22　在每一帧中进行迭代求解局部最优 Bhattacharyya 系数值所需要的迭代次数

6.3.3　检测与跟踪相结合的算法

在实际应用中,跟踪器往往需要长时间跟踪目标,在目标被遮挡又重新出现的情况下,保持跟踪的长时间的稳定性成为考核跟踪性能的重要指标。TLD(Tracking - Learning - Detection)是英国萨里大学的一个捷克籍博士生 Zdenek Kalal 在其攻读博士学位期间提出的一种新的单目标长时间(long term tracking)跟踪算法。该算法与传统跟踪算法的显著区别在于将传统的跟踪算法和传统的检测算法相结合来解决被跟踪目标在被跟踪过程中发生的形变、部分遮挡等问题。同时,通过一种改进的在线学习机制不断更新跟踪模块的"显著特征点"和检测模块的目标模型及相关参数,从而使得跟踪效果更加稳定、鲁棒、可靠。TLD 算法的框架如图 6-23 所示。

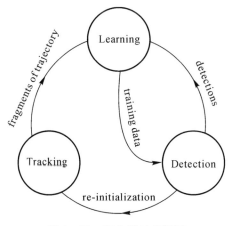

图 6-23　TLD算法框架图

空间运动物体在观察成像平面上的像素运动的瞬时速度,是利用图像序列中像素在时间域上的变化以及相邻帧之间的相关性来找到上一帧跟当前帧之间存在的对应关系,从而计算出相邻帧之间物体的运动信息的一种方法。也就是说,由空间域到图像平面的投影。而通俗来讲,把图像中的每一个点的瞬时速度和方向找出来就是光流。

它的 tracker 用的是 LK 法,这是一个 frame to frame 的跟踪方法,用它来对目标的运动进行估计,当然 LK 跟踪的精度是不高的,会跟踪失败,当跟丢的时候就要用到我们的 RF detector,detector 用于对每一帧的出现的目标进行定位,记录相应的位置信息和表面信息,称之为学习,当 tracker 跟丢时,凭着 detector 过去的学习,对目标进行重新定位。learning 是将 tracker 和 detector 联系起来的纽带,这个 learning 方法是 PN learning。

1. 跟踪(tracking)

使用 LK 光流法,对特征点进行来回两次映射($p > p' > p''$),找出适合于 tracking 的特征点($p'' - p' <$ detla)。图 6-24 为特征点匹配图。

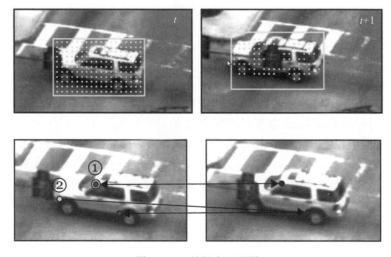

图 6-24　特征点匹配图

2. 检测(detection)

检测的工作流程如图 6-25 所示。

其大致流程是:事先进行背景建模,分辨出前景与背景;然后进行方差滤波,滤掉背景;接着使用集成分类器对其进行检测评分(scores);最后根据 scores 的值进行模板匹配。判断属于某一样本的概率为

$$P^+ = \frac{d^-}{d^- + d^+} \tag{6-25}$$

其中:d^+ 与 d^- 分别表示与正、负样本之间的距离。

3. 光流法

空间运动物体在观察成像平面上的像素运动的瞬时速度,是利用图像序列中像素在时间域上的变化以及相邻帧之间的相关性来找到上一帧跟当前帧之间存在的对应关系,从而计算出相邻帧之间物体的运动信息的一种方法,也就是说,由空间域到图像平面的投影。而通俗来讲,把图像中的每一个点的瞬时速度和方向找出来就是光流。可以通过光流判断物体距离我们的远近。一般而言,远景的物体相对来说光流较小,而近景物体光流较大,尤其是动态场景中的运动物体。

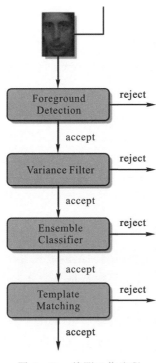

图 6 - 25　检测工作流程

4. 样本学习(PN learning)

PN 学习(PN learning)是一种利用带标签的样本和不带标签的样本之间存在的结构性特征来逐步训练两类分类器并改善分类器分类性能的方法。PN 学习对分类器在测试样本上的分类结果进行评估,找到那些分类结果与约束条件相矛盾的样本,重新调整训练集,并进行重复迭代训练,直到某个条件满足,才停止分类器训练过程。在目标跟踪过程中,由于被跟踪目标的形状、姿态等容易发生变化,造成目标跟丢的情况时有发生,所以在这种情况下,对被跟踪目标的在线学习和检测是个很好的策略。而 PN 学习正好可以在此处大显身手。

其工作流程大致如下:

假设 x 是特征空间 X 中的一个样本,y 是标签集合 $Y = \{-1, +1\}$ 中的一个标签。一系列样本 x 及其对应的标签 y 可以作为带标签的样本,并被写为 (X, Y) 的形式。PN学习的任务就是通过一些预先已知的标签的样本 (X_1, Y_1) 来学习得到一个分类器 $f: (x \longrightarrow y)$,并通过对未带标签的(测试)样本 X_u 进行测试、评估、重新调整训练样本、重新训练这样一个迭代过程来逐步改善分类器的性能,如图 6 - 26 所示。

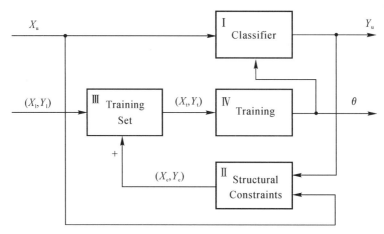

图 6-26　PN learning 工作流程

5.随机森林(random forest)

随机森林是用来处理分类问题和回归问题的通用性模型,属于集成学习(Ensemble)的一种。其实从直观角度来解释,每棵决策树都是一个分类器(假设现在针对的是分类问题),那么对于一个输入样本,N 棵树会有 N 个分类结果。而随机森林集成了所有的分类投票结果,将投票次数最多的类别指定为最终的输出,这就是一种最简单的 Bagging 思想。

经典 TLD 算法的跟踪模块采用的是基于双向轨迹的 LK 光流法,其中假设亮度守恒是光流法使用的前提,但在实际应用中,由于遮挡、光度变化和噪声等干扰源的存在,亮度守恒定律往往不能满足。较大的光照变化可能导致目标的丢失,并且目标平面旋转、形变等情况也会导致光流法无法形成运动矢量场,大大增加目标位置的确定难度,甚至导致跟踪失败。为了解决上面的问题,我们可以采用上面介绍的 KCF 等稳定特征替代 LK 跟踪部分,这样做的优点在于以下两点:

(1)对图像缩放、平移、旋转不变等特征,具有一定不变性;

(2)对于应对光照变化,仿射和投影变换,显著提高稳定性。

6.3.4　深度学习算法

近年来,深度学习算法经历了高速发展,凭借其强大的解决问题的能力,突破了计算机视觉和自然语言处理的一系列挑战。随着数据规模的不断增长,深度学习在目标检测、图像分类等方面取得了重大的成果。近几年,基于深度学习的目标跟踪算法也逐渐被提出,使得目标跟踪领域迎来了重大突破。

从最初的采用深度网络来提取物体自适应特征,然后融合其他跟踪方式来实现目标跟踪,发展到现在已经能够训练出端对端的深度神经网络模型来直接推测目标位置。研究者已经不满足于最先的依靠深度学习方法来提取自适应特征应用到目标跟踪问题上。如今,深度学习技术在目标特征表达、预测目标位置准确率以及图像帧处理的速度上均有明显的提高。越来越多的深度神经网络模型,如递归神经网络(RNN)、自动编码机、卷积神经网络(CNN)等均应用到目标跟踪领域,且取得了不错的效果。

由于深度学习在表观建模、特征提取上的强大优势,研究人员通过不同方式,结合目标跟踪任务的特点,提出了一些基于深度学习的目标跟踪算法,主要有基于自编码器、卷积神经网络以及递归神经网络三种目标跟踪方法。

1. 基于自编码器的目标跟踪

　　因为自编码器可以进行有效的压缩编码,所以很多视频跟踪模型使用它来对视频进行降维和生成。多类自编码器中,去噪堆叠自编码器因其优秀的特征学习能力及抗噪声性能,被首先运用到非特定目标的在线视频目标跟踪领域。

　　首先在大规模的小尺度图片样本数据集对一个堆叠去噪自编码机进行离线训练。其深度网络模型的结构如图 6 - 27(a)所示。随后将训练好的多层网络用于跟踪时对目标表观进行特征提取。为了利用在线标注的信息,在网络的顶端添加逻辑回归二值分类器,"1"代表目标,"0"代表背景,如图 6 - 27(b)所示。初始化时,利用第一帧给定的标注信息,对网络参数进行微调。在线跟踪目标时,继续通过实时采集到的正、负样本对深度网络模型进行微调(更新),从而达到适应目标表观变化的目的。跟踪模型基于粒子滤波框架,为减少计算量,系统更新不是每一帧都进行,而是相隔一定帧数或者系统置信度小于设定阈值时才更新一次。实验结果表明,其跟踪效果要好于部分基于传统特征表达的方法,该网络结构相对简单,训练容易。

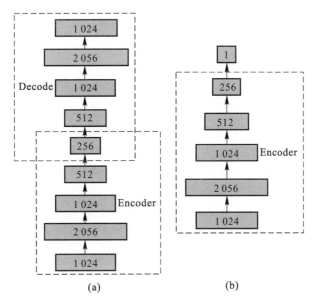

图 6 - 27　用于目标跟踪的去燥自编码器架构

2. 基于卷积神经网络的目标跟踪

　　目前针对卷积神经网络在目标跟踪中的应用,主要有两种:一种是"离线训练＋在线微调";另一种则是构建简化版的卷积神经网络,力求摆脱离线训练,达到完全在线运行的要求。

　　基于全卷积网络的目标跟踪算法(Fully Convolutional Network Based Tracking,

FCNT），使用 VGG‐16 网络，提出卷积神经网络不同层的特征具有不同的特点。浅层特征包含较多位置信息，深层特征包含较多语义信息。算法针对 Conv4‐3 及 Conv5‐3 两层输出的特征图谱，选取网络来训练和提取有效的特征，不仅避免了对噪声进行过度拟合，而且降低了特征维度。同时对筛选出的 Conv5‐3 与 Conv4‐3 特征分别构造捕捉类别信息的 CNet 以及区分 distractor（背景相似物体）的 SNet。然后将选择的特征运输到各自的定位网络中，得到热度图，将两个定位网络的热力图进行综合得到最终的跟踪结果。算法将不同层特征相互补充，以达到有效抑制跟踪框漂移的效果，并且对目标的表观变化更具鲁棒性。其跟踪框架如图 6‐28 所示。

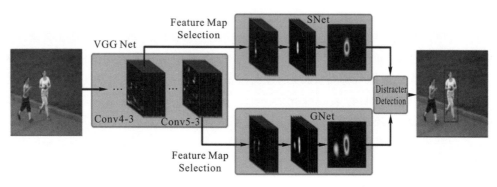

图 6‐28　FCNT 跟踪框架

3.基于递归神经网络的目标跟踪

近年来，由于递归神经网络（RNN）尤其是具有门结构的长短期记忆网络（LSTM）在时序任务中表现出了突出的性能，所以不少学者开始探索如何使用递归神经网络来处理现有跟踪任务中存在的问题。

为解决跟踪中的遮挡与目标形变问题，RTT（Recur‐rently Target‐attending Tracking）跟踪器在二维平面上构建了基于多部件的递归神经网络，把候选区域划分成多个大小相等的网格，然后对各个网格构建 4 个方向的递归神经网络，最后通过融合每一个网络对应的 softmax 分类器的结果，获得关于目标位置和尺度大小的输出。RTT 旨在解决跟踪过程中可能出现的误差累积以及跟踪点漂移问题，它在 OTB50 测试数据集上的准确率和成功率分别达到了 0.827 和 0.588，但是在目标表征能力与计算速度方面还有很大的提升空间。另外，由于深度网络在时序分析方面有巨大潜力，递归神经网络也被用于探索帧与帧之间的时序关联。

目前，多数基于卷积神经网络的跟踪器将跟踪视为一个分类问题。它们的模型主要关注类间分类，因此对目标相似物表现敏感，容易出现跟踪漂移现象。为解决这个问题，SANet 框架利用目标本身的结构信息来与干扰物进行区分。具体地说，就是利用递归神经网络（RNN）对目标结构进行建模，并与卷积神经网络组合，以提高其在相似干扰物面前的鲁棒性。考虑到不同层次上的卷积层从不同的角度来表征对象，可以分别使用多个递归神经网络来对不同层次的目标结构进行建模，并提供一个跳转连接策略来融合卷积神经网络和递归神经网络的特征图，从而能够给下一层提供更加丰富的信息，进而提高跟踪性能。其网络结构如图 6-29 所示。

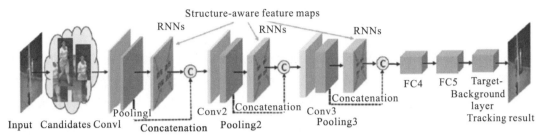

图 6-29　SANet 目标跟踪框架

6.3.5　基于尺度不变特征的光流目标跟踪方法

6.3.5.1　光流法概述

光流法是描述视场中物体的表面和边缘等于观测者发生的相对运动的方法,由 James J. Gibson 在 20 世纪 40 年代首先提出。它是关于目标空间位置变化的重要信息。光流中的离散特性可以应用在图像中目标分割等方面。由于图像亮度变化只是一个条件,而某点处光流特征包含两个未知变量,所以需要该点处邻域内的像素信息和假设条件。如一个区域内亮度变化是图像某一坐标的函数,则在该方向上的运动会引起亮度变换,而另一方向的运动则不会。光照未变化的方向上无法计算出运动特征。

图像平面中的光流向量与实际中目标的运动向量的关系并不明显。我们认为运动是将一系列变化的图像投影到静止的屏幕上。现在考虑一个空间中的球体 O,假设它在图像平面上的投影为 O'。当球体转动的时候,图像平面的光流向量幅值为 0,因为阴影上并没有发生光照的变化。同样对于具有镜面反射特性的目标在图像平面的运动,并不与其表面反射的光线有直接关系。为了避免光照变化产生的阴影的影响,这里假设投影面是平滑的,并且光照均匀。图像中点的亮度与目标表面对应点处的反射特性相关,设反射特性变化平滑且目标边界上无不连续点。简单情形下,目标表面点的运动情况直接决定了图像中点的亮度变化。当光流向量已知时,求解目标的运动情况就是一个简单的几何问题。

令图像中点 (x,y) 处 t 时刻的亮度幅值为 $E(x,y,t)$。在特定点处的光照不变,则有

$$\frac{\mathrm{d}E}{\mathrm{d}t}=0 \tag{6-26}$$

使用链式法则,有

$$\frac{\partial E}{\partial x}\frac{\mathrm{d}x}{\mathrm{d}t}+\frac{\partial E}{\partial y}\frac{\mathrm{d}y}{\mathrm{d}t}+\frac{\partial E}{\partial t}=0 \tag{6-27}$$

令 $u=\mathrm{d}x/\mathrm{d}t,v=\mathrm{d}y/\mathrm{d}t$,代入式(6-27)中,可得关于 u,v 的线性方程为

$$E_xu+E_yv+E_t=0 \tag{6-28}$$

这里 E_x、E_y 和 E_t 为图像亮度在 x、y 和 t 处的偏导数,方程式(6-28)可以改写为

$$(E_x,E_y)\cdot(u,v)=-E_t \tag{6-29}$$

则亮度梯度 (E_x,E_y) 方向上的目标运动向量为 $-E_t/\sqrt{E_x^2+E_y^2}$。这里无法确定目标在 iso

亮度边缘方向上与亮度梯度方向垂直的运动。以上说明,光流向量(u,v)需要通过引入附加条件来计算。

1. 平滑性条件

如果每个点的亮度变化都相互独立,那么想要计算出光流向量几乎是不可能的。通常我们研究的目标是有限大小、不透明的,运动为刚体运动或形变。在这种情况下,图像上某邻域内的点具有相同速度且光照变化向量场变化几乎处处平滑,而不连续点可以认为是发生了目标遮挡现象。通过最小化梯度的二次方和可以利用这些条件来求解光流向量:

$$\left(\frac{\partial u}{\partial x}\right)^2 + \left(\frac{\partial u}{\partial y}\right)^2, \quad \left(\frac{\partial v}{\partial x}\right)^2 + \left(\frac{\partial v}{\partial y}\right)^2 \tag{6-30}$$

另一种表示方法是求x,y方向上的拉普拉斯算子的二次方和:

$$\nabla^2 u = \frac{\partial^2 u}{\partial x^2} + \frac{\partial^2 u}{\partial y^2}, \quad \nabla^2 v = \frac{\partial^2 v}{\partial x^2} + \frac{\partial^2 v}{\partial y^2} \tag{6-31}$$

2. 光流场计算

使用稀疏光流法来计算 SIFT 特征提取算法所得到的特征点处的运动估计。稀疏光流法只需要处理图像中的某些像素点,并不计算图像所有像素点处的光流估计,从而计算量相对较小。假设两帧图像之间仅存在微小的变化量,从而建立如下光流方程:

$$\left.\begin{array}{l} I_x(q_1)V_x + I_y(q_1)V_y = -I_t(q_1) \\ I_x(q_2)V_x + I_y(q_2)V_y = -I_t(q_2) \\ \cdots \\ I_x(q_n)V_x + I_y(q_n)V_y = -I_t(q_n) \end{array}\right\} \tag{6-32}$$

式中:$q_1, q_2, \cdots, q_n$ 是特征点(x,y)邻域内的像素点;I_x、I_y 表示第t帧图像上点(x,y)处的x、y方向上的偏导数;I_t 是第t帧与第$t-1$帧关于时间的偏导数。

令$v = (v_x, v_y)$,则通过最小二乘法可以得到近似解:

$$\binom{v_x}{v_y} = H^{-1} * b =$$

$$\begin{bmatrix} \sum_{i=1}^{n} w_i I_x(q_i)^2 & \sum_{i=1}^{n} w_i I_x(q_i) I_y(q_i) \\ \sum_{i=1}^{n} w_i I_x(q_i) I_y(q_i) & \sum_{i=1}^{n} w_i I_y(q_i)^2 \end{bmatrix}^{-1} \begin{bmatrix} -\sum_{i=1}^{n} w_i I_x(q_i) I_t(q_i) \\ -\sum_{i=1}^{n} w_i I_y(q_i) I_t(q_i) \end{bmatrix}$$

$$\tag{6-33}$$

式中:w_i 是点q_i的权值。

运动目标的光流场计算结果如图 6-30 所示。光流向量的计算需要连续的两帧图像,这里选用视频序列中的两帧图像计算目标区域的光流场。为了演示光流向量特征,此处选取采样频率 $f = 1/10$ 计算光流向量。可以看出光流场基本可以反映目标的运动情况。

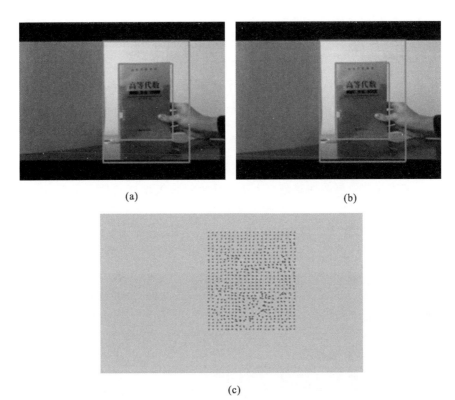

(a)　　　　　　　　　　　　　　(b)

(c)

图 6 - 30　运动目标光流场

(a)第 15 帧；　(b)第 16 帧；　(c)目标区域光流向量

6.3.5.2　结合尺度不变特征的光流目标跟踪

首先在第一帧中选择跟踪目标并提取目标区域的 SIFT 特征作为目标跟踪模板,然后计算下一帧中特征点处的光流估计。通过建立光流场的加权方向直方图,估计目标的位置。如果特征点的估计位置不在跟踪区域中,则更新跟踪模板。在跟踪窗口内提取 SIFT 特征点,并与目标模板进行匹配,更新特征点及其权值。

1. 跟踪窗口

下面使用之前介绍的 SIFT 特征提取方法提取目标特征。在第一帧中,首先选择要跟踪的目标。这里使用特定几何形状来表示跟踪目标区域。在图像空间中表示一个矩形,只需要 4 个参数——左上顶点坐标(x,y)、高度 h 和宽度 w 即可。在进行特征提取时,由于 SIFT 特征点需要在邻域内计算梯度,而邻域是用矩形表示的,所以使用矩形跟踪窗口来跟踪目标可以简化特征提取时的计算。

下面选取不同的跟踪窗口大小进行实验,其中三种大小的实验结果对比如图 6 - 31 所示。由图中可以看出,并不是跟踪窗口越大,跟踪结果就越好。实际上,如果跟踪窗口较大,需要更大的计算量。由于需要在整个跟踪窗口内提取 SIFT 特征点,所以窗口大小与特征提取的计算量和提取特征点个数成正比。窗口大小与特征点匹配个数曲线图如图 6 - 32 所示。使用同一图像序列中的同一目标来进行实验,选取不同窗口与跟踪目标大小比率。在图像序列中随机抽取部分特定帧与目标模板特征进行匹配。为了能够清楚地展示实验结果,此处展示窗口与跟踪目标大小比率为1.2、1.5两种情况。由图6-32可以看出,当跟踪窗口较大时,正确匹配的特征点比率并没有增大。图6-33展示了不同窗口大小条件下,正确匹配特征点百分比变化情况。其曲线变化显示,正确匹配特征点的个数并不是一直与跟踪窗口大小成正比。这也说明,SIFT特征点具有很高的辨识度。假设SIFT能够完全区分跟踪目标与背景,那么增大跟踪窗口应该与正确匹配特征点个数关系并不紧密。由于图像噪声和SIFT特征点本身存在的误匹配问题,跟踪窗口过大还有可能出现较多的误匹配。因此确定跟踪窗口的大小也是非常重要的。根据跟踪目标大小的不同,需要使用不同的跟踪窗口。这里使用跟踪目标与跟踪窗口大小的比值 α 来表示该条件。图中当 $\alpha=2$ 时表示取整个图像区域作为跟踪窗口,这是一种极端的情况。可以发现,当 $\alpha=1.2$ 时,匹配特征点的平均百分比较高,接近整个图像为跟踪窗口的值。下面从统计学角度分析跟踪窗口大小取值。

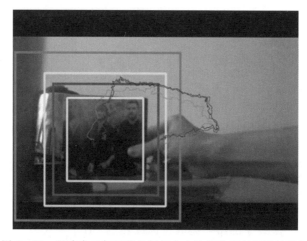

图6-31　跟踪窗口与跟踪目标框大小比值取值与跟踪轨迹图

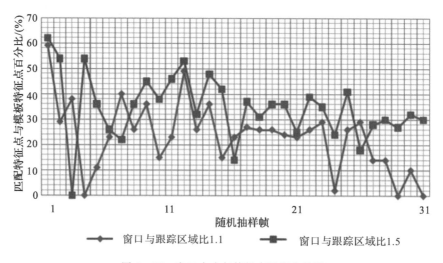

图6-32　窗口大小与特征点匹配个数图

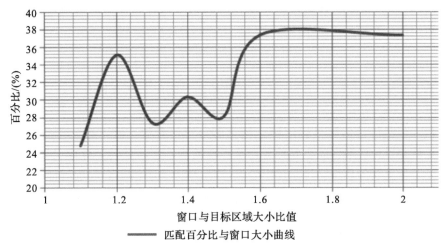

图 6 - 33　窗口大小与匹配特征点曲线图

对于在目标区域提取到的 SIFT 特征点,使用其空间坐标来估计二维正态分布,用来描述跟踪目标。为了说明使用正态分布的原因,这里引入概率论中的中心极限定理。所谓中心极限定理是指对于给定特殊条件,大量独立随机变量的均值和方差近似服从正态分布。在更一般的概率论中,中心极限定理是一个弱收敛理论的集合。其意义为大量独立同分布的随机变量趋于一个吸引子分布。当独立同分布的随机变量方差有限时,吸引子分布为正态分布。其形式化描述如下:假设 $\{X_1, X_2, \cdots\}$ 为独立同分布随机变量集合,其中 $E(X_i) = \mu$, $\mathrm{VAR}(X_i) = \sigma^2 < \infty$。则当 n 趋于无穷大时,随机变量 $\sqrt{n}(\zeta_n - \mu)$ 收敛于正态分布 $N(0, \sigma^2)$,即

$$\sqrt{n}\left(\left(\frac{1}{n}\sum_{i=1}^{n} X_i\right) - \mu\right) \xrightarrow{d} N(0, \sigma^2) \tag{6-34}$$

当 $\sigma > 0$ 时,$\sqrt{n}(\zeta_n - \mu)$ 驻点收敛于正态分布 $N(0, \sigma^2)$ 的累积分布函数,对全体实数 z,有

$$\lim_{n \to \infty} \Pr[\sqrt{n}(S_n - \mu) \leqslant z] = \Phi(z/\sigma) \tag{6-35}$$

其中:$\Phi(x)$ 是 x 处的标准正态分布的累积分布函数。

从 SIFT 特征点实际上是尺度空间的极值点出发,根据中心极限定理,这里通过跟踪目标的 SIFT 特征点来估计二维高斯分布以表示跟踪目标区域。设 SIFT 特征点集合为 $\{x_1, x_2, \cdots, x_n\}$,待估计正态分布为 $N(\mu, \sigma^2)$。其中 μ 和 σ 为需要估计的参数。使用最大似然估计方法求解 μ 和 σ。对数似然函数如下:

$$\ln L(\mu, \sigma^2) = \sum_{i=1}^{n} \ln f(x_i; \mu, \sigma^2) = -\frac{n}{2}\ln(2\pi) - \frac{n}{2}\ln(\sigma^2) - \frac{1}{2\sigma^2}\sum_{i=1}^{n}(x_i - \mu)^2 \tag{6-36}$$

对式(6-36)关于 μ 和 σ 求导,利用一阶导数为 0 条件,可以得到最大似然估计:

$$\hat{\mu} = \bar{x} \equiv \frac{1}{n}\sum_{i=1}^{n} x_i, \quad \hat{\sigma}^2 = \frac{1}{n}\sum_{i=1}^{n}(x_i - \bar{x})^2 \tag{6-37}$$

其中:估计量 $\hat{\mu}$ 称为样本均值,即所有观测的算术均值。并且根据 Lehmann - Scheffé 定理,

$\hat{\mu}$ 是一致性最小方差无偏估计量。对于有限样本有 $\hat{\mu} \sim N(\mu, \sigma^2/n)$。估计量 $\hat{\sigma}^2$ 是样本方差。通常使用另一种估计量 s^2 来代替 $\hat{\sigma}^2$：

$$s^2 = \frac{n}{n-1} \hat{\sigma}^2 = \frac{1}{n-1} \sum_{i=1}^{n} (x_i - \bar{x})^2 \qquad (6-38)$$

当样本足够多时，s^2 与 $\hat{\sigma}^2$ 的差别是可以忽略的。使用 s^2 的原因是它是 σ^2 的无偏估计，而 $\hat{\sigma}^2$ 不是。

使用最大似然估计估计目标区域二维正态分布的参数。由正态分布的特性，基区占 68.27%，也就是目标区域内的主要特征。这些特征几乎全部是属于目标本身，对区分目标与背景起了非常重要的作用。越靠近中心点，作用越大。距离中心较远的部分所占比例较小，也说明了非目标特征点对跟踪目标并没有起到什么作用。因此如果单纯增大跟踪目标窗口，并不能提高跟踪目标的准确性和鲁棒性。本书根据以上统计分析结果选取跟踪窗口大小，选择位于中心区域周围 82% 的区域作为跟踪目标窗口，而跟踪目标区域依然为初始所选大小。

2. 目标运动方向计算

这里对目标运动方向的估计分两部分。首先是跟踪目标 SIFT 特征点处的 LK 光流向量计算。SIFT 特征点定义为尺度函数的极值，因此由特征点邻域内像素值计算得到的矩阵 $\boldsymbol{H}$ 是非奇异的，满足光流方程的条件。图 6-34 为 SIFT 特征点及光流场，图 6-34(a) 表示目标的 SIFT 特征点，图 6-34(b) 表示跟踪过程中计算得到的光流向量。

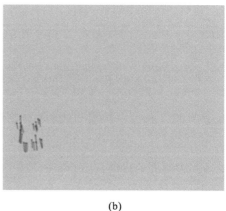

(a) (b)

图 6-34　SIFT 特征点及光流场

(a) 目标的 SIFT 特征点；　(b) 特征点处光流向量

在得到所有特征点处的 LK 光流向量之后，需要利用光流场的信息，估计目标运动在图像平面运动情况。由图 6-34 可以看出，所有点的光流场方向并不一致，如果使用其中幅值最大的光流向量作为目标在图像平面的位移向量，会使跟踪窗口发生很大偏移。光流法的假设条件非常严格，当无法满足条件时，光流法的精度就会下降。而实际应用中，场景变化、光照变化都会直接影响光流法的精度。

计算出之前所得到的光流向量的方向，将其取值范围分为 12 段，统计出方向直方图。

该直方图统计了所有 SIFT 特征点处的光流向量。令 h_i 为直方图的第 i 区间，则有 h_i 的定义如下：

$$h_i = \sum_{j=1}^{N} w_j \mathrm{sign}(\theta_j) \tag{6-39}$$

其中：$\mathrm{sign}(\theta_j) = \begin{cases} 0, & \dfrac{\theta_i}{\dfrac{2\pi}{12}} \neq 1 \\[4mm] 1, & \dfrac{\theta_i}{\dfrac{2\pi}{12}} \neq 1 \end{cases}$ ；$\theta_i = \arctan \dfrac{v_y}{v_x}$；$w_j$ 为特征点 p_j 的权值。

权值 w_i 表示特征点在之前的跟踪过程中对目标位置定位的重要程度，定义为该特征点属于目标的概率，则所有权值的和 $\sum w_i = 1$。每个方向上的位移期望为

$$E_i = \sum_j \| v_j \|_2 \cdot w_j, \quad i = 1, 2, \cdots, 12 \tag{6-40}$$

其中：$\| v_j \|_2$ 是方向为 $(i-1)\dfrac{\pi}{6}$ 的光流向量的 2 范数。我们选择位移期望最大的方向作为目标的移动方向，幅值即为该方向上的位移期望。

6.3.5.3　模板更新策略

为了使跟踪算法能够适应目标自身的旋转与尺度变化，并具有一定的抗遮挡能力，需要在跟踪过程中对目标跟踪模板进行更新。假设 $I_n(x, y)$ 是给定图像序列，将第一帧 $I_0(x, y)$ 中的某一子区域提取到的 SIFT 特征点集合 T 称为跟踪模板。令 $W(T; p)$ 表示模板变化的参数集合，其中参数向量为 $\boldsymbol{p} = (p_1, \cdots, p_k)^\mathrm{T}$。变换 $W(T; p)$ 将模板 T 变换到当前帧 $I_n(x, y)$ 中。基于模板跟踪的目标既是寻找模板在每一帧中的最佳匹配位置。使用误差均方和表示最终匹配误差，其形式化描述如下：

$$p_n = \underset{p}{\arg\min} \sum_{s \in T} \left[I_n(W(s; p)) - T_n(s) \right]^2 \tag{6-41}$$

在跟踪过程中，模板 $T_n(s)$ 有多中选择方式。一种方法是不更新模板，即对于 $n \geqslant 1$，有 $T_{n+1}(s) = T_n(s)$。这是一种最简单的模板更新策略，在跟踪目标不发生明显变化时效果良好。与之相对的是盲目更新法，即对所有 $n \geqslant 1$，$T_{n+1}(s) = I(W(x; p_n))$。对于图像序列中的每一帧，在找到目标区域之后，重新设定跟踪模板为当前帧中跟踪到的目标。这两种极端策略的效果并不理想。第二种模板更新方法会将目标跟踪每一帧中的误差累积到跟踪模板中，导致漂移现象。

本书使用一种累积权值的方法来更新目标模板。对第一帧中提取的 SIFT 特征点分配重要性权值 w_i 以描述 SIFT 特征点所起的作用。在此假设连续两帧之间目标的运动较小，因此可以认为特征点的估计位置仍然在跟踪区域内部。当部分特征点的估计位置超出跟踪区域范围时，更新跟踪目标模板。

当达到更新模板条件时，并不是将所有的 SIFT 特征点全部更新。对于当前帧目标的状态来说，其中有一部分的特征点已经不能再描述目标。但是这部分特征可以用来对漂移现象进行处理。首先在当前帧跟踪窗口中提取 SIFT 特征点，并与已存模板中的 SIFT 特征

点进行匹配。对所有提取到的 SIFT 特征点分配权值。设 T_m 为成功匹配的特征点集合,匹配到特征点个数为 M,T_{nm} 为未匹配特征点集合,未成功匹配特征点个数为 M'。特征点分配权值如下:

$$\left. \begin{array}{l} w_t = w'_t + \dfrac{\alpha}{M}, \quad t \in T_m \\[3mm] w_t = \dfrac{\beta}{M'}, \quad t \in T_{nm} \end{array} \right\} \qquad (6-42)$$

式中:w'_t 表示匹配到特征点之前的权值;α 和 β 为加权参数。T_m 中的特征点是当前帧中 SIFT 特征点与模板中的 SIFT 特征点正确匹配的特征点,由于模板更新需要目标的运动达到一定程度才会被触发,所以可以认为这些在目标发生一定变化之后还依然能正确匹配的特征点可以很好地描述目标,则在新的模板中为这些特征点分配较大的权值。虽然这些点是当前帧新提取到的特征点,但是正确匹配的特征点应该继承原模板中特征点的权值,此处 $\alpha = 0.8$。对于在 T_{nm} 中的特征点,这些特征点理解为是目标发生一定变化后的特征点,因此与原模板中的特征点没有成功匹配。对这些特征点分配较小的初始权值,取 $\beta = 0.2$。在得到所有特征点的权值之后,对这些权值进行归一化处理。权值归一化可以使累积权值不致于一直增大,从而导致在跟踪目标时加权之后反而跟踪失效。

对于与 T_m 成功匹配的在原模板中的特征点,虽然将其从新模板中删除,但是将其保存为备选模板。这里所谓的备选模板就是那些保存在模板更新之后被删除,但是在某些情况下依然能够描述目标的特征点。出于图像噪声等原因,SIFT 特征描述子使用的梯度直方图并不一定是一直不变的。在进行匹配时,除了与原模板特征点进行匹配,也与备选模板中的特征点进行匹配。对于正确匹配的特征点,按照 T_n 中的点进行处理。这里没有把备选模板直接与跟踪模板合并的原因是由于 KNN 匹配算法需要求次近邻点,若最近点距离与次近邻点距离相差较大,则认为与最近邻点匹配成功。其意义就是当匹配模板点集中,与目标最接近的点只有一个时,才确认匹配。这样做的目的是减少误匹配,因为若存在次近邻点与最近邻点到目标匹配点的距离相差不大,则无法认定该点一定与最近点匹配。出于上述原因,如果直接将备选模板加入跟踪模板中,则会导致后续在进行模板更新时,无法匹配到特征点,因为其中存在两个成功匹配的特征点,则原本与之匹配的特征点,在 KNN 算法下,无法正确匹配。

6.3.5.4 实验结果

下面使用 Visual C++ 编写程序,测试环境为 1.86 GHz CPU 计算机,Windows XP 操作系统,Visual Studio 2008 编译环境。图 6-35 为部分原始图像序列。图 6-36 为采用传统光流法进行目标跟踪的结果,其中红色圆点表示计算光流场的点,较小的黄色矩形框表示跟踪算法估计的目标位置,较大的黄色矩形框是跟踪窗口。本节提出的算法的跟踪结果如图 6-37 所示。红色的点表示当前帧中的 SIFT 特征点的估计位置,绿色的点表示前一帧特征点的位置。由于卡车并没有装载货物,所以在图像中车辆并不会充满所选取的整个跟踪区域。从该区域提取的 SIFT 特征点中,有一大部分并不属于车辆。由图 6-36 可以看出,使用传统光流法对车辆进行跟踪会逐渐丢失目标。本节所提出算法能有效跟踪目标,结果如图 6-37 所示。

图 6-35 部分原始图像序列

(a)第 120 帧; (b)第 232 帧; (c)第 384 帧; (d)第 497 帧

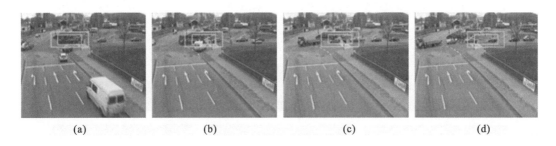

图 6-36 传统光流法目标跟踪结果

(a)第 120 帧; (b)第 232 帧; (c)第 384 帧; (d)第 497 帧

图 6-37 本节提出方法目标跟踪结果

(a)第 120 帧; (b)第 232 帧; (c)第 384 帧; (d)第 497 帧

由图 6-38 可以看出,本节提出算法在目标出现部分被遮挡的情况下也有良好的表现。

图 6-38 部分遮挡目标跟踪结果

续图 6-38　部分遮挡目标跟踪结果

本节提出算法可以给出目标在图像平面的运动轨迹,如图 6-39 所示。在跟踪过程中我们随机选取了 4 个关键点,以分析它们的权值变化情况,如图 6-40 所示。显然关键点 3 的权值在大部分时间里都为 0,它对跟踪目标并没有起作用。

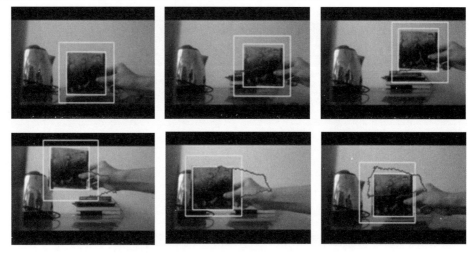

图 6-39　跟踪目标轨迹图

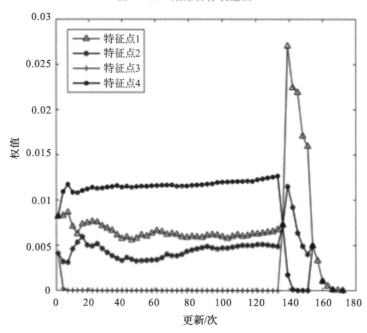

图 6-40　特征点权值变化曲线

图 6 - 41 为 SIFT 特征提取匹配与光流法跟踪不同目标时时间消耗对比图。在不同分辨率下,光流估计方法具有更好的适应性。当特征点较少时,由于总体时间较小,光流法和使用 SIFT 匹配方法跟踪的单帧所需时间相差不大。逐帧匹配求运动向量的方法不仅需要 SIFT 特征匹配,还需要在每一帧进行特征提取。由图 6 - 41 可以看出,当跟踪目标较大、特征点较多时,光流法具有明显优势。

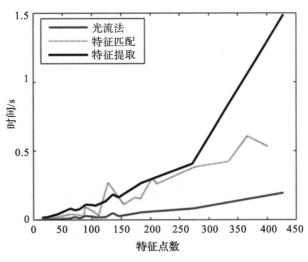

图 6 - 41 算法时间消耗对比图

逐帧提取 SIFT 特征的跟踪方法,是对视频图像的每一帧都提取 SIFT 特征。在相邻两帧间目标运动较小的假设下,通过匹配两帧间目标区域提取的特征点,计算特征点偏移向量对目标进行跟踪。由于 SIFT 特征匹配算法存在误匹配,所以当直接使用 SIFT 特征匹配来估计特征点运动向量时,会出现较大误差。光流法通过偏微分方程建模,求解运动向量,误差较小。

6.3.6 多目标跟踪算法

多目标跟踪就是在各帧图像中检测出各个独立运动的目标或感兴趣的区域,并在后继各帧中定位出相应的目标或区域。多目标跟踪对多个运动目标的跟踪非常重要,因为它不但可以提供被监视目标的运动轨迹,而且为场景中多个运动目标的运动分析、场景分析提供了可靠的数据来源。

多目标跟踪系统的基本要求是利用一个或多个主动(或被动)传感器及计算机子系统,对监视区域的多个目标进行跟踪。随着无人直升机光电系统的监视环境越来越复杂,现代跟踪系统中出现的问题也越来越多,越来越难。另外,各种干扰的存在,如背景噪声、杂波及传感器的内部热噪声等,使得传感器得到的量测数据具有强烈的模糊性或不确定性。目标跟踪的任务就是充分利用传感器所提供的信息,形成目标航迹,得到监视区域内所关心目标的一些信息,如目标的数目、每个目标的状态(包括位移、速度、加速度等信息)以及目标的其他特征信息。

多目标跟踪技术的关键环节主要包括数据关联和目标轨迹预测。多目标跟踪技术按功能可以分为多目标检测和多目标跟踪两个阶段。

（1）多目标检测阶段的主要操作是去除背景，正确找出系统需要跟踪的运动目标，最后成功捕获到目标。

（2）多目标跟踪阶段主要进行目标的轨迹预测，并用多个波门自适应跟踪目标的操作，同时对一些跟踪过程中的特殊情况进行处理。例如，目标有时被背景挡住，或者在跟踪过程中阻挡物消失后目标又重新出现，以及有新目标增加等情况。

多目标跟踪算法可以首先利用卡尔曼滤波，对当前已被跟踪目标的下一步运动的特征值（质心位置、运动速度等）进行预测，以缩小目标搜索匹配的范围，减少计算量，加快匹配速度。然后在下一帧范围内，采用相似性度量函数进行目标匹配，求出对应的目标，建立目标之间的关联关系，更新运动模型，从而形成运动目标链，以得到运动目标的运动轨迹。

在目标检测阶段，每找到一个目标位置，就在该区域中心处划出一个等同于其面积大小的波门，波门内的部分归为一个目标。同时建立一个多目标位置特征信息链表，将得到的真正目标的信息都存进去，同时保存目标的模板。在多目标跟踪阶段的策略是采用自适应多波门跟踪法，算法采用预测算法跟踪目标，通过多目标检测阶段建立的多目标特征信息链表逐个控制。预测波门的大小需要根据序列图像的匹配相似性度量数学模型自适应调整，以保证目标始终处于预测波门的中心区域，具体调整原则要按照实际跟踪情况确定。

在跟踪过程中目标有可能消失，如果目标在某程度上从图像中消失，这时无法再进行跟踪，就可以从链表上删除该目标。图 6-42 为两个车辆目标的跟踪图像，通过对两个车辆运动目标的大小、形状、速度等特征信息，可以对目标的威胁级别进行排序，并实施打击。

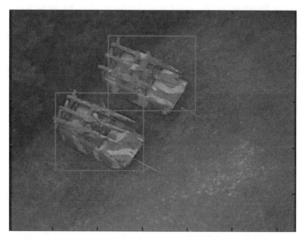

图 6-42　多个军事目标的跟踪图像

多目标跟踪的效果可以通过当前目标匹配位置和参考模板的相关度量函数进行综合评价。利用多目标跟踪效果评价不仅可以分析在一定场景环境下系统的性能，从而选择最优的设计方案，而且还可以反过来确定系统要求的性能指标，也就是进行辅助系统设计。

多目标跟踪算法的主要难点包括以下方面。

（1）遮挡问题。遮挡是多目标跟踪中的常见情况，目标可能被背景中静止物体遮挡，也可能被另外的目标遮挡。具体表现为，目标进入遮挡的过程中，目标信息逐渐丢失，如果目标可以脱离遮挡,目标信息又会逐渐得到恢复,期间,基于帧间关联的跟踪器会出现不稳定甚至丢失目标的情况,由此导致了 IDSwitch 问题,如图 6-43 所示,在第 01 帧,行走的人的 ID 为 19,骑自行车的人的 ID 为 20,当两个人交汇时,步行的人发生了遮挡,跟踪算法认为是此 ID 的跟踪已经结束,过了一段时间,步行的人重新出现在了视野,但是算法认为是一个新的物体出现,导致在第 10 帧中行人的 ID 变成了 21。尤其是在密集场景下,遮挡发生得很频繁,维持 ID 不变更加困难。处理遮挡给多目标跟踪带来的一系列性能下降是一个难点。

图 6-43　IDSwitch 现象示意图

(2)数据关联问题。单目标跟踪可以简单理解为对一个目标连续数据的滤波,而多目标跟踪更加复杂,需要在单目标跟踪的基础上对前、后帧中的同一目标进行数据关联,即计算当前帧每一个观测值(来自于检测器)与其可能的各种跟踪目标(来自于跟踪器)相关联的概率,要找到这个匹配关系是很困难的,因为进入场景中的目标数目是不可控的,即在场景中的目标会随着时间的推移离开场景,同样随着时间的推移也会有新的目标进入场景。这些改变都会导致算法难以寻找到前后帧目标的对应关系。

(3)表观特征建模问题。一方面,由于多目标跟踪的研究目标往往是同类物体,各个目标之间的外观相似,所以对多个目标进行特征提取时,很难提取到合适的特征来对这帧间目标进行相似度计算;另一方面,同类跟踪目标由于镜头运动、背景光照等外部因素和目标的外观特征随着时间发生变化(如人行走、立定、蹲下等)等内部因素,使得基于相关滤波等像素级相似度的表观特征建模方式难以捕捉到目标的泛化特征。

(4)次优解问题。当前大多数算法认为的多目标跟踪的性能受到前置目标检测器性能的制约,很少有模型是基于 end-to-end 的优化方式,这导致多目标跟踪模型在优化时侧重于目标检测任务,而忽视跟踪任务,使得模型难以获得最优解。

(5)实时性问题。由于视频的图像序列输入速度很快,要达到实时的多目标跟踪,需要选择计算量较小的算法,同时也要保证模型的复杂性,以满足对高维特征进行相似度度量的准确性。

6.4 视频跟踪控制技术

6.4.1 基本工作原理

图像跟踪是基于图像中目标特征提取的图像处理技术,但对于光电载荷来说其最终目的不但要提取图像中的特征目标,而且要驱动方位和俯仰框架运动,保证瞄准线始终追随目标,这就要求图像跟踪技术与伺服控制技术相结合,从而保证光电载荷对特征目标的连续、稳定、高精度的指向。

光电载荷图像跟踪控制系统的基本组成及工作原理图如图 6-44 所示,它主要由光电传感器、视频跟踪器以及伺服控制系统组成。光电传感器作为图像输入设备探测并采集场景与特征目标图像,并将图像传给视频跟踪器;视频跟踪器获取图像,提取目标特征,计算瞄准线十字与目标之间在方位和俯仰方向的角度偏差,并将该偏差送给伺服控制系统,瞄准线可以是单个传感器的图像中心,也可以是多个传感器校准后的瞄准点;伺服控制系统根据获取的角度偏差实施位置闭环负反馈,以控制驱动光电载荷向减小角度偏差的方向运动。图像跟踪控制系统与一般的位置随动控制系统相同,但光电载荷的图像跟踪控制建立在图像稳定的基础之上,因此它是速度控制与位置控制相结合的双环控制系统,图像跟踪控制回路的控制模型如图 6-45 所示。

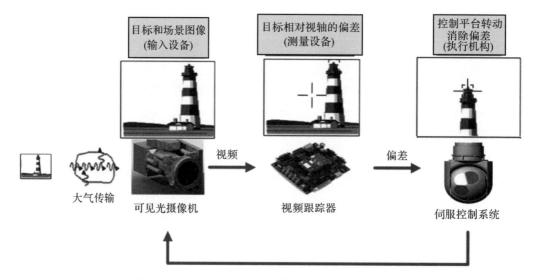

图 6-44 光电载荷图像跟踪控制系统组成及工作原理

对于图像跟踪控制系统中的跟踪控制器,一般采用经典控制理论从频域或时域进行设计,频域常采用比例积分、滞后超前以及低通滤波网络的组合设计,时域常用的则是 PID 调节器。随着控制理论的发展,现代控制和智能控制技术也已经逐渐运动到光电载荷的图像跟踪控制中,比较典型的有卡尔曼滤波控制、模糊控制、鲁棒控制、自适应控制以及内膜控制等。

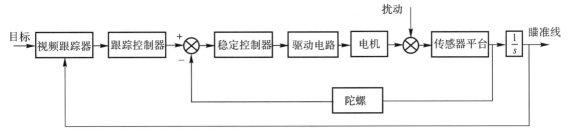

图 6 - 45　图像跟踪控制回路工作原理图

6.4.2　跟踪延时的测量与补偿

在图像跟踪控制系统中,图像采集、视频处理以及数据传输等会造成伺服控制系统接收到的控制偏差存在延时现象,考虑如图 6 - 46 所示的典型简化时滞控制系统。

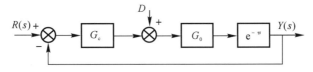

图 6 - 46　典型时滞控制系统框图

$R(s)$ 为系统输入,G_c 为系统控制器,$G_0 e^{-\tau s}$ 为具有延时特性的被控对象,则该控制回路的传递函数为

$$G(s) = \frac{Y(s)}{R(s)} = \frac{G_c G_0 e^{-\tau s}}{1 + G_c G_0 e^{-\tau s}} \qquad (6-43)$$

由于控制回路包含超越函数 $e^{-\tau s}$,这会造成伺服控制系统控制的滞后,系统相位损失严重,控制系统的补偿控制器 G_c 设计较为困难,严重时甚至造成控制系统不稳定,因此相比一般的位置随动控制系统,跟踪延时的测量和补偿是跟踪控制系统的关键。

1.跟踪延时的测量

对于图像跟踪控制系统来说,这里关心的并非是图像显示的延迟,而是指从光电传感器采集目标图像到伺服控制系统接收到跟踪偏差的延迟时间,这里包括了图像采集时间、图像传输时间、视频跟踪器处理时间以及跟踪偏差传输延迟时间。根据理论设计,我们能够分别知道各个环节的大概延迟时间,通过简单相加也能够获得大概的延时,但想要获取更加准确的延迟时间,则需要采取一定的测试方法来获得。跟踪延时一般可以通过光电载荷上其他低延时的角位置传感器作为参考基准进行测量,常用的测量方法是以测量光电载荷旋转角位置的角度传感器作为基准进行测量,其测量原理图如图 6 - 47 所示。

对远处目标 T 进行图像跟踪,同时跟踪控制回路开环,以信号发生器给光电载荷施加频率为 ω、幅值为 A 的正弦信号,让光电载荷周期往复运动,此时将视频跟踪器计算的跟踪偏差与角度传感器的角度值同时输出,用示波器测量二者的时间差,由于光电载荷的角度传感器输出的角度代表了实时位置,所以跟踪偏差与该角度的时间差则代表了整个跟踪控制回路的延迟时间。

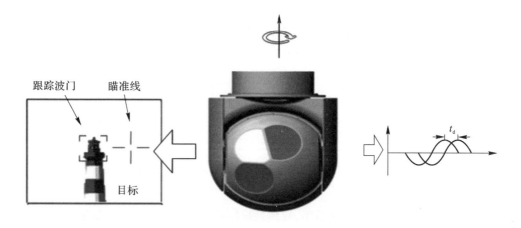

图 6 - 47   光电载荷跟踪延时测量示意图

2.跟踪延时的补偿

时滞系统在生活中较为常见,例如工业中常见的温度控系统,预设的温度要较长的调节时间才能到达并稳定,传统的 PID 控制方法容易导致系统超调。虽然相对来说光电跟踪系统的延时并不大,但随着传感器分辨率的提升,整个跟踪链路上的延时也在逐渐增加,它也是限制跟踪性能的重要因素。目前,常用的延时补偿方法主要分为串联补偿和并联补偿两种。

串联补偿是在跟踪控制回路的前向通道串联补偿控制器以修正偏差,考虑回路中的延时采用 $e^{-\tau s}$ 作为近似数学模型,若对该模型采用 PADE 展开并忽略高阶项,则可获得延时环节的线性模型,如下所示:

$$G_{\mathrm{p}}(s) = \frac{1 - \tau s/2}{1 + \tau s/2} \qquad (6-44)$$

若采用完全补偿则可设计传递函数相反的控制器串入系统,考虑到系统的稳定性,设计中可采用配置零极点的方式获得串联补偿控制器,如下所示:

$$G_{\mathrm{p}}(s) = \frac{1 + \tau s}{1 + \tau_1 s} \qquad (6-45)$$

很明显,这是一个滞后超前控制器,一般 τ_1 取 $5\tau \sim 10\tau$,超前控制器一般会将噪声放大,这会降低跟踪控制回路的稳定性,在跟踪延时不太大的情况下,可在设计跟踪控制回路时根据相位特性曲线中的相位损失统筹设计校正环节。

并联补偿是指在不改变原有跟踪控制回路的控制器的基础上,并联设计补偿控制器的方法。较为常用的有大林算法和史密斯估计器,而史密斯估计器以较好的补偿效果得到广泛应用。史密斯估计器是 1958 年由 O. J. Smith 提出来的一种处理延时的控制方法,最开始主要用来解决工业控制中因传感器反馈与系统控制状态变化不匹配的问题。加入史密斯估计器的时滞控制系统框图如图 6-48 所示。

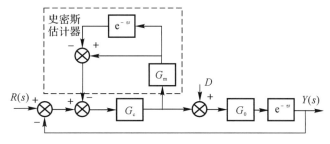

图 6 - 48　加入史密斯估计器的时滞控制系统框图

图 6-49 为加入史密斯估计器后的时滞控制系统,其基本原理是根据被控模型的动态特性构建一个内部回路补偿模型,将其反向并联到原始控制器上,若设计控制器令 $G_m = G_0$,则等效的传递函数原理框图如图 6 - 49 所示,控制系统传递函数如下式所示:

$$G(s) = \frac{Y(s)}{R(s)} = \frac{G_0 G_c}{1 + G_0 G_c} e^{-\tau s} \qquad (6-46)$$

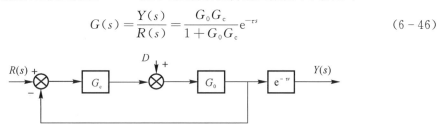

图 6 - 49　加入史密斯估计器的等效控制系统

显然,经过史密斯估计器的补偿后,系统的闭环控制回路中已不包含延迟环节 $e^{-\tau s}$,而是将延迟环节移到了控制环路之外,这对系统的稳定性已经不会产生不利影响,仅仅是将原输出信号延迟输出。

6.4.3　图像跟踪性能影响因素

评价图像跟踪系统性能的关键指标是跟踪精度,在一些文献中也称作脱靶量。对于光电跟踪系统,它是指光电系统在跟踪目标时瞄准线偏离目标的偏差的统计标准差。对于无人机系统而言,影响光电载荷跟踪精度的因素包括目标机动特性、大气扰动、光电传感器成像及传输延时、视频跟踪器误差、跟踪控制误差以及稳定误差等,具体如图 6 - 50 所示。

目标机动特性即目标的运动特性,它包括匀速直线、匀加减速、变加减速运动等典型特性。一般传统的二阶跟踪控制系统仅能减小加速度误差,为了适应对各种运动特性目标的跟踪并保证一定的跟踪精度,光电跟踪系统往往内置各种不同的目标运动模型,较为常用的有匀速 CV 模型、匀加速 CA 模型、Jerk 模型、singer 模型和隐马尔可夫模型,匀速 CV 模型和匀加速 CA 模型算法简单,仅适用于对单一运动形式的目标进行跟踪,隐马尔可夫模型则适用于目标轨迹的识别,在光电载荷目标跟踪中更符合实际。

大气湍流是大气中一种不规则的随机运动,它伴随着能量、动量以及物质的传递和交换,大气湍流的存在同时对光波、声波、电磁波在大气中的传播产生一定的干扰作用。当光电载荷对近距离的目标进行跟踪时,大气湍流一般可以忽略,但若需要对远距离的目标进行高精度跟踪时,它的存在会对目标的瞄准和跟踪产生较大的影响,在一些自适应光学系统中,一般可通过特定的波前校正手段进行补偿。

视频跟踪器误差包括图像处理误差和电气误差两部分:图像处理误差是以判断图像像元的最小分辨率来定义的,通常跟踪器的误差不大于 1/2 像素;电气误差则是指由于视频跟踪器信号处理电路的噪声带来的误差,一般不大于 1 个像素。

跟踪延时前面已经介绍过,它由传感器积分成像时间、图像传输延迟时间、跟踪器处理延时、通信传输延迟等环节所组成,一般在设计中尽可能减小各个环节的延时,同时在跟踪控制回路中设计补偿环节进行补偿,以减小跟踪延时,从而提高跟踪精度。

稳定误差即稳定回路的控制误差,由于稳定控制回路作为一个整体其实是跟踪控制回路的控制对象,所以稳定误差直接影响光电载荷的跟踪精度,光电载荷自身的谐振和摩擦等特性也间接影响着跟踪回路的特性。

由上可见,影响光电载荷跟踪精度的因素很多,根据系统设计的不同以及应用场景的不同,其中的主要影响因素可能不同,应该根据光电载荷的应用场景和精度需求解决主要矛盾,从而保证跟踪性能。

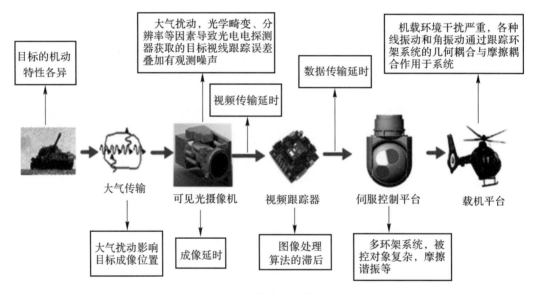

图 6-50　影响光电载荷跟踪精度的主要因素

6.4.4　图像跟踪指标

本节介绍的跟踪精度指的是独立于系统用于衡量图像跟踪器自身性能的指标。在 GJB 1830A—2002 中对于跟踪精度指标的描述如下。

电视跟踪器在对目标尺寸不小于 3×3 像元、目标对比度不小于 10%,按照 3.8.2 条规定在视屏显示上的速度、频率、运动半径做往复匀速直线运动或匀速圆周运动的目标进行跟踪时,其综合跟踪误差应符合以下要求:

(1)水平方向总误差不大于 1/150 视场;

(2)垂直方向总误差不大于 1/150 视场。

可以看出,跟踪精度指的是视频跟踪器在一定的目标大小、强度、运动方式下,对跟踪器输出的目标中心位置与实际目标中心位置的偏差的指标要求。影响跟踪精度的因素有很多,主要包括跟踪算法、图像清晰度、传感器噪声、目标特征、平台运动等。为了隔离平台、传感器、图像质量及噪声的影响,通常在仿真环境下计算跟踪精度指标,即通过目标发生器产生一个模拟目标,设定目标的大小、对比度、运动方式及运动速度,通过统计一段时间内视频跟踪器输出目标中心位置与仿真目标真实位置的平均误差,判断跟踪精度是否满足指标要求。

随着高分辨率彩色传感器在光电跟踪系统中的普及,当前跟踪的算法的复杂程度和跟踪效果都得到了很大程度的提升。单纯的跟踪仿真环境下的简单目标已经不能反映视频跟踪器性能。为进一步测量跟踪器的跟踪精度,验证算法的有效性和稳定性,采用符合跟踪器实际应用环境的典型目标和典型场景作为测试输入,如 OTB、VOT 等国际通用测试数据集。通过对比跟踪预测位置与实际中心位置的误差,对跟踪结果进行定量分析。按下式计算每帧图像中跟踪目标的中心位置真实值 $M[x, y]$ 与实验值 $M'[x, y]$ 之间的欧氏距离 D,其值越小,跟踪精度越高:

$$D = \sqrt{(M_x - M'_x)^2 + (M_y - M'_y)^2} \tag{6-47}$$

评价跟踪效果的常用指标包括目标距离中心距离(偏心距)以及跟踪区域和目标区域之间的重叠程度。

1. 偏心距

偏心距主要用来表示通过模型算法跟踪得到的目标框的中心和真实的目标中心之间的距离。该指标主要用于评估每一帧的模型跟踪结果的准确性。距离越小,跟踪结果越精确。计算公式如下:

$$e(i) = \sqrt{(x_i - x_0)^2 + (y_i - y_0)^2} \tag{6-48}$$

式中:i 代表了第 i 帧图像;(x_i, y_i) 为通过跟踪算法在 i 帧得到的目标框的中心坐标;(x_0, y_0) 表示目标的参考中心的坐标值;$e(i)$ 为两中心之间的距离。

2. 重叠度

重叠度是指通过模型算法获得的目标框和参考目标框的重叠程度。该指标用于评价每一帧的模型跟踪结果是否成功。重叠度越高,跟踪结果越准确。计算公式如下:

$$\text{overlap} = \frac{w_i \bigcap w_{gi}}{w_i + w_{gi} - w_i \bigcap w_{gi}} \tag{6-49}$$

式中:w_i 代表通过跟踪算法得到的第 i 帧的目标区域;w_{gi} 代表第 i 帧的目标的真实区域;$w_i \bigcap w_{gi}$ 代表跟踪框区域和目标框区域之间重叠区域。

3. 鲁棒性

鲁棒性是指单个测试序列下的跟踪失败次数,当重叠率为 0 时即可判断为失败。

附录

附　录　A

日照照度等级见表 F-1。

表 F-1　日照照度等级

太阳中心高度角/(°)	地平面上的照度 E_c/lx	备　注
-18	6.51×10^{-4}	天文晨昏下限
-12	8.31×10^{-3}	航海晨昏下限
-6	3.40	民用晨昏下限
-5	10.8	
-0.8	453	日出或日没
0	732	
5	4 760	
10	1.09×10^4	
15	1.86×10^4	
20	2.73×10^4	
25	3.67×10^4	
30	4.70×10^4	
35	5.70×10^4	
40	6.67×10^4	
45	7.59×10^4	
50	8.50×10^4	
55	9.40×10^4	
60	10.2×10^4	
65	10.8×10^4	

续表

太阳中心高度角/(°)	地平面上的照度 E_c/lx	备 注
70	11.3×10^4	
75	11.7×10^4	
80	12.0×10^4	
85	12.2×10^4	
90	12.4×10^4	

附　录　B

自然景物的照度 E_c 见表 F-2。

表 F-2　自然景物的照度 E_c

天空情况	照度 E_c/lx
阳光直射	$1 \times 10^5 \sim 1.3 \times 10^5$
无阳光直射	$1 \times 10^4 \sim 2 \times 10^4$
阴天	10^4
漆黑天	10^3
晨昏蒙影	10
暗晨昏蒙影	1
满月	10^{-1}
上弦(或下弦)月	10^{-2}
无月晴空	10^{-3}
无月阴空	10^{-4}

附　录　C

部分物体的反射系数 ρ_m 见表 F-3。

表 F-3　部分物体的反射系数 ρ_m

物　体	反射系数 ρ_m
石膏、白粉	$0.9 \sim 0.98$

续表

物　体	反射系数 ρ_m
白墙	0.7~0.8
白纸	0.6~0.8
脸、皮肤	0.3~0.4
树木	0.1~0.2
黑绒、烟灰	0.01~0.02
沥青	0.07
黑腻子	0.01
抹墙泥灰	0.65
胶合板	0.45
铜	0.36
铅	0.26
混泥土	0.25
砖	0.15
铸铁	0.1

不同天候和地物时的反射率 ρ_d 见表 F-4。

表 F-4　不同天候和地物时的反射率 ρ_d

反射率 ρ_d					
晴　天			阴　天		
新雪	沙漠	山林	新雪	沙漠	山林
1	0.71	0.2	1	0.14	0.04

附　录　D

水平能见度国际 10 级制见表 F-5。

表 F-5　水平能见度国际 10 级制

等　级	大气状况	能见距离	大气衰减系数 ε
0	密雾	<50 m	>78

续表

等 级	大气状况	能见距离	大气衰减系数 ε
1	浓雾	200 m	19.56
2	中雾	500 m	7.8
3	薄雾	1 km	3.9
4	烟、最浓霾	2 km	1.96
5	不良可见度（浓霾）	4 km	0.98
6	中等可见度	10 km	0.39
7	良好可见度	20 km	0.195
8	优等可见度	50 km	0.078
9	特等可见度	>50 km	<0.078

附　录　E

靠近地平天空的亮度见表 F-6。

表 F-6　靠近地平天空的亮度

天空情况	亮度/nt
晴天	10^4
阴天	10^3
阴沉天	10^2
阴天（日落时）	10
晴天（日落后一刻钟）	1
晴天（日落后半小时）	10^{-1}
明亮月光	10^{-2}
无月晴空	10^{-3}
无月阴空	10^{-4}
夏天平均	5×10^3
秋天平均	3×10^3
离太阳远的纯蓝天	10^3
稍有云	10^4

附　录　F

约翰逊准则见表 F - 7。

表 F - 7　约翰逊准则

辨别等级	含　义	最小尺寸上的周期/周	工程上周期/周（概率50%）
探测	存在一个目标，把目标从背景中区别出来	1±0.025	1±0.025
识别	识别出目标属于那一类（如坦克、车辆、人）	4±0.8	4±0.8
确认	认出目标，并能够清晰地确定其类型（如 T52 坦克、友方的吉普车）	6.4±1.5	8±1.5

参 考 文 献

[1] 李小林,戚丽程,曹柱. 新时代无人机技术现状及发展趋势[J].科技创新导报,2019
(22):108 - 109.

[2] 相亮亮. 无人机在军事中的应用于发展[J].科技展望,2016(14):292.

[3] 何昌见,凌建寿,石凌飞. 无人机探测与反制技术现状与发展[J].警察技术,2019(3):
4 - 7.

[4] 李磊,徐月,蒋琪,等.2018 年国外军用无人机装备及技术发展综述[J].战术导弹技
术,2019(2):1 - 11.

[5] 张传超.2015 中国无人机系统峰会论文集[M].北京:航空工业出版社,2015.

[6] 王凌.无人机载高变倍比连续变焦电视系统设计[D].西安:西安工业大学,2012.

[7] 毛姗姗.30 倍变焦电视跟踪仪光学系统设计与研究[D].长春:长春理工大学,2012.

[8] 王建立.光电经纬仪电视跟踪、捕获快速运动目标技术的研究[D].长春:中国科学院
长春光学精密机械与物理研究所,2002.

[9] 王安科,徐宏斌,杨建峰,等.变焦距光学系统在电视制导中的应用[J].弹箭与制导学
报,2010,30 (3):41 - 43.

[10] 刘洋,李一波,王扬扬.察打一体化无人机多传感器自动目标识别系统[J].飞弹导弹,
2010(6):75 - 78.

[11] 王方玉. 美国无人机的光电载荷与发展分析[J].激光与红外,2008,38 (4):
311 - 313.

[12] 黄章斌,李晓霞,郭宇翔,等.军用 UAV 光辐射特征研究现状[J].激光与红外,2016,
46 (11):1305 - 1310.

[13] 沈陶然,桑隽永.国外无人机装备发展现状及典型作战模式综述[J].新型工业化,
2018 (5):94 - 97.

[14] ROBERTS M. Compact infrared continuous zoom telescope[J]. Optical Engineering, 1984,
23(2):117 - 121.

[15] 田海霞.一种可见光变焦距电视光学系统研究[D].西安:中国科学院西安光学精密
机械研究所,2008.

[16] JEFFS M. Reduced manufacturing sensitivity in multi-element lens systems [J].
SPIE,2002,4832:104 - 113.

[17] 程雪岷,王光宇,张丽琴,等.变焦距镜头初始结构智能化设计方法[J].计算物理,
2002,19(6):521 - 526.

[18] 刘崇进,史光辉.机械补偿法变焦镜头三个发展阶段的概况和发展方向[J].应用光
学,1992,13(2):1 - 4.

[19] 陈新锦,袁艳,李立英.目标探测的能量计算[J].科学技术与工程,2007,7(7):
1422 - 1424.

[20] FIETE R D，TANTALO T. Comparison of SNR image qualitymetrics for remote-systems[J]. Opt Eng，2001，40(4)：574－585.

[21] SCHUMANN L W，LOMHEIM T S. Design constraines on advanced two-dimensional LWIR focal planes for imaging Fourier transform spectrometer sensors[J]. Pro SPIE，2001，3063：150－163.

[22] 张小英,朱定强,蔡国飙.中段目标的可见光辐射特性计算研究[J].应用光学,2008,29(3):444－447.

[23] 卢春莲.航天器目标红外和可见光辐射特性及其抑制方法研究[D].哈尔滨:哈尔滨工业大学,2010.

[24] 顾吉林.典型天气大气辐射传输特性研究[D].大连:大连海事学院,2012.

[25] 程金涛.大气散射对航空相机斜视成像质量影响分析与图像质量提高方法研究[D].长春:中国科学院长春光学精密机械与物理研究所,2013.

[26] 焦海斌.遥感图像辐射校正及邻近效应去除的研究[D].哈尔滨:哈尔滨工业大学,2009.

[27] 董斌,聂品.大气环境对航空相机成像质量影响分析[J].仪器仪表学报,2014,35(6):99－102.

[28] 谭安胜,郭江龙.舰载无人机光电载荷系统探测概率模型[J].军事运筹与系统工程,2012,26(3):73－76.

[29] 李琳,陈刚.无人机光电探测距离分析[J].激光与红外,2018,48(9):1123－1127.

[30] 宋爱群,黄元庆.CCD图像传感器的应用技术与发展趋势[J].电子测量与仪器学报,2007(增刊):301－304.

[31] 张灿林,陈钱,周蓓蓓.高灵敏度电子倍增CCD的发展现状[J].红外技术,2007,29(4):192－195.

[32] 宁永慧,刘辉,赵庆磊,等.大面阵高帧频CMOS成像电子学系统设计[J].光学精密工程,2019,27(5):1167－1177.

[33] 孙宏海,何舒文,吴培,等.高动态科学级CMOS相机设计与成像分析[J].液晶与显示,2017,32(3):240－248.

[34] 陶纯堪.变焦距光学系统设计[M].北京:国防工业出版社,1988.

[35] 张以谟.应用光学[M].北京:机械工业出版社,1982.

[36] 郁道银.工程光学基础教程[M].北京:机械工业出版社,2007.

[37] 胡际先.38×变倍比宽波段电视镜头光学系统设计[J].应用光学,2011,32(5):845－848.

[38] 杨正.制冷式中波红外凝视变焦光学系统研究[D].西安:中国科学院西安光学精密机械研究所,2008.

[39] 袁旭沧.光学系统设计[M].北京:科学出版社,1988.

[40] 李士贤.光学设计手册[M].北京:北京理工大学出版社,1990.

[41] 朱军.超高清数字摄影技术在电视系统中的应用[J].广播与电视技术,2015,42(8):

34 - 39.

[42] 王笃越. 应用于光瞄成像的图像预处理系统设计[D]. 沈阳:沈阳理工大学,2017.

[43] 苏天裕. 基于 FPGA 的图像预处理系统的研究与实现[D]. 广州:华南理工大学,2017.

[44] 苏君红,吴诚. 现代光学与光子学的进展:红外热成像技术的进展[M]. 天津:天津科学技术出版社,2003.

[45] WU C,FENG S,LI K,et al. Helmet-mounted uncooled FPA camera for use in firefighting applications[J]. SPIE,2000,4077:234 - 237.

[46] 吴诚,苏君红,潘顺臣,等. 非制冷红外焦平面热成像技术述评[J]. 红外技术,1999,21(1):6 - 9.

[47] 吴宗凡,柳美琳,张绍举,等. 红外与微光技术[M]. 北京:国防工业出版社,1998.

[48] 张建奇,方小平. 红外物理[M]. 西安:西安电子科技大学出版社,2004.

[49] 李正直. 红外光学系统[M]. 北京:国防工业出版社,1986.

[50] 吴诚,苏君红,潘顺臣,等. 对 $3 \sim 5 \mu m$ 与 $8 \sim 14 \mu m$ 波段红外焦平面热成像的一些探讨[J]. 红外技术,2002,24(2):6 - 8.

[51] 徐参军. 两种多视场红外光学系统[D]. 昆明:中国兵器工业集团第二一一研究所,2004.

[52] 张敬贤,李玉丹,金伟其. 微光与红外成像技术[M]. 北京:北京理工大学出版社,1995.

[53] 克利克苏诺夫. 红外技术原理手册[M]. 俞福堂,等译. 北京:国防工业出版社,1978.

[54] IYER S,CHOWDHURY-NAGLE S,LI J,et al. Theoretical study of InAsSb/InT1Sb superlattice for the far infrared detector[J]. Mat Res Soc Symp Proc,1996,421:14 - 18.

[55] VINCENT J D. Fundamentals of infrared detector operation and testing[M]. New York:John Wiley & Sons Inc,1990.

[56] ROGALSKI A. 红外探测器[M]. 周海宪,等译. 北京:机械工业出版社,2014.

[57] KRUSE P W,MCGLAUCHLIN L,MCQUISTAN R. Elements of infrared technology:generation,transmission and detection[M]. New York:John Wiley & Sons Inc,1962.

[58] 冯克成,刘景生. 红外光学系统[M]. 北京:兵器工业出版社,1994.

[59] 苏小平,余怀之,褚乃林,等. 半导体材料的红外光学特性及应用[J]. 稀有金属,1997,21(6):15 - 18.

[60] 薛利军,段晓峰,卫俊霞,等. 航天 CCD 相机辐照测量技术[J]. 电子技术,2011,58(12):61 - 62.

[61] WU C,SU J H. Nonuniformity compensation methods for the thermal imager based on uncooled[J]. SPIE,2000,4077:238 - 241.

[62] 陈锐,谈新权. 红外图像非均匀性校正方法综述[J]. 红外技术,2022,24(1):15 - 18.

[63] 于天河,郝富春,康为民,等. 红外图像增强技术综述[J]. 红外与激光工程,2007,36

（增刊）：335－338.

[64]　焦丽静.输电线路红外图像的增强技术研究[D].北京:华北电力大学,2015.

[65]　王方玉.美国无人机的光电载荷与发展分析[J].激光与红外,2008,38(4):311－313.

[66]　邓仁亮.光学制导技术[J].光学技术,1993(6):36－47.

[67]　张承铨.国外军用激光仪器手册[M].北京:兵器工业出版社,1989.

[68]　闫吉祥.激光武器[M].北京:国防工业出版社,2016.

[69]　蒋鸿旺.军用激光设备[J].激光与红外,1992,22(5):28－31.

[70]　CROW T G. AN/AVQ－25 Laser Rangefinder/Target Designator(LR/TD)design and support considerations ［C］//Electro-Optics/Laser'78 conference and exposition,Boston,1978:305－312.

[71]　DALY J G. The Nd:YAG laser rangefinder/designator[J]. SPIE,1986,610:60－71.

[72]　GODFREY T E,CLARK W M. Borsight of airborne laser designator systems[J]. Optical Engineering,1991,20(6):854－860.

[73]　鲍海阁.国外激光半主动寻的制导武器的发展[J].舰船电子工程,2010,30(5):21－25.

[74]　葛宝臻,李文超,马云峰,等.基于四象限探测的激光粒度仪自动对中技术[J].光学精密工程,2010,18(11):2384－2389.

[75]　赵馨,佟首峰,姜会林.四象限探测器的特性测试[J].光学精密工程,2010,18(10):2164－2170.

[76]　姜娜,何俊发.激光制导武器原理简介[J].战术导弹控制技术,2004(1):62－63.

[77]　赵江,徐锦,徐世录.激光制导武器[J].飞航导弹,2006(6):26－30.

[78]　陈骥,赵晓明,曹久大,等.高速运动测量机的研制与试验[J].光学精密工程,2010,18(4):928－934.

[79]　阎胜利,高慧斌,贾宏光.飞行器制导控制半实物系统采样步长的优化设计[J].光学精密工程,2010,18(5):1144－1151.

[80]　庄昕字,陈兆兵.半主动激光精确末制导武器的发展现状与趋势[J].舰船电子工程,2011,31(6):6－10.

[81]　刘杰,杨济民,何京良.LD 抽运 Nd:YVO4、Nd:GdVO4 和 Nd:YAG 激光特性比较[J].激光杂志,2003,24(5):28－30.

[82]　NIEUWSMA D E,WANG J. Design of an advanced diode-pumped solid state laser for high-altitude air borne operations ［J］. Proceedings of SPIE, 2005, 5659: 163－170.

[83]　刘旭,魏靖松,谭朝勇,等.激光器免温控泵浦源的多波长选择理论[J].红外与激光工程,2016,45(5):0505004.

[84]　CRÉPY B,LENEVÉ M, MONTAGNE J,et al. Efficient,diode temperature insensitive Nd: YAG hybrid longitudinal/transversal-pumped zig-zag slab laser:deltaconcept ［C］// Advanced Solid-State Lasers Québec City,Canada,2002.

[85]　CREPY B, CLOSSE G, CRUZ J D,et al. Athermal diode-pumped laser designator modules for targeting application[J]. Proceedings of SPIE,1996,8541:85410R.

[86]　CHEN D Y,LI X D,ZHANG Y,et al. Research on diffusion-bonding composite YVO4/Nd:GdVO4crystal[J]. Laser Physics Letters,2011,8(1):46 - 49.

[87]　WANG H B,YANG D X,ZHAO J L,et al. Fabrication method of multiple VBGs with directly layered structure and its experimental demonstration [J]. Proceedings of SPIE,2006,16:614910.

[88]　MAKI J J, CAMPBELL N S,GRANDE C M,et al. Stabilized diode-laser system with grating feedback an frequency-offset locking [J]. Optics Communications, 1993,102(3/4):251 - 256.

[89]　FRITSCHE H, KOCH R, KRUSCHE B, et al. Generating a high brightness multi-kilowatt laser by dense spectral combination of VBG stabilized single emitter laser diodes [J]. Proceedings of SPIE, 2014,9134:91340U.

[90]　MOSER C, HAVERMEYER F. Compact self-aligned external cavity lasers using volume gratings [J]. Proceedings of SPIE,2009,7194:71940F.

[91]　MCCARTHY J C, YOUNG Y E, DAY R C,et al. Athermal, lightweight, diode G pumped,1-micron transmitter [J]. Proceedings of SPIE,2005,5707:237 - 242.

[92]　周涛恒.固体激光器中的热管理[J].量子电子学报,2005,8(4):499 - 508.

[93]　BOWMAN S R. Lasers without internal heat generation[J]. IEEE JQE,1999,35: 115 - 122.

[94]　BASU S,SRIDHARAN A. Disk motion:a new control element in high-brightness solid state laser design[J]. Opt Lett,2004,12:3114 - 3124.

[95]　VETROVEC J. Ultrahigh-average power solid-state laser [J]. SPIE,2002,4760: 491 - 504.

[96]　VETROVEC J. Solid-state laser high-energy laser[J]. SPIE,2002,4632:104 - 114.

[97]　兰信钜.激光技术[M].长沙:湖南科学技术出版社,1981.

[98]　祖耶夫,卡巴诺夫.光信号在地球大气中的传输[M].殷贤湘,译.北京:科学出版社,1987.

[99]　安晓强,朱斌,卿荣生.光电成像系统对 1.06 μm 激光光斑探测能力研究[J].激光技术,2001,25(6):441 - 445.

[100]　刘兆辉,严彦文.1.06 μm 激光末制导炮弹导引头接收能量模型[J].理论与探索,2005,6:21 - 23.

[101]　秦永元.惯性导航[M].北京:科学出版社,2006.

[102]　胡寿松.自动控制原理[M].北京:国防工业出版社,1984.

[103]　林士谔.动力调谐陀螺[M].北京:国防工业出版社,1983.

[104]　LEFEVRE H C.光纤陀螺[M].张桂才,王巍,译.北京:国防工业出版社,2002.

[105]　董春利.传感器技术与应用[M].北京:中国电力出版社,2013.

[106]　李常峰,刘成刚.传感器应用技术[M].济南:山东科学技术出版社,2016.

[107]　张家生,邵虹君,郭峰.电机原理与拖动基础[M].北京:北京邮电大学出版社,2017.

[108]　王爱元.控利电机及其应用[M].上海:上海交通大学出版社,2013.

[109]　李光友,王建民,孙雨萍.控制电机[M].北京:机械工业出版社,2008.

[110]　刘金琨.先进 PID 控制 MATLAB 仿真[M].2 版.北京:电子工业出版社,2004.

[111]　韩京清.自抗扰控制技术[M].北京:国防工业出版社,2009.

[112]　杨靖岳.自准直仪[M].北京:机械工业出版社,1982.

[113]　张娟,毛晓波,陈铁军.运动目标跟踪算法研究综述[J].计算机应用研究,2009,26(12):4407 – 4410.

[114]　魏全禄,老松杨,白亮.基于相关滤波器的视觉目标跟踪综述[J].计算机科学,2016,43(11):1 – 5.

[115]　周全.基于 FPGA 和 DSP 架构的实时高速图像处理系统的硬件平台设计[D].重庆:重庆理工大学,2016.

[116]　文雄飞.基于 DSP 的视频跟踪器的设计与研究[D].兰州:兰州交通大学,2016.

[117]　许自强.基于 GPU 的运动目标快速跟踪算法研究[D].合肥:中国科学技术大学,2019.

[118]　张健琦.基于 GPU 加速的改进像素自适应分割及跟踪算法研究与实现[D].长春:吉林大学,2019.

[119]　仇德元.GPGPU 编程技术:从 GLSL,CUDA 到 OpenCL[M].北京:机械工业出版社,2011.

[120]　黄伟,张权,李江洪,等.无人机光电载荷技术及功能解析[J].飞航导弹,2015,14(5):1009 – 1039.

[121]　杨戈,刘宏.视觉跟踪算法综述[J].智能系统学报,2010,2(1):1673 – 4785.

[122]　张雷,王延杰,刘艳滢.基于相关滤波器的视觉目标跟踪方法[J].光电子·激光,2015(7):1349 – 1357.

[123]　江山,张锐,韩广良.复杂背景灰度图像下的多特征融合运动目标跟踪[J].中国光学,2016,9(3):320 – 328.

[124]　KALAL Z, MATAS J, MIKOLAJCZYK K. P-N learning:bootstrapping binary classifiers by structural constraints[C]//IEEE Conference on Computer Vision and Pattern Recognition(CVPR),2010.

[125]　唐振韬,邵坤,赵冬斌,等.深度强化学习进展:从 Alpha-Go 到 AlphaGo Zero[J].控制理论与应用,2017,34(12):1529 – 1546.

[126]　QI Y K,ZHANG S P,QIN L,et al. Hedged deep tracking[C]//IEEE Conference on Computer Vision and Pattern Recognition, 2016:4303 – 4311.

[127]　KUMAR S,SINGH S K, SINGH R,et al. Deep learning framework for recognition of cattle using muzzle point image pattern[J].Measurement, 2017,116:1 – 17.

[128]　王鑫,李可,宁晨,等.基于深度卷积神经网络和多核学习的遥感图像分类方法[J].

电子与信息学报，2019,41(5):1098 - 1105.

[129] 梁浩.基于深度学习的目标跟踪算法研究[D].北京:中国科学院大学,2019.

[130] 葛垚,陈瑞,童莹,等.基于循环神经网络的非特定目标追踪方法研究[J].南京邮电大学学报,2019,39(4):103 - 110.